Einstein, Quantenspuk und die Weltformel

edition winterwork

Gewidmet
Knieli, Marietta, Josi.

Meiner Mutter zum 50-igsten,
meinem Vater zum 55-igsten,
und Pune einfach so.

Inhalt

1 Einleitung

Es gibt eine geheime Welt der Wissenschaft, in die nur wenige Menschen eingeweiht sind. Eine Wissenschaft, die entdeckt hat, wie die Natur tickt, wie unsere Welt im Innersten beschaffen ist. Eine Wissenschaft, die unser Weltbild über den Haufen wirft, aber so real ist wie Sie und ich. Ich spreche von der modernen Physik, der Wissenschaft, die von genialen Forschern wie Albert Einstein vor über hundert Jahren entdeckt worden ist. Und unsere Weltanschauung für immer verändert hat. Doch noch heute ahnt kaum jemand, der nicht gerade Physik studiert hat, wie erstaunlich und seltsam die Natur jenseits unserer Intuition beschaffen ist. Oder hätten Sie gewusst, dass die Newtonschen Formeln, die heute an den Schulen gelehrt werden, genau genommen falsch sind? Oder dass die Zeit auf der Erde langsamer vergeht als auf dem Mond? Oder dass unser Universum aus mindestens vier Dimensionen besteht? Oder dass Zeitreisen kein Hirngespinst sind?

In der modernen Physik verbirgt sich der Schlüssel zu spektakulären Technologien, die den Kreativitätsgeist der besten Science Fiction Autoren übersteigen. Technologien, die an renommierten Universitäten und Forschungsstätten erforscht und entwickelt werden. Die Palette reicht von Antimaterie über Quantencomputer bis hin zu futuristisch anmutenden Zeitmaschinen und Paralleluniversen.

Zeitmaschinen? Paralleluniversen?

Sie haben richtig gelesen! Wenn Sie jetzt denken, der Autor muss mindestens so verrückt sein wie der Verlag, der so etwas veröffentlicht, ergeht es Ihnen genauso wie mir – vor fünfzehn Jahren. Aber ich kann Ihnen zwei Dinge versichern:

Die letzten hundert Jahre der Forschung haben unsere Weltanschauung auf den Kopf gestellt. Nichts ist mehr, wie es vor Einstein und Konsorte einmal war. Mit Ausnahme der Tatsache, dass auch im Jahr 2011 nur die wenigsten Menschen wissen, wie seltsam unsere Welt im Kleinen und Grossen eigentlich beschaffen ist.

Zweitens – und das ist vielleicht die erstaunlichste Erkenntnis überhaupt, die man auf der zweiten Seite eines Buchs über moderne Physik machen kann – alle diese Technologien und Phänomene sind so real wie Sie und ich. Ich denke, also bin ich. Die besten Forscher und Wissenschaftler arbeiten daran, das neu erlangte Grundlagenwissen aus Relativitätstheorie und Quantenphysik in praktische Anwendungen umzusetzen. Oder bemühen sich zu erklären, warum alles, was sich schneller als das Licht bewegt, in die Vergangenheit verschwindet. Oder warum der Ausgang eines Experiments im Mikrokosmos davon abhängt, ob jemand zuschaut oder nicht.

Ich könnte Ihnen jetzt zwanzig Beispiele aufzählen und damit schon auf der dritten Seite dieses Buchs einen Grossteil Ihrer Weltanschauung über den Haufen werfen. Die Relativitätstheorie und die Quantenphysik sind aber nur der erste Schritt hin zu einer ganz neuen Vorstellung, wie das Universum funktioniert und tickt. Diese beiden revolutionären Theorien führen weiter zur Weltformel, einer einzigen Theorie, aus der sich alle Naturgesetze herleiten lassen.

Dabei geht es nicht primär um neue Technologien, sondern vielmehr um ein komplett neues Verständnis des Universums, der Natur und der Welt. So werden Sie mir sicherlich zustimmen, wenn ich sage, dass jeder Mensch jedes Jahr um ein Jahr älter wird. Wenn nicht geistig, dann immerhin physisch. Dieses Ereignis wird gerne feuchtfröhlich gefeiert, mit Kuchen, Geschenken und allerhand Geselligkeit. Ebenso werden Sie sicherlich einwilligen, dass es egal ist, ob der Mensch das Jahr in den USA, Europa oder in einer Raumstation auf dem Mond verbringt. Schliesslich vergeht die Zeit überall und für alle gleich schnell – auch wenn sich Arbeitstage gefühlt mindestens doppelt so lange hinziehen wie das Wochenende oder Ferien. Wenn ich Ihnen jetzt noch erzähle, dass ich mein Haus jeweils nicht durch die Wand, wohl aber durch Türe oder Fenster verlasse, werden Sie zustimmend nicken – oder sich fragen, ob hier banale Lebensweisheiten als Seitenfüller bemüht werden.

Bis Albert Einstein mit der Relativitätstheorie die Grundfeste der Physik erschütterte, hätte kein vernünftiger Mensch auch nur einen Gedanken darauf verschwendet, irgendeine der Behauptungen ernsthaft zu hinterfragen. Tatsächlich müssen Sie sich mit dem Gedanken anfreunden, dass es ganz schön naiv wäre, diesen drei Behauptungen zuzustimmen. Keine davon ist wahr. Egal, wie wir es drehen und wenden. Unsere Wahrnehmung der Realität trägt die rosarote Brille eines frisch verliebten Paars. Setzen wir stattdessen die Lesebrille auf und wagen uns vor ins erste Kapitel des Weltenplans, des uruniversellen Drehbuchs der Dinge. Hin zu den fantastischen, geheimnisvollen und seltsamen Entdeckungen, die diese Welt für uns bereithält.

Es ist Zeit, die Augen zu öffnen.

Die Welt ist weitaus komplexer, als uns dies die Wissenschaft unserer Urgrossväter jemals hat denken gelernt. Wenn Sie jetzt denken, dass es da draussen nicht so viel Unbekanntes geben kann mit

Ausnahme sensationslüsterner Autoren, ergeht es Ihnen nicht anders als der Wissenschaft am Ende des 19. Jahrhunderts. Schon damals irrte man sich gewaltig. Die Welt, die wir im Alltag wahrnehmen, ist nur eine Erscheinung, eine Vereinfachung der Wirklichkeit. Es ist, als wären unsere Sinne mit einem Schleier bedeckt. Doch die Welt hinter diesem Schleier ist gewaltig und unvorstellbar anders. Erinnern Sie sich nur einmal an den Sternenhimmel einer klaren Sommernacht, mit unglaublich vielen klitzekleinen, hell leuchtenden Punkten, die das Firmament prägen. Ein Highlight für jeden romantischen Abend. Und eine Zeitreise in uralte Epochen. Das Licht der Sterne, die so ungreifbar weit scheinen, ist über Jahrmillionen und Jahrmilliarden gereist, bis es die Erde erreicht hat. All die Sternbilder und Formationen entstammen tief aus der Vergangenheit. Niemand weiss, was im fernen Universum in genau diesem Moment vor sich geht. Kein Astronom. Kein Teleskop. Keine Weltraumsonde. Der Sternenhimmel ist nur eine Illusion der Wirklichkeit, ein Blick in die Vergangenheit, ein Zeugnis einer möglicherweise längst vergangenen Welt. Niemand weiss, ob die Sterne heute überhaupt noch existieren.

Und das ist erst der Anfang einer atemberaubenden Reise in die Welt dieser Welt. In eine Welt, die bisher kaum jemand kennt. In eine Welt, die niemand versteht. Aber lesen Sie selbst...

Drehen wir die Zeit zurück, denn alles begann vor über dreihundert Jahren in England.

1.1 Die Pioniere der Zukunft

Der 5. Juli 1687 sollte in die Geschichte eingehen als der Tag, an dem Isaac Newton die Welt veränderte. Es war der Tag, an dem er den fallenden Apfel vom Vorwurf launischer Willkür befreite und ihn und alle Materie den Gesetzmässigkeiten der Natur unterstellte. Es war der Tag, an dem er seine „Principia Mathematica" veröffentlichte. Ein dreiteiliges Werk, in dem er unter anderem die mathematischen Gesetze für die Bewegung und Gravitation[1] formulierte. Damit zerstörte er die vorherrschende Lehrmeinung, wonach sich die Naturgesetze auf der Erde und im Himmel unterscheiden, indem er die Forschungen von Galileo Galilei zur Beschleunigung und die Keplerschen Gesetze zur Planetenbewegung in einer Theorie der Gravitation vereinheitlichte. Newton verfasste Bewegungs- und Gravitationsgesetze, die die Grundlage der klassischen Mechanik bilden. Er entdeckte die Gravitation als Ursache der Planetenbewegungen und leistete wichtige Beiträge zur Optik. Er war zudem ein brillanter Mathematiker und Mitbegründer der Infinitesimalrechnung. Newton gilt als einer der einflussreichsten und bedeutendsten Wissenschaftler aller Zeiten. Seine Forschungen führten zur Einsicht universeller Naturgesetze und damit zur Erkenntnis, dass alle Dinge im Universum denselben Prinzipien gehorchen.

Einen grossen Teil seines Lebens widmete Newton der Frage nach dem Wesen von Raum und Zeit und unserer Herkunft. Newton verstand das Universum als ein gigantisches Uhrwerk, das durch die Zeit Ordnung in das ansonsten wirre Geschehen bringen sollte. Er betrachtete die Zeit als Hüter der Dinge, verantwortlich dafür, dass alle Geschehnisse ihren vorherbestimmten Lauf nehmen. Das Haus hat erst zu brennen, nachdem der Blitz ins Dach geschlagen hat.

---

[1] Gravitation = Anziehungskraft = Schwerkraft (die Begriffe werden als Synonyme verwendet und bezeichnen anschaulich gesprochen die Kraft, die uns auf der Erde hält)

Der englische Philosoph und Physiker betrachtete das Schicksal als vorherbestimmt. Er war überzeugt, dass die Zeit unaufhaltsam voranschreitet und die Vergangenheit, Gegenwart und Zukunft in einer Linie ablaufen und damit unabänderlich sind. Er prägte dem zeitgenössischen Verstand ein absolutes Weltbild ein. Ein Weltbild, das sich gegen den freien Willen sträubt und den Menschen als hilfloses Floss auf dem strömenden Fluss der Zeit treiben sieht. Newtons Theorien manifestierten die Säulen der Weisheit auf dem Manifest unfreien Willens. Newton vertrat vor über 300 Jahren ein Weltbild, wie es die meisten unserer Mitmenschen heute noch vertreten. Doch es standen unruhige Zeiten bevor.

Als die ersten Schlote der Fabriken die Luft mit Russ und Rauch verpesteten, betraten die Pioniere einer fundamentalen Revolution die Bühne der Welt. In der Industrialisierung wurden sie geboren. Doch viel weitreichender sollte ihr Erbe dereinst sein.

Sie waren gekommen, um uralte Weisheiten und über Generationen verfochtene Wahrheiten über Bord zu werfen. Sie schlossen mit verstaubten Selbstverständlichkeiten. Sie zerstörten das Weltbild der berechenbaren Natur, dem Uhrwerk, das in absoluter Gleichmässigkeit einem uruniversellen Takt folgt. Sie veränderten mit ihrem Lebenswerk die Welt. Denn diese Pioniere hatten etwas entdeckt. Eine neue Vorstellung von Raum und Zeit. Eine neue Realität. Neue Dimensionen, die das Vermächtnis Newtons relativierten. In den alten Wissenschaftsbüchern schlummerte ein gut gehütetes Geheimnis. Ein Geheimnis, dessen Schleier erst gelüftet werden sollte, als Einstein, Planck, Maxwell und Konsorte auf den Plan gerufen wurden.

Was über 200 Jahre niemand wusste: Die Formeln der Newtonmechanik, die heute an Schulen in aller Welt gelehrt werden, sind im Grunde genommen falsch. Die Formeln also, mit denen Satelliten in eine stabile Erdumlaufbahn, Menschen auf den Mond oder unbemannte Sonden weit über das Sonnensystem hinaus gebracht worden sind. Diese Formeln sind es auch, mit denen Ihnen die Polizei Ihre Fahrgeschwindigkeit vorrechnet, Fallschirmspringer den Zeitpunkt der Fallschirmöffnung planen oder die Flugbahn einer Langstreckenrakete berechnet wird.

Basiert also die halbe technische Welt auf Formeln, die falsch sind? Und wenn ja, warum wird davon in Schulen und Ausbildungen kaum jemals ein Wort erwähnt? Und warum fallen Satelliten dann nicht vom Himmel?

Die erste Frage lässt sich mit zwei Buchstaben beantworten.

Die zweite Frage rührt daher, dass, obwohl diese Falschheit bereits vor fast einem Jahrhundert erkannt worden ist, nur die wenigsten Menschen jemals davon gehört haben. Auch Lehrer sind Menschen.

Das mag viele Gründe haben. Die Komplexität der Materie ist sicherlich ein begünstigendes Element. Zu beweisen, dass Newtons Formeln eigentlich falsch sind, ist sehr schwierig. Noch schwieriger als Newtons Formeln es selbst schon sind. Entscheidender ist jedoch, dass die Formeln der Newtonmechanik im Alltag sehr gute Ergebnisse liefern und damit zumindest praktisch betrachtet nicht kreuzfalsch sind. Physiker sprechen in dieser Hinsicht gerne von einer Approximation, einer Annäherung an die Realität. Wenn Sie in eine Polizeikontrolle geraten und den freundlichen Polizisten erklären, dass sie nur ein Glas getrunken hätten, und dabei an die gute Flasche Rotwein denken, die neben den drei leeren Flaschen steht, ist das auch nicht kreuzfalsch. Der legendäre Fall des Apfels lässt sich mit den Newtonformeln nämlich genauso präzis beschreiben wie die Geschwindigkeit eines Flugzeugs. Fahren Sie mit Ihrem Auto zu schnell über die Landstrasse, reicht die Genauigkeit ebenfalls aus, um Ihre Geschwindigkeit sehr präzis zu berechnen. Das Ergebnis entspricht aber nie exakt der Wirklichkeit. Die Abweichung ist in diesem Geschwindigkeitsbereich aber sehr klein und daher ohnehin kaum messbar. Aus diesem Grund bleibt der Satellit auch in seiner Umlaufbahn und die Sonden erreichen Planeten und Monde zuverlässig. Dennoch darf der Fehler keinesfalls vernachlässigt werden, will man verhindern, dass der technologische Fortschritt an diesem Punkt endet. Die Auswirkungen der Abweichung zwischen den Newtonformeln und der Realität zeigen sich in anderen alltäglich gewordenen Anwendungen nämlich überraschend schnell.

Hätte Albert Einstein die Relativitätstheorie nicht entdeckt (und auch niemand anderes), könnten Sie dem Taxichauffeur keinen Vorwurf machen, wenn er sich im Strassendickicht der Stadt verfährt. Bereits bei GPS-Navigationssystemen reicht die Newtonmechanik nämlich nicht mehr aus, um sicher und genau durch die Strassen (und nicht in einen Pfosten oder eine Strassenlaterne) geleitet zu werden. GPS-Satelliten bestimmen Ihre Position, in dem Sie aus zeitlich versetzten Signalen Ihren Aufenthaltsort errechnen. Im GPS-Satelliten und im GPS-Gerät in Ihrem Auto befinden sich sehr präzise Uhren. Diese Uhren sind synchronisiert, das heisst aufeinander abgestimmt. Sie sollten daher eigentlich die gleiche Zeit anzeigen. Die Satelliten ziehen ihre Umlaufbahn im Orbit in einer Höhe von rund 23'000 Kilometern. Dort vergeht die Zeit seltsamerwerweise schneller als auf der Erde. Ein Effekt, der in der Relativitätstheorie entdeckt, erklärt und seither in zahlreichen Experimenten bestätigt worden ist. Wenn bis zur Erfindung der GPS-Navigation also niemand die Relativitätstheorie entdeckt hätte, würde das GPS nach einer Fahrzeit von ungefähr einer Stunde Ihre Position um rund einen Kilometer verfehlen. Denkbar also, dass Ihnen die freundliche Damenstimme erklärt, dass Sie das Fussballstadion erreicht haben, Ihr Auto aber irgendwo in einem Strassengraben parkt.

Newtons Formeln sind zweifellos brillant und eine epochale Errungenschaft. Sie markierten im 17. Jahrhundert einen gewaltigen Wissenssprung und die Grundlage der klassischen Physik. Erstmals konnte die Natur mathematisch ziemlich umfassend beschrieben werden. Das Gravitationsgesetz beispielsweiss liess sich auf fallende Äpfel ebenso praktisch anwenden wie zur Berechnung der Planeten- oder Sternenumlaufbahnen. Und auch im 21. Jahrhundert basieren viele technische Anwendungen und Konstruktionen auf dieser Mechanik. Doch diese Formeln sind eben nur das, was auch viele andere Formeln unserer Tage sein dürften[2]. Eine Annäherung an die Realität. Eine Vereinfachung der Wirklichkeit, die im Alltag nicht entdeckt, vielleicht nicht einmal vermutet wird. Mit dem Fortschritt der Technik über Jahrzehnte und Jahrhunderte wird diese Differenz zwischen der Wirklichkeit und der Formel aber plötzlich bedeutsam. Zu Lebzeiten Newtons wäre niemand im Stande gewesen, ein Experiment durchzuführen, das den Formeln eine Ungenauigkeit nachgewiesen hätte. Tatsächlich reicht die Genauigkeit aber bereits bei GPS-Satelliten zur Berechnung von Posi-

---

[2] ... und wir unter Umständen noch nicht einmal ahnen.

tionsangaben nicht mehr aus. Newtons Formeln sind längst nicht das einzige Regelwerk der Physik, das in einer unvorstellbar umfassenderen Theorie münden sollte. Der Anbruch des zwanzigsten Jahrhunderts markierte vielmehr den Startschuss nachhaltiger Veränderungen, die alles übertreffen sollten, was die Menschheit in den letzten fünfhundert Jahren über die Beschaffenheit der Welt erfahren und entdeckt hatte. Es sollte zur Gewissheit werden, dass zur Erklärung der Natur andere Dimensionen beschritten werden müssen, die unserem Alltag kaum zugänglich sind. Um unsere Welt dereinst wirklich zu verstehen, müssen wir in Sphären vordringen, die uns fremd sind. Fremd in ihrem Sein. Fremd in ihrem Wesen. Fremd in ihren Prinzipien. In den letzten 150 Jahren hat sich viel verändert in vielerlei Hinsicht. Die engen Fesseln des unsichtbaren Truges wurden gesprengt. Das zementierte Wissen ganzer Generationen erschüttert. Das Floss gewendet. Der Strom verlor seine Macht. Eine neue Wissenschaft eröffnete plötzlich Tore und Wege in eine Gegenwart, die jenseits jeder früheren Epoche zu liegen kommen sollte. Das Getriebe einer gewaltigen Veränderung hatte sich in Gang gesetzt. Das Wesen des Menschen, seiner Existenz, seiner Möglichkeiten und seiner Berufung sollte sich entscheidend verändern. Neue Dimensionen das Weltbild erschliessen.

Das Ende des 19. Jahrhunderts läutete den Untergang der klassischen Physik ein. Die Quanten- und Relativitätstheorien stürmten ins Rampenlicht. Sie verdrängten die starren Ansichten Newtons. Sie befreiten das Wesen der Zeit und entfesselten den freien Willen aus dem uruniversellen Diktat. Sie eröffneten den Weg in eine unglaubliche Zukunft mit Technologien und Erkenntnissen, die noch mit der Etablierung der Eisenbahn als vollkommen undenkbar gegolten hätten.

Tauchen Sie ein in die faszinierenden Geheimnisse unserer Welt. Populäre Begriffe wie Antimaterie, Raumzeit, Zeitreisen, Weltformel, Relativitätstheorie oder Quantenmechanik erfahren nach diesem Buch eine ganz neue, greifbare und wirklichkeitsnahe Bedeutung. Denn die moderne Physik bringt uns nicht nur eine Fülle neuer Technologien, sondern ein komplett neues Verständnis der Welt, ein neues Weltbild. Alleine die Tatsache, dass der Ausgang eines Experiments davon abhängt, ob jemand zuschaut oder nicht, oder dass der Mikrokosmos auf Wahrscheinlichkeiten basiert, liefert genug Zündstoff, um unser Weltbild nachhaltig zu zertrümmern.

1.2 Die Gesetze des Kosmos

Das Wasser im See, die Blume im Garten, das Benzin an der Tankstelle und natürlich auch die Zapfsäule – all diese Dinge und jede uns bekannte Materie besteht aus winzig kleinen Teilchen, so genannten Atomen. Ein einzelnes Staubkorn besteht aus Milliarden Atomen. Jedes Atom setzt sich zusammen aus noch kleineren Teilchen, nämlich den Elektronen, Neutronen und Protonen, den so genannten Elementarteilchen. Diese Elementarteilchen kann man sich beispielhaft als winzig kleine Kugeln vorstellen. Elektronen sind negativ geladene Elementarteilchen, die vereinfacht dargestellt in einer Art Schale um den Kern des Atoms kreisen und damit dessen Hülle bilden. Etwa ähnlich wie die Erde und die anderen Planeten des Sonnensystems um die Sonne kreisen. Der Kern des Atoms, der Atomkern, besteht aus den Protonen, positiv geladenen Teilchen, und Neutronen, die ungeladen (neutral) sind. Wir bezeichnen Elektronen, Protonen und Neutronen als Elementarteilchen. Tatsächlich bilden diese Teilchen nicht den fundamentalen

Baustein der Materie. Es gibt nämlich noch kleinere Elemente, die Quarks. Jedes unserer Elementarteilchen besteht also wiederum aus noch kleineren Teilchen[3]. Quarks sind in vielerlei Hinsicht ziemlich seltsame Teilchen. So konnte man zwar beweisen, dass die Elementarteilchen aus verschiedenen Quarks bestehen. Es scheint aber, als wenn Quarks ausserhalb von Elementarteilchen nicht existieren würden. Auf die Analogie mit dem Sonnensystem übertragen, bedeutet das etwa, dass die Erde aus Felsbrocken und Gesteinen besteht, diese aber nicht ausserhalb unseres Planeten existieren. Es sei denn, in oder auf einem anderen Planeten. Zumindest konnten bisher keine isolierten Quarks beobachtet werden. Dem ist auch besser so. Einige Wissenschaftler befürchten, dass das so genannte „Strange-Quark" ausserhalb von jeder Bindung extrem gefährlich ist. So könnte es Materie absorbieren und in seltsame Materie verwandeln, die wiederum andere Materie scheinbar im Nichts auflöst. Eine Art Schwarzes Loch in Teilchenform.

Vielleicht fragen Sie sich, ob die Quarks nun die kleinsten Bestandteile unserer Welt sind oder ob diese wiederum aus noch kleineren Elementen bestehen?

Ende der 60er Jahre veränderten die Amerikaner die Welt, in dem sie mit der Mondlandung den ersten Menschen auf einen fremden Himmelskörper brachten. In Vietnam tobte ein erbarmungsloser Krieg. In Woodstock formierten die Hippies zum Zenit von Sex, Drugs & Rock'n'Roll. Derweilen entdeckte der italienische Physiker

---

[3] Genau genommen gilt dies nur für die Protonen und Neutronen, da Elektronen zu den so genannten „Leptonen" gehören, die zusammen mit Quarks und Kraftübertragungsteilchen (Eichbosonen) die Grundbausteine der Materie formen.

Gabriel Veneziano aus einer Formel heraus die kleinsten Bausteine der Welt, die Strings. Eine Entdeckung, die die Grundlage der Weltformel werden sollte. Bereits zu Beginn des zwanzigsten Jahrhunderts haben Forscher begonnen, eine Brücke zwischen den Mysterien der Physik zu schlagen und alle Probleme und Fragen unter dem Dach einer einzigen Theorie zu vereinen. In einer dieser Theorien – der Weltformel – bestehen die Quarks und alle Teilchen überhaupt aus noch kleineren Elementen, den Strings. Die Mathematik dieser Stringtheorie ist hoch kompliziert und die Theorie an und für sich derart fundamental, dass wir bis heute mit keinem Experiment der Welt prüfen können, ob sie stimmt. Die Weltformel hat sich zum Ziel gesetzt, was Einstein sein ganzes Leben nicht gelungen ist: Die Quanten- und Relativitätstheorie unter dem Dach einer einzigen Theorie zu vereinen. Was sich wie akademisches Geplänkel anhört, entpuppt sich als das Jahrhundertproblem der Physik. Edward Witten bezeichnete die Stringtheorie sogar als Forschungsgebiet des 22. Jahrhunderts, das rein zufällig in unsere Gegenwart gerutscht ist.

Die Quantenphysik ist einer der Eckpfeiler der modernen Physik und befasst sich mit dem Mikrokosmos und den Elementarteilchen. Hierzu gehört als Faustregel alles, was so klein ist, dass man es mit den besten Mikroskopen nicht sehen kann, sich grössenmässig also im Atombereich bewegt. Die Relativitätstheorie ist der zweite Eckpfeiler der modernen Physik und wurde massgeblich von Albert Einstein begründet. Die Relativitätstheorie beschäftigt sich mit dem Wesen von Raum, Zeit und der Gravitation, also dem Makrokosmos. Die Quanten- und Relativitätstheorie haben unser Verständnis der Natur innerhalb des vergangenen Jahrhunderts grundlegend verändert. Einsteins Relativitätstheorie besagt unter anderem, dass es in unserem Universum vier Dimensionen gibt, die Zeit auf der Erde langsamer vergeht als auf dem Mond und Zeitreisen prinzipiell möglich sind. Die Relativitätstheorie ist vor allem bei der Untersuchung von hohen Geschwindigkeiten[4] und Energien, Gravitationskräften oder Zeiteffekten bedeutsam. Die Quantenphysik ihrerseits verwirrt unsere Köpfe mit seltsamen Erscheinungen und Voraussagen, die sich mit konservativem Gedankengut oder gar der Intuition nicht erklären lassen. So hängt das Ergebnis eines Experiments davon ab, ob jemand zuschaut oder nicht. Teilchen fliegen durch unpassierbare Mauern, Katzen sind gleichzeitig tot und lebendig und als ob das nicht schon genug wäre, umschiffen Quanten die Lichtgeschwindigkeit und kommunizieren in Echtzeit über eine unbekannte Verbindung im Universum. Stellen Sie sich vor, Ihr Taschenrechner spuckt verschiedene Ergebnisse für die gleiche Rechnung aus, je nachdem, ob Sie ihm beim Rechnen zuschauen oder nicht. Merkwürdig, nicht wahr?

Die Natur ist wie ein Haus. Das Dach ist die Alltagserfahrung, aus der wir eine intuitive Vorstellung haben, wie unsere Welt funktioniert. Die Säulen, die das Dach stützen, sind die Relativitäts- und Quantenphysik. Hieraus beziehen Wissenschaftler ihr Wissen, um die Phänomene unserer Welt zu beschreiben und zu quantifizieren. Wenn wir aber wirklich verstehen wollen, wie die Welt funktioniert, müssen wir hinabsteigen und das Fundament erkunden, um herauszufinden, worauf die wunderbaren Mechanismen der Natur gründen. Denn die Säulen stehen nicht ohne Boden. Forscher aller Kontinente arbeiten fieberhaft an der Entdeckung des Bodens, der Vereinigung der Quanten- und Relativitätsphysik in einer überge-

---

[4] Hohe Geschwindigkeiten sind in diesem Zusammenhang Geschwindigkeiten, die im Vergleich zur Lichtgeschwindigkeit hoch sind.

ordneten Theorie, einer Art alles vereinenden Weltformel. Sie sind überzeugt, die beiden Eckpfeiler der modernen Physik dereinst unter einem Dach zusammenfassen zu können. So, wie es in der Vergangenheit mit der Elektrizität und dem Magnetismus geschehen ist. Aus einer solchen Weltformel könnten alle Naturgesetze hergeleitet werden. Gesetze, die auf dem Territorium der Relativitätstheorie ebenso gelten wie in der Welt des Kleinen, der Quantenphysik. Bisher scheiterten die angesehensten Wissenschaftler an der schwierigen Aufgabe, eine Theorie zu finden, die zur Beschreibung von Sternen, Planeten und Schwarzen Löchern ebenso gilt wie für kleine Elementarteilchen. Auch Albert Einstein biss sich daran die Zähne aus. Denn im Mikro- und Makrokosmos scheinen unterschiedliche Gesetze zu regieren, die auf eine noch viel komplexere Beschaffenheit unseres Universums hindeuten als bisher angenommen wurde. So sind die uns bekannten drei Raumdimensionen nur ein kleiner Teil einer hyperdimensionalen Welt, in der wir leben. Und diese Erkenntnis ist erst der Anfang einer langen Forschungsreise in die Tiefen des nächsten Jahrtausends. Ein Kandidat einer fundamentalen Weltentheorie, die die Quantenphysik und Relativitätstheorie vereint, wird an den verschiedensten Universitäten gerade entdeckt. Sie könnte den Bauplan unserer Existenz, aller Universen und Dimensionen liefern. Aus einer solchen „Theory of Everything" heraus könnte jede Eigenschaft des Universums rekonstruiert werden. Dadurch wäre es möglich, die Welt, die Natur und ihre Kräfte in ihrer umfassenden Beschaffenheit zu erkennen und verstehen zu lernen. Das grösste aller Geheimnisse bleibt der Menschheit aber auch in der Weltformel verborgen.

Doch alles der Reihe nach. Noch sind wir weit davon entfernt, der Natur ihr zweitgrösstes Geheimnis zu entlocken. Die Reise hat schliesslich gerade erst begonnen. Blenden wir nochmals etwas zurück und erfahren wir, wie es dazu kommen konnte, dass die Newtonschen Naturgesetze, die wir noch heute an der Schule lernen, genau genommen falsch sind.

1.3 Der Untergang des Äthers

Isaac Newton verstand das Universum als ein riesiges Uhrwerk. Seine Geschichte folgt einem unabänderlichen und vorherbestimmten Lauf. Wie das Pendel einer Standuhr, das unentwegt von einer in die andere Richtung schwingt, ist das Universum im Lauf der Zeit gefangen. Die Zeit wahrt die Ordnung der Dinge. Sie verläuft für jeden überall und immer gleich. Eine Minute dauert immer eine Minute. Egal ob Sie auf Ihrem Sofa sitzen und ein gutes Buch lesen oder in Ihrem Garten rebellierendes Unkraut bekämpfen. Wahrscheinlich empfinden Sie das Lesen als die angenehmere Beschäftigung und haben dabei das Gefühl, die Zeit vergeht wie im Fluge[5]. Tatsächlich ist die Zeit gleichermassen fortgeschritten, egal ob Sie nun eine Stunde gelesen oder gejätet haben. Isaac Newton betrachtete den Raum und die Zeit als absolut und universell. Raum und Zeit sind überall und für jeden gleich. Seine Ansichten prägten das Weltbild und schweissten den zeitgenössischen Verstand in ein strukturiertes und konstantes Universum, das von berechenbaren Naturgesetzen zusammen gehalten wird.

Die Französische Revolution frass ihre eigenen Kinder, Napoleon eroberte Europa und landete auf Elba, ein Vulkanausbruch in In-

---

[5] Die Zeit vergeht in einem Flugzeug tatsächlich schneller als auf der Erde, wie wir in den Kapiteln zur Relativitätstheorie sehen werden.

donesien brachte eine Eiszeit in den Sommer, Karl Marx mobilisierte zur Überwindung des Kapitalismus, der Vatikan beendete die Inquisition, Eisenbahnen und Fabriken erschlossen die Länder, die Schweizer bauten den Gotthardtunnel und die Pariser setzten den Spatenstich zur „tragischen Strassenlaterne", wie wenig begeisterte Künstler den Eiffelturm später nannten. Dann kam das Jahr, in dem die Physik zu ihrem letzten Experiment ansetzte. Dem Experiment, das die letzten Fragen klären und diese Wissenschaft damit vervollständigen sollte. Im Juli 1887 versuchten Michelson und Morley in einem der bedeutendsten Experimente der Geschichte die damals vorherrschende Äthertheorie zu beweisen. Demnach kann sich Licht nur im Lichtäther ausbreiten – einer unsichtbaren Substanz, die den Raum ausfüllt. Ähnlich wie sich Schwallwellen nur in einem Medium, beispielsweise in der Luft, ausbreiten können. Auf dem Mond können Sie schreien so laut Sie wollen. Es wird Sie niemand hören. Auch nicht der Astronaut, der direkt neben Ihnen steht. Der Mond hat keine Atmosphäre und daher auch keine Luft, die die Schallwellen transportieren könnte. Astronauten können daher nur über Funk miteinander sprechen. Die Idee des Michelson-Morley-Experiments bestand darin, die Geschwindigkeit zu messen, mit der sich die Erde durch den als ruhend angenommenen Äther bewegt. Wie bei einem Flugzeug (wobei es zu dieser Zeit natürlich noch keine Flugzeuge gab), das durch die Wolken fliegt, erwartete man, bei diesem Experiment einen Wind messen zu können. Den so genannten Ätherwind. Das Gros der Wissenschaft war überzeugt, mit diesem Experiment eine der letzten grossen Fragen der Physik schliessen zu können. Einige Professoren rieten angehenden Studenten sogar von einem Physikstudium ab,

23

da „in dieser Wissenschaft fast alles erforscht sei und es gelte, nur noch einige unbedeutende Lücken zu schliessen" [6]. Kaum einer zweifelte ernsthaft an der Äthertheorie und wenn doch, dann höchstens heimlich, um nicht Ruf und Ansehen zu riskieren. Doch es kam alles anders. Das Experiment von Michelson und Morley lieferte ein Nullresultat. Der Äther war unauffindbar. Die Wissenschaft suchte nach Erklärungen, um die Äthertheorie doch noch zu retten. Getreu dem Motto: Diese Schlacht ist zwar verloren, aber noch lange nicht der Krieg. Denn einerseits war das Experiment sehr kompliziert und besonders störungsanfällig auf kleinste äussere Einflüsse. Der Verkehr im Umkreis der Versuchseinrichtung wurde kurzzeitig sogar stillgelegt, um Vibrationen und andere störende Einwirkungen zu vermeiden. Andererseits kursierten zahlreiche Alternativtheorien, beispielsweise dass der Äther komplett mit der Erde mitgeführt werde und deshalb natürlich kein Ätherwind messbar sei (da sich in diesem Fall die Erde und der Äther gleich schnell bewegten). Doch der Untergang der alten Wissenschaften und Ansichten war unvermeidlich. Die zarten Blüten der Forschung, die den Gärten Newtons entsprangen, waren ein Kaktus im Park der neuen Welt. Aber die bedeutsamsten Zeitgenossen mussten sich darauf setzen, um seine Gestalt zu erahnen. Kein Mensch hätte Stacheln vermutet, wo doch nur Blüten gedeihen konnten. Das Michelson-Morley-Experiment ging als Dammbruch in die Geschichte der Wissenschaft ein. Mit dem Experiment, das eines der letzten der Physik hätte werden sollen, wurden Türen aufgestossen zu einer vollkommen neuen Wissenschaft. Zur mo-

---

[6] Der Münchner Physikprofessor Philipp von Jolly beantwortete damit die Anfrage des angehenden Studenten Max Planck nach den Perspektiven im Studienfach „Physik". Genau dieser Max Planck war es, der mit der Quantenmechanik die Physik später vor zahlreiche bis heute unbeantwortete Fragen stellte.

dernen Physik. Die Natur ist wie sie ist. Ob es den Wissenschaftlern passt oder nicht. Keine Theorie kann etwas daran ändern. Kein kreativer Einfall ist mächtig genug, um die Regeln der Natur umzuschreiben. Das Erstaunlichste aber ist, dass die Natur jenseits der Äthertheorie sehr viel anders beschaffen ist, als sie uns im Alltag erscheint. Die Natur, die in den folgenden Jahren und Jahrzehnten entdeckt werden sollte, unterscheidet sich radikal von der Natur, die wir mit unseren Augen wahrnehmen, die wir täglich erleben. Die Natur ist einfach so wunderbar, fantastisch und geheimnisvoll, weil sie so beschaffen ist. Und nicht, weil sensationslüsterne Autoren oder kühne Wissenschaftler sie so haben möchten. Das ist vielleicht die wichtigste naturwissenschaftliche Erkenntnis des zwanzigsten Jahrhunderts.

Das Michelson-Morley-Experiment sollte als der Super-Gau der Physik des 19. Jahrhunderts in die Geschichte eingehen. Und einmal mehr eindrücklich unter Beweis stellen, wie wenig wir eigentlich von der Realität wissen. Picken wir nämlich die Behauptung auf, dass alles Wesentliche bereits erforscht sei, so müssen wir mit Blick auf den heutigen Wissensstand sagen, dass wir noch nichts wissen. Es sind so viele bedeutsame Fragen offen und zu klären. Und mit jedem neuen Vorstoss und jeder neuen Entdeckung eröffnen sich der Forschung neue, unbekannte Wege. Von einer Vervollständigung dieser Wissenschaft kann auch heute noch keine Rede sein. Der Fall des Äthers markierte einen historischen Wendepunkt in der Geschichte der Physik, der die Wissenschaft und unser Weltbild nachhaltig verändern sollte. Das Ätherexperiment machte den Weg frei für die Entdeckung und Etablierung neuer Theorien wie Einsteins Relativitätstheorie, die uns noch heute mit zahlreichen offenen und spannenden Fragen beschäftigt.

2 Einstein und die Relativitätstheorie

Albert Einstein erkannte die Zeichen der Zeit. Er befasste sich mit den Ungereimtheiten, die sich aus der klassischen Mechanik, astronomischen Beobachtungen und dem Michelson-Morley-Experiment ergeben hatten. Er machte sich auf eine wissenschaftliche Revolution zu ersinnen, die vierte Dimension zu entdecken. Er warf mit seinen Arbeiten das konservative Weltbild mitsamt dem Äther über Bord. Die spezielle Relativitätstheorie sollte die etablierte Vorstellung von Raum und Zeit zum Erbeben bringen.

Albert Einstein war ein Genie. Er revolutionierte die Physik und das Weltbild mit mehreren nobelpreisträchtigen Theorien. Im Jahr 1905 veröffentlichte er eine Abhandlung über den photoelektrischen Effekt, der die Anschauung des Lichts revolutionierte. Zudem publizierte er einen Beweis zum molekularen Aufbau der Materie, eine revolutionäre Arbeit zur Elektrodynamik bewegter Körper (die als Kern der Speziellen Relativitätstheorie angesehen wird) und die berühmte Äquivalenzformel von Masse und Energie, „e=mc^2". Der unbekannte Einstein, der seit 1902 im schweizerischen Patentamt in Bern arbeitete, warf in seinem Wunderjahr ganze Weltanschauungen aus den Fugen. Er entdeckte wesentliche Effekte der Quantenphysik, führte rätselhafte Phänomene des Universums auf die Existenz einer vierten Dimension (!) zurück und zementierte mit der Relativitätstheorie die zweite Säule der modernen Physik. Plötzlich stand die Physik wieder vor zahlreichen neuen Rätseln. Alles war wieder offen. Jahrelang hatte man fälschlicherweise geglaubt, die Naturgesetze weitgehend entschlüsselt zu haben. Einstein kam, sah und siegte. Einsteins Interesse galt stets der astronomischen Dimension der Physik. Ihn beschäftigen die Gesetzmässigkeiten des Makrokosmos, der Planeten und Sterne, des Universums. Er machte sich an, die Geheimnisse der Gravitation zu lüften und damit zu erklären, weshalb (und nicht nur „wie") ein Apfel vom Baum auf die Erde fällt. Fast schon beiläufig schrieb er die Lichtquantenhypothese und leistete weitere wichtige Beiträge zu den jungen Quantentheorien, die ein Regelwerk für die Physik des Kleinen zu beschreiben versuchen. Von vielen Aussagen dieser Quantenmechanik wollte er jedoch nicht viel halten. Obwohl er einer der Pioniere war und den Theorien die nötige Publizität verschaffte. Insbesondere verabscheute er den Gedanken, dass die Quantenbewegung auf Zufällen basieren soll. Er war überzeugt, dass sich die Elementarteilchen nicht wirklich zufällig bewegen und sich diese Annahme später als eine vorübergehende Alibilösung herausstellen würde. Diese Überzeugung veranlasste ihn denn auch zu seinem weltberühmten Satz: „Der Alte (Gott) würfelt nicht".

Einstein konnte sich zeitlebens nicht mit dem Gedanken eines unberechenbaren und veränderlichen Universums anfreunden. Der Glaube an eine geordnete Struktur, an eine absolut berechenbare Welt, prägte weite Teile seines Lebens. Die umstrittene Kosmologische Konstante zählte ebenso dazu wie das stabile, konstante Universum, das er sich ersehnte.

2.1 Die spezielle Relativitätstheorie

Albert Einstein veröffentlichte in seinem Wunderjahr 1905 die spezielle Relativitätstheorie[7]. Damit veränderte er unser Verständnis von Raum und Zeit grundlegend. Die spezielle Relativitätstheorie stellt zwei bahnbrechende Thesen auf. Erstens definiert sie die Lichtgeschwindigkeit als die kosmische Höchstgeschwindigkeit. Nichts kann sich schneller bewegen als das Licht. Kein Raumschiff. Kein Teilchen. Auch wenn Sie das gesamte Universum als Energiequelle anzapfen könnten, ist es gemäss der speziellen Relativitätstheorie nicht möglich, eine Masse auf Lichtgeschwindigkeit zu beschleunigen. Zweitens sind die Naturgesetze für alle Beobachter gleich, wenn sich diese gleichmässig bewegen, also nicht beschleunigen oder bremsen. Demnach gelten für den Fahrer in einem Auto auf der Landstrasse dieselben Naturgesetze wie für einen Astronauten in einem Raumschiff.

Pardon, Herr Autor, habe ich da etwas falsch verstanden? Sie wollen doch nicht etwa behaupten, dass die Relativitätstheorie, die da doch die halbe Physikwelt über den Haufen geworfen haben soll, nur diese zwei halbgaren Postulate in die Welt setzt?

Nun, prinzipiell beruht die spezielle Relativitätstheorie tatsächlich auf diesen zwei Postulaten. Was sich reichlich unspektakulär liest, mündet aber in einem Sturmlauf auf die Schützengräben der klassischen Physik und damit auch auf unsere Intuition. Diese zwei Aussagen bergen nämlich ein gewaltiges Konfliktpotential mit den

---

[7] Die spezielle Relativitätstheorie beschreibt das Wesen und die Relativität von Raum, Zeit, Längen, Massen oder Energien, ohne aber die Gravitation zu berücksichtigen. Erst in der allgemeinen Relativitätstheorie ist es Albert Einstein gelungen, die Gravitation einzubinden und zu erklären.

Vorstellungen, die wir da so haben. Mit atemberaubenden Konsequenzen für unser Weltbild. Denn die spezielle Relativitätstheorie revolutioniert unser Verständnis von Raum und Zeit – und alle Phänomene, die die Relativitätstheorie vorhersagt, gibt es wirklich. Nicht nur hier auf dem Papier, nicht nur theoretisch in irgendwelchen Labors oder Studien, sondern wirklich, in Ihrer Welt, in meiner Welt, in der Welt, in der wir leben.

Doch – wie gewohnt – alles der Reihe nach. Damit wir verstehen, weshalb Uhren in einem Raumschiff langsamer vergehen als in einem Zug, blicken wir kurz zurück auf die Mischung aus allgemeiner Empörung und überschwänglicher Irritation, die nach der Veröffentlichung der Relativitätstheorie geherrscht hat. Die spezielle Relativitätstheorie war ein Wink an die Fachwelt, die erst jetzt erkannte, wie töricht sie mit der anerkannten Physik umgegangen war. Schliesslich hatte man geglaubt, die Gesetze der Physik fast abschliessend entschlüsselt zu haben. Ausser der junge Einstein. Mit einem eigentlich perfiden Gedankenexperiment gelang es ihm zur grossen Verblüffung der Fachwelt, unser Weltbild nachhaltig zu verändern. Nachhaltig. Denn noch heute wissen nur die wenigsten Menschen vom faszinierenden Wesen von Raum und Zeit. Ein ganz anderes Wesen, als es unsere Intuition und Wahrnehmung kennt. Einstein befasste sich mit einem Problem, an dem bereits zahlreiche renommierte Wissenschaftler gescheitert waren. Er fragte sich: Was geschieht, wenn man mit Lichtgeschwindigkeit neben einem Lichtstrahl herfliegt? In diesem Fall bewegen sich das Licht und der Beobachter[8] mit derselben Geschwindigkeit, der Lichtge-

---

[8] In der klassischen Physik ist die Bewegung mit Lichtgeschwindigkeit möglich. Erst die spezielle Relativitätstheorie erkennt, dass es prinzipiell nicht möglich ist, eine Masse auf Lichtgeschwindigkeit zu beschleunigen.

schwindigkeit. Dadurch ruhen sie relativ zueinander. Etwa so wie zwei Züge, die auf parallel verlegten Gleisen gleich schnell nebeneinander fahren. Der Beobachter kann dem Licht somit zuschauen oder nach ihm greifen, wie bei einer Fahrradtour nach der Trinkflasche des Kollegen, der in gleichem Tempo nebendran fährt, aber noch Wasser in der Flasche hat. Soweit zumindest die klassische Auffassung oder so ziemlich das, was wir aus unserer Alltagserfahrung heraus schlussfolgern könnten. Das Problem dabei: Der schottische Physiker James Clerk Maxwell hatte bereits im Jahr 1864 an der Royal Society seine „Maxwellschen Gleichungen" veröffentlicht. Eine äusserst bedeutsame Theorie, die das Verhalten von elektrischen und magnetischen Feldern sowie ihre Wechselwirkung mit der Materie beschreibt. Der springende Punkt: Maxwell postulierte schwingende elektrische und magnetische Felder (heute besser bekannt als „elektromagnetische Wellen"), die sich allesamt mit einer konstanten Geschwindigkeit fortbewegen. Einer Geschwindigkeit, die er mit den damals verfügbaren Mitteln auf rund 310'740 Kilometer pro Sekunde berechnete. Dieser Wert lag so nahe bei der vermuteten Lichtgeschwindigkeit, dass Maxwell die damals kühne Vermutung anstellte, auch Licht könnte eine elektromagnetische Welle sein. Elektromagnetische Wellen bewegen sich im Vakuum aber immer gleich schnell, werden nie langsamer und stehen auch nie still. Damit offenbarte sich ein krasser Widerspruch zur klassischen Annahme, wonach die Geschwindigkeitsdifferenz zwischen einem Betrachter und dem Licht kleiner wird, je schneller sich der Betrachter bewegt. Wenn die Lichtgeschwindigkeit aber von der eigenen Bewegung abhängt, sind die Naturgesetze nicht überall gleich, da sich die Lichtgeschwindigkeit entsprechend der Bewegungsgeschwindigkeit ändert und somit nicht konstant ist. Viel mehr müsste es in diesem Fall ein bevorzugtes Bezugssystem geben, gewissermassen einen Blickwinkel im Universum, der gegenüber allen anderen Blickwinkeln bevorzugt ist. Ein Blickwinkel, in dem die Naturgesetze in unveränderter Form gelten, in dem beispielsweise die Lichtgeschwindigkeit konstant ist. Ein solcher Blickwinkel wäre der Äther. Die Physik stand also vor einem grossen Widerspruch: Einerseits postulierte die vielversprechende Theorie von Maxwell die Konstanz der Lichtgeschwindigkeit, andererseits verlangte die klassische Physik nach einem Äther, einem absoluten Bezugssystem, wodurch die Naturgesetze aber nicht überall gleich gelten, da die Lichtgeschwindigkeit beispielsweise relativ zu einem schnellen Raumschiff langsamer wird.

Aber könnte es nicht auch sein, dass die Theorie von Maxwell falsch ist und die klassische Annahme richtig? Dadurch würde sich der Widerspruch doch in Luft auflösen?

Nein, denn ob eine Theorie richtig ist oder falsch, kann im Endeffekt nur durch Experimente bewiesen werden. Eine Theorie, die auf dem Papier noch so schön und elegant formuliert ist, darf nicht als richtig anerkannt werden, wenn sich ihre Vorhersagen und Thesen in der Realität nicht bestätigen. Ansonsten wäre die Wissenschaft eine Ansammlung willkürlicher Gesetze ohne Aussagekraft über die Natur. Die klassische Physik beruht auf der Existenz des Äthers. Das Michelson-Morley-Experiment aber hatte gezeigt, dass sich beim Versuch, eine Abweichung der Lichtgeschwindigkeit durch den Ätherwind zu messen, ein Nullresultat ergeben hatte. Folglich gibt es keinen Äther und damit kein absolutes Bezugssystem. Demnach würde die Lichtgeschwindigkeit in jedem Bezugssystem gleich bleiben. Ein gewichtiges Indiz für Maxwell, der bekanntlich postulierte, dass elektromagnetische Wellen und damit auch das Licht sich immer mit Lichtgeschwindigkeit ausbreiten.

31

Einstein nahm sich diesem Widerspruch zwischen klassischer Sicht und dem Maxwellschen Elektromagnetismus an und löste diesen in der speziellen Relativitätstheorie mit zwei grundlegenden Aussagen: Dem Postulat der Konstanz der Lichtgeschwindigkeit und dem Relativitätsprinzip, wonach alle Bezugssysteme gleichberechtigt sind. Oder vereinfacht ausgedrückt: Egal, was Sie tun, das Licht bewegt sich immer und überall mit Lichtgeschwindigkeit beziehungsweise die Naturgesetze gelten überall und immer gleich. Aus diesen unverdächtigen Postulaten sollten schliesslich einige der spektakulärsten Phänomene der Physik erwachsen.

2.1.1 Die Einstein Postulate

Das erste Postulat der speziellen Relativitätstheorie besagt, dass die Lichtgeschwindigkeit konstant ist. Licht breitet sich im Vakuum immer mit demselben Tempo aus, nämlich der Lichtgeschwindigkeit. Diese beträgt rund 300'000 Kilometer pro Sekunde und legt damit in einer Sekunde die Distanz zwischen Mond und Erde zurück, für die unsere schnellsten Raketen über zehn Stunden benötigen würden.

Was geschieht nun, wenn wir einen Lichtstrahl mit Lichtgeschwindigkeit verfolgen?

Hier setzt das zweite Postulat an: Das Relativitätsprinzip. Es besagt, dass zwei gleichmässig bewegte Beobachter zueinander vollkommen gleichberechtigt sind. Demnach können Sie mit keinem Experiment der Welt feststellen, ob ein Zug mit konstantem Tempo fährt oder stillsteht. Das hängt damit zusammen, dass es kein absolutes Bezugssystem gibt, sondern nur relativ zueinander bewegte Bezugssysteme. Ein Beispiel verdeutlicht das Relativitätsprinzip: Sie sitzen in einem Schnellzug und trinken einen Kaffee, der Ihnen der freundliche Herr von der Minibar soeben verkauft hat. Ein Pendler steht am Bahnsteig und beobachtet den vorbei fahrenden Zug. Die Lokomotive und die Wagen, aber auch die Passagiere und Ihr Kaffee bewegen sich aus seiner Sicht sehr schnell in Fahrtrichtung. Der Pendler sieht Ihren Kaffee mit 100 Stundenkilometern durch den Bahnhof brausen. Aus Ihrer Perspektive betrachtet bewegt sich der Kaffee natürlich nicht oder wenn, dann höchstens vom Tischchen zu Ihrem Mund. Wenn wir diese Szene objektiv beurteilen wollen, geraten wir in ein Dilemma. Oder wie urteilen Sie als Richter, wenn der Pendler behauptet, ein Kaffee sei mit 100 Stundenkilometern durch den Bahnhof gerast, und der Passagier dies mit an den Kopf tippendem Finger abstreitet?

Die Äthertheorie würde sich für die Intuition aussprechen und urteilen, dass sich der Zug und damit auch der Kaffee bewegt haben. Der Passagier könnte im Zug die Lichtgeschwindigkeit messen und würde feststellen, dass diese kleiner ist als die Lichtgeschwindigkeit am ruhenden Bahnsteig, da sich der Zug ja bewegt. Wie wir aber wissen, ist die Relativitätstheorie in die Bresche gesprungen, da experimentell bewiesen wurde, dass es den Äther gar nicht gibt und die Äthertheorie demnach falsch ist. Im Gegensatz zur speziellen Relativitätstheorie, die mittlerweile als eine der am besten geprüften und bestätigten Theorien der Physik gilt. Rufen wir die spezielle Relativitätstheorie in den Zeugenstand. Was kann sie uns über Kaffee und Zug erzählen?

Die Erzählung ist relativ kurz gefasst. Gemäss dem Relativitätsprinzip sind alle gleichmässig bewegten Beobachter zueinander vollkommen gleichberechtigt. Das heisst: Es lässt sich gar kein objektives Urteil fällen, ob sich der Kaffee bewegt oder nicht. Auch wenn Sie den Fall vielleicht für offensichtlich halten. Der Pendler und der Passagier beurteilen die Szene unterschiedlich, aber beide liegen mit ihrer Beobachtung richtig. Tatsache ist, dass sich der Kaffee aus Sicht des Beobachters am Bahnsteig bewegt und aus Sicht des Passagiers im Zug ruht. Alle Bezugssysteme sind absolut gleichberechtigt. Es gibt keinen absoluten Bezugspunkt[9], aus dem man ein Urteil über richtig oder falsch fällen könnte. Denn die Naturgesetze gelten in jedem gleichmässig bewegten Bezugssystem gleichberechtigt. Es ist prinzipiell auch nicht möglich, ein bewegtes von einem ruhenden Bezugssystem zu unterscheiden. So spüren Sie zwar den Ruck, wenn der Zug abfährt, können Ihren Kaffee aber auch bei 300 Stundenkilometern trinken, als wenn Sie in einem Restaurant sitzen. Der Passagier kann nicht feststellen, ob sich der Zug mit konstantem Tempo bewegt oder ruht. Sie könnten jetzt einwenden, er solle einfach aus dem Fenster schauen, dann lässt sich das sehr wohl feststellen. Dieser Gedanke ist allerdings zu kurz gefasst, wie ich Ihnen nachher zeigen werde.

Das Relativitätsprinzip als solches ist nicht wirklich revolutionär, da bereits die klassische Physik mehr oder minder von universellen Naturgesetzen ausgegangen ist, die überall gleich gelten. Revolutionär ist aber der Einbezug der konstanten Lichtgeschwindigkeit. Denn das hat einige sehr merkwürdige Konsequenzen zur Folge. Grundsätzlich einmal muss der Gedanke einer absoluten Welt aufgegeben werden. Bewegung, Zeit, Längen, Energien oder Massen sind abhängig vom Standpunkt des Betrachters. Diese Abhängig-

---

[9] Der Äther war ein solcher absoluter Bezugspunkt, also ein bevorzugtes Bezugssystem, aus dem heraus eine objektive Beurteilung der Welt möglich gewesen wäre. Das Michelson-Morley-Experiment hat aber als erstes Experiment gezeigt, dass es keinen Äther gibt – und damit kein bevorzugtes Bezugssystem.

keit ist es, was wir mit „relativ"[10] meinen. Die für alle gleich gelten-
den Naturgesetze führen seltsamerweise also dazu, dass die Welt
eben gerade nicht für jeden gleich ist. Die Phänomene und Vorgänge erscheinen viel mehr jedem Betrachter mitunter in einem
ganz anderen Licht. Aber alle Betrachtungsweisen sind richtig und
real.

Nun gut. Kommen wir wieder zurück zum eigentlichen Problem
und widmen wir uns einem Astronauten, der in einem Raumschiff
den kühnen Versuch wagt, einen Lichtstrahl zu verfolgen. Dazu
verwendet er einen revolutionären Antrieb, der Geschwindigkeiten
nahe der Lichtgeschwindigkeit ermöglicht. Im hinteren Teil des
Raumschiffs ist eine Lichtquelle befestigt, die einen Lichtstrahl zum
vorderen Teil des Raumschiffs aussendet, wo ein Empfänger instal-
liert ist. Aus der Zeit, die der Lichtstrahl braucht, um die Distanz
zwischen der Lichtquelle und dem Empfänger zu überwinden,
kann der Astronaut berechnen, wie schnell sich das Licht im
Raumschiff bewegt. Wenn sich das Raumschiff mit einem Tempo
von 100'000 Kilometern pro Sekunde bewegt und die Lichtgeschwindigkeit 300'000 Kilometer pro Sekunde beträgt, welche Geschwindigkeit wird der Astronaut für das Licht im Raumschiff messen?

Intuitiv könnte man vermuten, der Astronaut misst 400'000 Kilometer pro Sekunde als Lichtgeschwindigkeit, also die Summe aus
der Geschwindigkeit des Raumschiffs und der Lichtgeschwindigkeit. Im 19. Jahrhundert hätte man Ihnen zu diesem Ergebnis zwar
nicht gratuliert, aber zumindest eine Grundkenntnis in Physik attes-

---

[10] Sieben Flaschen in einem Weinkeller sind relativ wenig, sieben Flaschen in
einer Fussballmannschaft aber relativ viel.

tiert. Bis zur Veröffentlichung der speziellen Relativitätstheorie hätte niemand wissenschaftlich fundiert an dieser Aussage gezweifelt. Seither sieht es jedoch anders aus. Die Erklärung: Das Raumschiff ist ein eigenes Bezugssystem. Die Naturgesetze gelten nun in allen Bezugssystemen gleichermassen. Ein Naturgesetz ist die Konstanz der Lichtgeschwindigkeit. Das Licht ist immer gleich schnell unterwegs. Der Astronaut misst somit für die Geschwindigkeit des Lichtstrahls nichts anderes als die Lichtgeschwindigkeit, rund 300'000 Kilometer pro Sekunde. Daraus folgt die mit der klassischen Physik nicht vereinbare Feststellung, dass ein Betrachter in einem Zug unmöglich feststellen kann, ob sich der Zug bewegt, da alle Experimente die genau gleichen Ergebnisse liefern wie wenn der Zug relativ zu einem anderen Bezugssystem still steht. Dementsprechend ist es auch nicht möglich zu entscheiden, welches Bezugssystem sich im Endeffekt bewegt. Es ist eigentlich sinnlos von einem ruhenden Bezugssystem zu sprechen, da es sich aus der Perspektive eines anderen Bezugssystems bewegt und umgekehrt. Ganz genau genommen gibt es nur bewegte und keine ruhenden Bezugssysteme. Zur Vereinfachung eines Sachverhalts kann es aber dennoch hilfreich sein, ein Bezugssystem lokal als ruhend zu betrachten, ohne dass dadurch die Kernaussage des Sachverhalts verfälscht wird. Deshalb werden wir auch weiterhin von ruhenden und bewegten Bezugssystemen sprechen.

Das offensichtlich Erstaunliche daran: Die Lichtgeschwindigkeit ist unabhängig von der Bewegungsgeschwindigkeit eines Betrachters. Die Lichtgeschwindigkeit ist immer gleich schnell, egal wie schnell man sich bewegt. Würde man in einem hypothetischen Raumschiff auf annähernde Lichtgeschwindigkeit beschleunigen, wäre das Licht aus Sicht des Raumschiffs trotzdem um Lichtgeschwindigkeit schneller (im Vergleich zum Raumschiff). Es ist prinzipiell unmöglich, das Licht einzuholen. Das war mit der klassischen Ansicht nicht zu vereinbaren, denn im System von Galileo Galilei hätten die Gleichungen für elektromagnetische Wellen, also auch Licht, bei bewegten Systemen angepasst werden müssen. Andernfalls hätte der Passagier im Zug die Geschwindigkeit des Lichts messen und damit auf seine Geschwindigkeit schliessen können. Somit wäre die Lichtgeschwindigkeit abhängig gewesen vom Bezugssystem und damit nicht für jedes Bezugssystem gleich, wodurch es ein bevorzugtes Bezugssystem wie den Äther hätte geben müssen, das jedoch durch das Michelson-Morley-Experiment und alle folgenden Experimente widerlegt worden ist.

Diese Feststellung ist ziemlich irritierend. Wenn ein Zug mit 300 Stundenkilometern fährt und Sie in Fahrtrichtung mit 5 Stundenkilometern laufen, misst ein relativ dazu ruhender Betrachter Ihre Geschwindigkeit mit 305 Stundenkilometern. Das Tempo des Zugs und Ihr Schritttempo können nach klassischer Physik einfach addiert werden. Wenn Sie nun den Führerstand in der Lokomotive betreten und das Licht einschalten, welche Geschwindigkeit misst ein aussenstehender Betrachter für das Licht?

Er misst genau die Lichtgeschwindigkeit, ungefähr 300'000 Kilometer pro Sekunde. Auch wenn wir das Beispiel auf ein Raumschiff übertragen, das mit 100'000 Kilometer pro Sekunde fliegt, so breitet sich das Licht der Scheinwerfer trotzdem mit 300'000 Kilometer pro Sekunde aus. Die Lichtgeschwindigkeit ist so ziemlich das Einzige an der Relativitätstheorie, das absolut ist. Sie ist immer gleich schnell. Egal, aus welchem Standpunkt sie gemessen wird. Egal, ob innerhalb oder ausserhalb des Raumschiffs. Egal, ob das Raumschiff durch das Universum fliegt oder bei der Weltraumbehörde in der Garage steht.

Damit hatte Einstein seine Ausgangfrage beantwortet. Es ist prinzipiell unmöglich das Licht einzuholen oder gar zu überholen. Licht ist immer mit der universellen Höchstgeschwindigkeit unterwegs, der Lichtgeschwindigkeit. Es wäre falsch zu denken, das Licht lasse sich nicht einholen, weil wir nicht über die notwendigen Technologien oder Raumschiffantriebe verfügen. Viel mehr ist die Konstanz der Lichtgeschwindigkeit prinzipieller Natur. Das gilt übrigens auch für alle Phänomene der Relativitätstheorie oder der Quantenphysik. Es wäre also auch mit ausserirdischer Technologie oder den Fähigkeiten einer Zivilisation in tausenden von Jahren nicht möglich, das Licht einzuholen. Die Lichtgeschwindigkeit ist vielmehr ein universelles Naturgesetz, das überall in unserem Universum für jede Informationsübertragung gilt. In der Steinzeit ebenso wie in der Zeit unserer Ururenkel.

Oft tauchen Gerüchte über Experimente auf, bei denen Informationen mit Überlichtgeschwindigkeit übermittelt worden sein sollen. Diese Schlagzeilen können Sie getrost ignorieren, da sie in der Regel auf geometrische Phänomene oder eigenwillige Geschwindigkeitsinterpretationen zurückzuführen sind. Zwei Raumschiffe, die jeweils mit 80 Prozent der Lichtgeschwindigkeit in entgegen gesetzte Richtung fliegen, entfernen sich beispielsweise nicht mit 160 Prozent der Lichtgeschwindigkeit. Vielmehr muss für diese Berechnung eine relativistische Formel angewendet werden, da hier die klassische Geschwindigkeitsaddition nicht mehr gültig ist, wodurch das Tempo stets unter Lichtgeschwindigkeit bleibt. In den Kapiteln zur Quantenphysik begegnen wir einigen Versuchen, bei denen Signale mit mehrfacher Lichtgeschwindigkeit übertragen werden. Allerdings sind diese Übertragungen mit einem nicht uner-

heblichen Informationsverlust verbunden, wodurch die Relativitätstheorie nach gängiger Interpretation nicht verletzt wird.

2.1.2 Rotwein, Züge und die Pizza-Wette

Die spezielle Relativitätstheorie führt zu einem Rattenschwanz
ziemlich sonderbar anmutender Konsequenzen. So muss man die
Auffassung einer absoluten Welt gänzlich aufgeben. Dasselbe Ereignis erscheint jedem Betrachter anders und hängt massgeblich
vom Bezugssystem ab. Das gilt sowohl für die Bewegung eines
Objekts auch als für dessen Aufenthaltsort, Zeit, Energie, Masse
oder Energie. Es gibt keine objektive Wirklichkeit mehr. Was für
Sie oben ist, kann unten sein. Was rechts ist, kann links sein. Uhren
laufen mal schneller, mal langsamer. Raumschiffe sind mal länger,
mal kürzer. Es gibt keinen Standpunkt, aus dem wir eine Szene für
alle Betrachter objektiv beurteilen können. Zeit, Raum und die Realität sind abhängig vom Bezugssystem und der Bewegung.

Ein gutes Beispiel einer schlechten Pizzawette verdeutlicht, wie
bedeutsam und weitreichend diese Erkenntnis auch fürs tägliche
Leben ist. Sie stehen am Bahnhof und treffen auf einen alten Schulfreund. Sie haben sich lange nicht gesehen und beschliessen, bei
Kaffee und Kuchen die alten Zeiten zu resümieren. Einige Stunden
und zwei Lebensgeschichten später stellen Sie fest, dass es schon
spät geworden ist. Damit bis zum nächsten Treffen nicht wieder
ein halbes Leben vergeht, beschliessen sie eine kleine Wette, deren
Einsatz nächste Woche eingelöst wird. Ein gemeinsames Mittages-
sen beim Italiener. Bezahlen muss der, dessen Zug zuerst aus dem
Bahnhof abfährt. Eine faire Wette: Beide Züge haben dieselbe Ab-
fahrtszeit.

Eine Woche später treffen sie sich beim Italiener um die Ecke zu den vereinbarten Gaumenfreuden. Sie schlemmen Pizza und geniessen einen guten Tropfen Rotwein. Schliesslich bringt die Bedienung die Rechnung. Sie lächeln freundlich und stellen fest, dass Ihr Schulfreund die Rechnung begleichen wird, um seine Wettschulden einzulösen. Sein Zug sei nämlich vor Ihrem Zug abgefahren. Ihr Schulfreund schaut leicht irritiert und entgegnet, dass Ihr Zug vor seinem Zug abgefahren sei.

Was ist passiert?

Die beiden Züge sind sehr modern, weshalb sie beim Abfahren sofort ihre Reisegeschwindigkeit erreichen, ohne zu beschleunigen. Deshalb setzen sich die beiden Freunde ans Fenster und beobachten den jeweils anderen Zug. Gespannt natürlich, wessen Zug zuerst abfährt. Einige Augenblicke später sieht ihr Schulfreund, dass sich Ihr Zug bewegt und er damit die Wette gewonnen hat. Gleichzeitig sehen Sie, dass sich der Zug Ihres Schulfreunds bewegt und Sie damit die Wette gewonnen haben.

Wer hat Recht?

Tatsächlich geht die Wette unentschieden aus. Beide haben mit Ihrer Behauptung Recht. Was wirklich vorgefallen ist, das heisst, welcher Zug zuerst abgefahren ist, hängt nämlich vom Standpunkt des Betrachters ab. Beide haben das Gefühl, der jeweils andere Zug sei zuerst abgefahren, was aus der jeweiligen Perspektive auch stimmt. Insofern haben beide einen Anspruch, die Wette gewonnen zu haben. Nun gut. So leicht wollen Sie sich natürlich nicht geschlagen geben. Sie haben ja noch einen Trumpf im Ärmel. Einen Zeugen nämlich, der die Szene auf einer Brücke, die über die

Geleise führt, beobachtet hat. Der Zeuge bestätigt – wohl nicht zu Ihrer Freude - dass Ihr Zug zuerst abgefahren sei. Es scheint, als hätten Sie die Wette doch verloren und begleichen als sportlicher Verlierer Ihren Einsatz.

Leider kannten Sie die spezielle Relativitätstheorie nicht, sonst hätten Sie mit gutem Grund ein Unentschieden aushandeln können. Tatsächlich ist es nur unser Alltagsverstand, der sagt, dass ein Zug fährt, wenn ihn jemand den Bahnhof verlassen sieht. Der Zug könnte aber genauso gut behaupten, nicht er habe sich in Bewegung gesetzt, sondern die ganze Welt um ihn herum. Kein Mensch könnte darüber urteilen, wer Recht hat, da jeder aus seinem Bezugssystem betrachtet die Wahrheit sagt. Da jedes Bezugssystem gleichberechtigt ist, sind beide Betrachter mit ihren Aussagen im Recht.

Sie lesen in diesem Moment offenbar gerade diese Zeile. Sie haben es sich irgendwo bequem gemacht und geniessen in Ruhe dieses Buch. Wenn in diesem Moment ein tieffliegendes Flugzeug neben Ihnen durchkracht oder eine Mücke um ihren Kopf kreist, sind Sie intuitiv davon überzeugt, dass Flugzeug und Mücke sich bewegen, Sie aber in Ruhe sitzen (zumindest bis es kracht). Wenn Sie Ihren Blickwinkel aber etwas skalieren, erkennen Sie schnell, dass diese Sichtweise sehr relativ ist. So befinden Sie sich mit hoher Wahrscheinlichkeit irgendwo auf der Erde und gehen damit die Erddrehung mit. Die Erde bewegt sich mit ungefähr 30 Kilometern pro Sekunde um die Sonne, das entspricht rund 108'000 Kilometer pro Stunde. Die Sonne wiederum dreht sich ziemlich schnell um das Zentrum der Milchstrasse. Sind Sie ganz sicher, dass Sie sich in Ruhe befinden?

Natürlich wird es praktisch gesehen schwierig, dem Polizisten zu erklären, dass das Rotlicht Sie überfahren habe. Die spezielle Relativitätstheorie würde Ihnen dabei aber durchaus zustimmen. Tatsächlich sind wir intuitiv derart auf unsere Weltanschauung festgefahren, dass der Gedanke abstrus erscheint, die Erde bewege sich relativ zum Zug und nicht umgekehrt. Wenn wir uns aber ein leeres Universum vorstellen, in dem sich nur zwei Raumschiffe befinden, die sich relativ zueinander bewegen, so werden beide Piloten das Gefühl haben, das jeweils andere Raumschiff bewege sich relativ zum eigenen Raumschiff. Da im Universum kein absolutes Bezugssystem existiert, haben wir prinzipiell keine Möglichkeit zu sagen, welches Raumschiff sich nun bewegt. Viel mehr sind die Perspektiven beider Piloten richtig. Auch hier wiederum der Hinweis, dass es sich hierbei um ein fundamentales Prinzip der Natur handelt. Es ist gar nicht möglich, ein Raumschiff zu bestimmen, das sich bewegt, da es im Universum keine absolute Bewegung gibt. Eine gleichmässige Bewegung besteht immer aus mindestens zwei Bezugssystemen, die sich relativ zueinander bewegen. Die Wahrnehmung der Bewegung ist dabei relativ und damit vom Betrachter abhängig.

Dieser Effekt wird übrigens in praktisch allen modernen Computerspielen eingesetzt. Wenn der Spieler seinen Boliden durch kurvige Bergrennen manövriert oder als Gangster durch die Strassen der Stadt spaziert, hat er das Gefühl, er bewege sich durch die virtuellen Landschaften. Tatsächlich sind Computerspiele in der Regel so programmiert, dass sich die gesamte virtuelle Welt auf den Spieler zubewegt. Wenn der Spieler den „Gas geben"-Knopf drückt, bleibt sein Auto technisch gesehen an Ort und Stelle. Dafür wird die Strasse, die Landschaft und jeder Baum zum Spieler hin verschoben. Der Spieler nimmt diese Perspektive nicht bewusst war, sondern denkt, dass seine Figur oder sein Fahrzeug sich durch die virtuelle Weg bewegen. Etwa so, wie wir Menschen intuitiv davon ausgehen, dass wir uns bewegen, wenn wir durch die Stadt laufen, und nicht die Welt um uns herum.

Bewegungen, Ortsangaben oder auch Geschwindigkeiten sind relativ. So könnten Sie sich beispielsweise fragen, welche Flugbahn ein Ball nimmt, den Sie in einem fahrenden Zug senkrecht in die Höhe werfen und wieder fangen? Und eine höchst interessante Antwort erhalten. Die Passagiere im Zug (und damit im selben Bezugssystem wie Sie) werden sagen, der Ball steigt senkrecht in die Höhe und fällt Ihnen anschliessend wieder senkrecht in die Hände. Die Flugbahn des Balls entspricht einer geraden Linie. Ein auf dem Bahnsteig stehender Beobachter allerdings wird die Szene im vorbei fahrenden Zug ganz anders wahrnehmen. Aus seiner Sicht stimmt zwar das grundlegende Ereignis ebenfalls überein – das heisst Sie werfen den Ball und fangen ihn wieder – die Bewegung des Balls verläuft aber unterschiedlich: Der Beobachter am Bahnsteig sieht den Ball in einem Bogen in die Höhe fliegen und wieder in Ihre Hände fallen. Das liegt daran, dass sich aus seiner Perspektive der Zug bewegt und damit weiterfährt, auch wenn sich der Ball in der Luft befindet, und der Ball daher eine längere Flugbahn zurück in Ihre Hände hat. Dadurch nimmt eine Person am Bahnsteig die Szene ganz anders wahr als ein Passagier, der im Zug sitzt. Für den Passagier spielt es indes keine Rolle, ob der Zug fährt oder still steht. Der Ball fliegt und fällt im Zug (respektive im Bezugssystem) immer gleich. Beide Ansichten sind aus der jeweiligen Perspektive aber gerechtfertigt und richtig. Man könnte die Szene nämlich auch umdrehen. Wenn die Person am Bahnsteig mit dem Ball jongliert, wird der Passagier im fahrenden Zug dieselbe Wahrnehmung machen, die die Person am Bahnsteig zuvor gemacht hat. Die Person aus ihrer Perspektive wird wiederum das Gefühl haben, der Ball fliegt und fällt genau senkrecht.

Dieselben Ereignisse werden von zwei verschiedenen relativ zueinander bewegten Beobachtern räumlich und zeitlich unterschiedlich wahrgenommen. Dies führt zu seltsamen Phänomenen wie langsamer laufenden Uhren oder schnellen Autos, die plötzlich in eigentlich viel zu kleine Garagen passen. Das Prinzip der Relativität gilt aber nicht nur für Orte, Bewegungen oder Geschwindigkeiten, sondern auch für Längen, Massen, Energien und sogar die Zeit, wie wir in den folgenden Kapiteln sehen werden.

2.1.3 Dauert eine Sekunde immer eine Sekunde?

Die spezielle Relativitätstheorie geht noch einen Schritt weiter und überträgt das Prinzip der Relativität auch auf die Zeit. Die Zeit ist demnach keine universelle Grösse, die überall und für jeden gleich schnell vergeht, wie das die klassische Physik stillschweigend annimmt. Die Zeit ist viel mehr abhängig vom Betrachter und damit relativ. Jedes Bezugssystem hat seinen eigenen Zeitablauf. In einem schnell bewegten Raumschiff gehen Uhren langsamer als in einem Auto. Eine Minute auf Ihrer Uhr bedeutet nicht zwingend dieselbe Zeitspanne wie eine Minute in einem Raumschiff. Dieses Phänomen wird als Zeitdilatation bezeichnet. Sie ist dafür verantwortlich, dass Menschen hunderte Jahre in die Zukunft reisen könnten, ohne zu altern. Was unglaublich klingt, haben zahlreiche Experimente in Teilchenbeschleunigern bestätigt. Elementarteilchen wie Myonen zerfallen langsamer, je schneller sie sich bewegen.

Natürlich ist es eine Frage des Standpunkts, ob die Zeit langsamer vergeht oder ihrem „gewöhnlichen" Lauf folgt. Jeder Betrachter in einem gleichmässig bewegten Bezugssystem nimmt für die Vorgänge in diesem System keine Zeitanomalie wahr. Viel mehr sieht er alle äusseren Vorgänge verlangsamt. Wenn ein Astronaut in einem Raumschiff auf seine Armbahnuhr schaut, vergeht die Zeit aus seiner Sicht ganz normal. Wagt er einen Blick aus dem Fenster, bewegen sich relativ zu ihm bewegte Bezugssysteme in Zeitlupe, entsprechend gehen auch die Uhren langsamer. Die Schlussfolgerung, dass in einem sehr schnell bewegten Raumschiff mehr Zeit zum Leben bleibt, ist daher nur bedingt richtig. Es stimmt zwar, dass der Astronaut in einem schnellen Raumschiff unter Umständen ganze Generationen und Zivilisationen auf der Erde überlebt. Wie wir im Kapitel zu den Zeitreisen erklären, kann er in seinem Leben aber nicht mehr anstellen als jeder andere Mensch.

Wie aber kann es zu diesem Zeitdilatationseffekt kommen? Wie ist es zu erklären, dass Uhren in relativ bewegten Bezugssystemen langsamer laufen?

Ein beliebtes Beispiel, um das Phänomen der Relativität der Zeit zu veranschaulichen, ist eine Lichtuhr. Eine Lichtuhr besteht aus zwei gegenüberliegenden Spiegeln, in denen Licht reflektiert wird. Jedes Eintreffen des Lichtstrahls auf dem oberen Spiegel lässt die Uhr um eine Zeiteinheit fortschreiten. Solange die Lichtuhr in Ruhe ist, wird das Licht vom oberen zum unteren Spiegel und wieder zurück entlang einer senkrechten Gerade reflektiert (dargestellt links in der Grafik). Der Weg, den das Licht dabei zurücklegt, entspricht der Distanz „d", also der Distanz zwischen den beiden Spiegeln.

Jetzt wird die Lichtuhr auf 25 Prozent der Lichtgeschwindigkeit gebracht (rechts in der Grafik). Während dem das Licht nun von

45

einem Spiegel zum anderen reflektiert wird, bewegen sich die beiden Spiegel vorwärts, in der Abbildung von links nach rechts. Wie unschwer zu erkennen ist, muss das Licht jetzt einen längeren Weg zurücklegen, um von einem Spiegel zum anderen zu gelangen. Da die Lichtgeschwindigkeit immer gleich schnell ist, aber der Weg jetzt länger, dauert es aus der Sicht eines aussenstehenden Beobachters länger, bis das Licht beim oberen Spiegel eintrifft und die Uhr um eine Zeiteinheit fortschreiten lässt. Desto schneller sich die Apparatur bewegt, desto länger wird der Weg zwischen den Spiegeln und desto langsamer schreiten Uhr und Zeit voran.

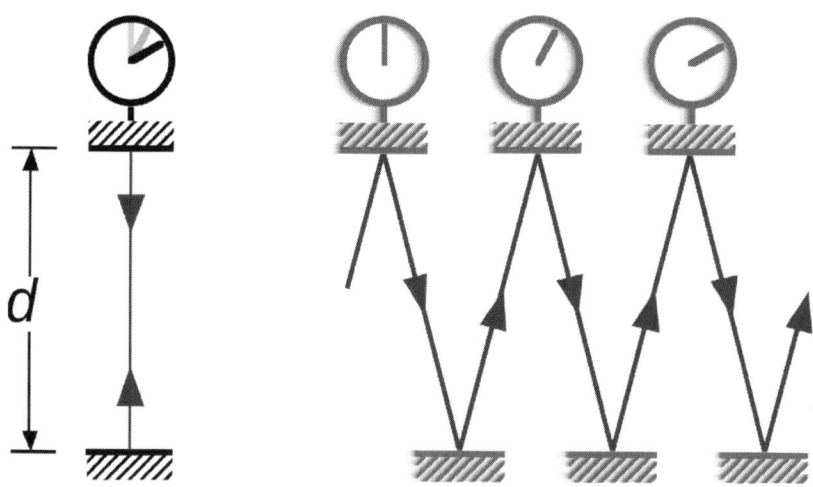

Abbildung 1   **Eine Lichtuhr bei 25 Prozent der Lichtgeschwindigkeit**

Dieses Phänomen ist nicht auf mangelnde Qualität oder eine bautechnische Eigenschaft der verwendeten Uhr zurückzuführen, sondern eine fundamentale Eigenschaft von Raum und Zeit. Raum und Zeit sind eben nicht absolut, wie man das früher geglaubt hat und heute vielerorts noch glaubt, sondern relativ zum Betrachter. Desto schneller sich eine Uhr bewegt, desto langsamer nimmt ein relativ dazu bewegter Betrachter den Lauf der Zeit wahr. Für den Betrachter innerhalb des Bezugssystems vergeht die Zeit indes ganz normal. Wenn die Lichtuhr in einem Raumschiff steht, kann der Astronaut keinen Unterschied im Lauf der Zeit erkennen, auch wenn er mit fast Lichtgeschwindigkeit fliegt. Genau wie die Mitreisenden im Zug beim Beispiel mit dem Ballwurf den Ball senkrecht fliegen und fallen sehen. Für die Betrachter im Bezugssystem spielt es grundsätzlich keine Rolle, ob sich das Bezugssystem gleichmässig bewegt oder ruht. Alle Experimente im Bezugssystem werden stets zum gleichen Ergebnis führen. Ein aussenstehender und relativ zum Raumschiff bewegter Betrachter sieht die Uhr aber langsamer laufen oder den Ball eine längere Flugbahn beschreiten. Die Wahrnehmung ist übrigens austauschbar: Wenn ein Junge auf dem Bahnsteig den Ball gerade in die Luft wirft, werden die Passagiere im fahrenden Zug den Ball in einer Kurve fallen sehen. Wenn ein Astronaut in einem schnellen Raumschiff die Uhr eines Satelliten langsam laufen sieht, würden aus der Perspektive des Satelliten im Raumschiff alle Uhren in Zeitlupe gehen. Die Zeitdilatation gilt übrigens nicht nur für Uhren. Alle Prozesse und Vorgänge sind der Zeitdilatation unterworfen. Auch Computerberechnungen, Bewegungen des Menschen oder Gehirnströme laufen langsamer ab.

Paradox anmutend wird dieses Beispiel, wenn Max als aussenstehender Betrachter den Lauf seiner Armbanduhr mit dem Lauf der Lichtuhr vergleicht, die sich mit sehr hoher Geschwindigkeit bewegt. Nach einer Weile stellt Max fest, dass auf seiner Armbanduhr 30 Minuten vergangen sind. Auf der Lichtuhr jedoch erst 15 Minuten. Max schlussfolgert daraus, dass die Zeit in der Lichtuhr langsamer vergeht als auf seiner Armbanduhr. Für einen Betrachter an Bord der Lichtuhr würde das natürlich anders aussehen. Er hätte wiederum das Gefühl, die Zeit im Lichtuhrsystem laufe normal ab und Max seine Armbanduhr gehe nach. Max und der Lichtuhrinsasse liegen in ihrer Wahrnehmung beide richtig, obwohl sie die Zeit vollkommen unterschiedlich beurteilen. Aber beide haben Recht.

Die Zeitdilatation ist nicht mehr mit newtonscher Physik zu erklären, sondern auf die Vereinigung von Raum und Zeit in der Raumzeit zurückzuführen. Die Zeit ist nämlich keine menschgemachte Grösse, um eine Struktur in unseren Alltag zu bringen. Die Zeit ist vielmehr eine eigene Dimension, die untrennbar mit den uns bekannten drei Raumdimensionen zur Raumzeit verwoben ist. Unser Universum besteht aus der vierdimensionalen Raumzeit. Es fällt uns zweifellos schon jetzt schwer, uns die vierte Dimension vorzustellen. Wesentlich verzwickter wird die Lage aber, wenn wir uns der allgemeinen Relativitätstheorie widmen. Das „Spezielle" an der speziellen Relativitätstheorie besteht nämlich darin, dass sich ihre Gültigkeit auf flache Gebiete in der Raumzeit beschränkt, das heisst, die Gravitation wird in dieser Theorie gänzlich ausgeblendet. In diesem Sinn ist auch die spezielle Relativitätstheorie nur eine Annäherung an die allgemeine Relativitätstheorie, die auch Krümmungen der Raumzeit beinhaltet und damit einhergehend die Gravitation erklärt.

Wann immer wir uns zu Fuss, mit dem Fahrrad oder dem Auto durch den Raum bewegen, bewegen wir uns auch durch die Zeit. Im Alltag bleibt uns die Zeitdimension mehrheitlich verborgen. In astronomischen Dimensionen gerechnet sind die Konsequenzen aber enorm. Aus der Zeitdilatation erwächst nämlich erstmals die prinzipielle Möglichkeit, eine Zeitmaschine zu bauen. Vor der Relativitätstheorie waren alle Spekulationen über Zeitreisen haltlos, weil man schlicht nicht wusste, was die Zeit überhaupt ist. Seit Einstein wissen wir, dass die Zeit die vierte Dimension ist. Jede Bewegung im Raum ist immer auch mit einer Bewegung in der Zeit verbunden. Raum und Zeit existieren nur gemeinsam. Gehen Sie kurz in die Küche, um dort einen Kaffee zu holen, damit Sie alle Kapitel dieses Buchs in einem Schwung lesen können, bewegen Sie sich durch Raum und Zeit. Bei der allgemeinen Relativitätstheorie werden wir sehen, dass auch die Gravitation den Fluss der Zeit massgeblich beeinflusst. In einem eigenen Kapitel werden wir zudem die Möglichkeit von Zeitreisen ausführlich diskutieren und Ihnen auch vom Menschen berichten, der bisher am weitesten in die Zukunft gereist ist. Denn Zeitreisen sind gar nicht so fiktiv, wie wir uns das für gewöhnlich vorstellen.

2.1.4 Misst ein Meter immer einen Meter?

Die spezielle Relativitätstheorie relativiert aber nicht nur die Wahrnehmung der Zeit, sondern auch die Auffassung vom Raum. Das ist notwendig, andernfalls würde unsere Welt inkonsistent. Entfernungen und Distanzen werden von zwei sich zueinander in Bewegung befindlichen Betrachtern im Allgemeinen nicht gleich bemessen. So ist beispielsweise die Einheit des Meters, mit der wir Entfernungen und Längen bestimmen, eine rein willkürliche Definition[11]. Etwa so, wie sich zwei relativ zueinander bewegte Beobachter nicht einig werden über die Dauer einer Sekunde. Beide sehen die

---

[11] Zumindest die ursprünglichen Definitionen. Mittlerweile wird der Meter im Verhältnis zur Lichtgeschwindigkeit gemessen.

jeweils andere Uhr langsamer gehen und damit eine Sekunde entsprechend länger dauern. Ein Meter kann je nach Betrachter ganz anders wahrgenommen werden. Auf unseren Alltag skaliert ergeben sich ziemlich verstörende Auswirkungen. So wäre es nach Einstein beispielsweise falsch, davon auszugehen, dass unser Auto nicht in die Garage passt, weil sie zu kurz ist. Denn unser Auto hat keine feste und absolute Länge oder Masse. Das Auto ist nicht einfach drei Meter lang und 1'000 Kilogramm schwer. Denn auch diese gewohnten Eigenschaften sind relativ. Das heisst, sie hängen vom Betrachter und dem Bewegungszustand ab. Es mag schwer fallen, das zu begreifen, aber wir müssen akzeptieren, dass die absolute und eindeutige Weltanschauung ein Relikt unserer Intuition ist. Und zwar nicht nur auf dem Papier. Was Ihnen die Relativitätstheorie erzählt, ist keine Erfindung, sondern die präziseste Beschreibung der Natur, die wir gegenwärtig haben.

Stellen wir uns vor, wir schreiben das Jahr 2500 und befinden uns bei der nationalen Flugmobilprüfung. Wir müssen unser Flugmobil kontrollieren lassen, damit es auch alle Normen erfüllt, die es erfüllen muss, um für den Verkehr zugelassen zu werden. Die Regierung hat irgendwann den Entschluss gefasst, alle Flugmobile zu verbieten, die nicht in die genormte Garage der Prüfungskommission passen. Nachdem der Prüfer alle Paragraphen ausgiebig geritten und Ihr Flugmobil gründlich untersucht hat, sollen Sie es in die Garage parkieren, um festzustellen, ob es den neuen Längennormen genügt. Leider ist Ihr Flugmobil etwa einen halben Meter zu lang, so dass sich die beiden automatischen Garagentore unmöglich schliessen können. Der Prüfer gibt Ihnen unmissverständlich zu verstehen, dass Ihr Flugmobil auf dem Schrottplatz landet, wenn es nicht dem Gesetz entspricht. Sie überlegen kurz und beschliessen, den Schrottplatz zu meiden. Sie holen mit dem Flugmobil einige hundert Meter Anlauf, beschleunigen als wenn es kein Morgen mehr gäbe und fliegen mit Volldampf durch die Garage. Der Prüfer beobachtet die Szene aus sicherer Distanz, kratzt sich verwundert am Kopf und stellt Ihnen die Bewilligung für Ihr Flugmobil aus. Prüfung bestanden.

Was ist passiert? Hatte der Prüfer Angst, Sie würden Ihn über den Haufen fliegen oder seine genormte Garage in Trümmer legen?

Keineswegs. Der Prüfer hat nur gesehen, wie Ihr Flugmobil in die Garage geflogen ist und sich beide Tore geschlossen haben. Folglich musste Ihr Flugmobil doch in die Garage passen. Aber wie kann das sein? Ein Flugmobil, das nur in die Garage passt, wenn es schnell fliegt, aber nicht, wenn es still steht?

Dieses rätselhafte Phänomen wird als Lorentzkontraktion bezeichnet und ist für den Raum, was die Zeitdilatation für die Zeit ist. Ein bewegtes Objekt erscheint einem aussenstehenden Betrachter kürzer als seinen Insassen. Seine Länge ist kontrahiert oder verkürzt. Wenn ein Meterstab sehr schnell durch die Gegend fliegt, misst Max am Boden je nach Relativgeschwindigkeit nur 0.999 Meter, 0.9 Meter oder eine noch geringere Länge. Fährt ein drei Meter langes Auto mit 100 Stundenkilometern über die Autobahn, sind die Auswirkungen der Lorentzkontraktion vernachlässigbar und mit unseren technischen Mitteln kaum messbar. In diesem Fall beträgt der Längenunterschied lediglich etwa 0.0005 Millimeter. Der Unterschied zu unserer klassischen Annahme ist bei im Vergleich zur Lichtgeschwindigkeit derart kleinen Geschwindigkeiten ebenso wenig wahrnehmbar wie die Zeitdilatation. Fliegt ein 20 Meter langes Raumschiff aber mit 99 Prozent der Lichtgeschwindigkeit, sieht die Sache schon wieder ganz anders aus. Jetzt misst das Raumschiff aus Sicht des aussenstehenden Betrachters nämlich nur noch etwa 2 Meter. Ihm erscheint es um 90 Prozent verkleinert gegenüber der Perspektive eines Betrachters, der sich im Bezugssystem befindet. Für die Insassen verändert sich die Grösse des Raumschiffs natürlich nicht, da sich die Insassen mit dem Tempo des Raumschiffs bewegen und entsprechend Teil dieses Bezugssystems sind. Den Insassen erscheint das Raumschiff wie wenn es still stehen würde (was dem Relativitätsprinzip geschuldet ist). Die Insassen nehmen ihrerseits die das Raumschiff umgebende Welt als verkürzt wahr.

Was aber passiert, wenn das Raumschiff (rein theoretisch) die Lichtgeschwindigkeit erreicht?

Wie wir wissen, ist es nicht möglich, eine Masse auf Lichtgeschwindigkeit zu beschleunigen. Wir können uns aber dennoch fragen, was passiert, wenn es aufgrund einer bis dahin unbekannten Anomalie, einer anderen Dimension oder einem Fehler im Formalismus dennoch die Lichtgeschwindigkeit erreichen könnte. In diesem Fall beliefe sich die Länge des Raumschiffs auf null. Das Raumschiff hätte keine räumliche Ausdehnung mehr und würde damit gewissermassen seine räumliche Dimension verlieren. Gleichzeitig müsste seine Energie unendlich gross sein (anders ist es für eine Masse nach heutigem Verständnis nicht möglich, Lichtgeschwindigkeit zu erreichen). Zu hinterfragen, was passieren würde, wenn es gar Überlichtgeschwindigkeit erreichte, überlassen wir dem Kapitel zu den Zeitreisen. Fliegt das Raumschiff knapp unter der Lichtgeschwindigkeit, könnte es aber auf wenige Millimeter zusammenschrumpfen und wäre damit kaum mehr sichtbar. Ohne aber, dass es die Insassen als eng empfinden. Denn für sie ändert gemäss dem Relativitätsprinzip nichts.

Wie bereits bei den anderen Phänomenen ausgeführt, wäre es falsch zu denken, dass es sich bei der Längenkontraktion um eine optische Täuschung handelt, der aussenstehende Beobachter die Länge des Raumschiffs also nur falsch beurteilt. Viel mehr ist die Längenkontraktion wie auch die Zeitdilatation eine fundamentale Eigenheit des Universums, der Raumzeit. Es gibt prinzipiell kein absolutes Richtig, wenn wir Aussagen treffen über die Beobachtung von Raum oder Zeit. Distanzen, Geschwindigkeiten, Gleichzeitigkeit, Längen, Massen oder Energien.

Hätte Einstein zu Zeiten Newtons gelebt, man hätte ihn für die Skalpierung der absoluten Weltanschauung dem Henker vermacht. Nie wäre man auf die Idee gekommen, dass jeder Mensch die Welt aus seinem eigenen Blickwinkel unterschiedlich sieht, und dabei erst noch mit den physikalischen Gesetzen dieser Welt einhergeht. Da ist es nur noch melancholische Ironie, dass der Relativitätstheorie die Absolutheit der Lichtgeschwindigkeit zugrunde liegt. Die Lichtgeschwindigkeit ist nämlich das vordergründlich einzige, was an der Relativitätstheorie absolut ist. Wäre die Lichtgeschwindigkeit nicht konstant und absolut, würden Phänomene wie die Zeitdilatation oder Längenkontraktion nicht existieren.

Es mag Sie vielleicht erstaunen, wie sehr sich die Natur von unserer Wahrnehmung unterscheidet. Unsere Alltagserfahrung ist aber nur eine Annäherung an die Realität. Eine Annäherung, die nur dann gilt, wenn wir dieselben Umstände voraussetzen, wie Sie in unserem Alltag gelten. Würden wir uns im Bereich der Lichtgeschwindigkeit fortbewegen, käme uns die Welt ziemlich fremdartig vor. Wir sind umgeben von Näherungen der Realität. Im Grossen sind es die Phänomene der Relativitätstheorie, die uns im Alltag verschlossen bleiben. Im Kleinen ergeht es uns nicht anders, wie wir bei den Kapiteln zum Quantenspuk erleben werden. Wir sehen einen Stuhl und keine Atome. Wir sehen einen Menschen, keine Zellen. Wir „sehen" Licht, keine Welle. Und die Tischkante ist nur so lange eckig, bis wir uns weit genug ins Detail vorgearbeitet haben.

2.1.5 Das Garagen-Paradoxon

Nachdem Einstein die spezielle Relativitätstheorie veröffentlicht hatte, suchten Physiker auf der ganzen Welt nach widersprüchlichen Gedankenexperimenten, um sie zu widerlegen. Eines dieser scheinbaren Widersprüche ist das so genannte Garagen-Paradoxon[12]. Demnach passt Ihr Auto in die Hundehütte, wenn Sie nur schnell genug damit fahren. Dieser Umstand ist der Lorentzkontraktion geschuldet, einem Phänomen der speziellen Relativitätstheorie, wonach einem ruhenden Betrachter ein schnelles Fahrzeug verkürzt erscheint. Ab einer bestimmten Geschwindigkeit ist Ihr Auto dermassen kontrahiert, dass es zumindest längenmässig in eine Garage oder Behausung passt, die nach klassischen Massstäben viel zu klein dafür ist.

Das Problem dabei:

Wir haben zwei verschiedene Bezugssysteme. Einerseits den aussenstehenden Betrachter. Dieser sieht das Auto derart verkürzt, dass es auf einmal in die eigentlich zu kleine Garage passt. Andererseits haben wir das Auto und seine Insassen. Die erleben das Auto in seiner normalen Grösse und haben stattdessen das Gefühl, die

---

[12] Ein weiterer vermeintlicher Widerspruch ist das „Zwillingsparadoxon", das im Kapitel „Zeitreisen" aufgelöst wird.

Entfernungen (die Strasse oder auch die Garage) seien verkürzt. Aus der Perspektive des Betrachters passt das Auto demnach problemlos in die Garage. Aus Sicht der Insassen ist es aber erst recht zu klein, da sie die Grösse des Autos unverändert wahrnehmen, aber die Länge der Garage verkürzt sehen. Was geschieht nun, wenn das Auto in die Garage fährt? Passt es rein, womit der Betrachter in seiner Wahrnehmung bestätigt wird, oder passt es nicht rein, wodurch die Insassen in ihrer Wahrnehmung bestätigt werden?

Auf den ersten Blick ergibt sich hier ein Widerspruch, schliesslich kann das Auto nur in die Garage passen oder nicht, wodurch sich eine Wahrnehmung als bevorzugt herausstellen wird[13]. Damit wiederum wäre das Postulat des Relativitätsprinzips widerlegt, wonach jedes Bezugssystem gleichberechtigt ist – und mit dem Postulat die spezielle Relativitätstheorie.

Spielen wir die Szene durch, wenn das Auto in die zu kleine Garage fährt und schauen wir, was sich dabei ergibt. Stellen wir uns dazu eine durchgehende Garage mit zwei Toren vor. Eines vorne beim Eingang, eines hinten beim Ausgang. Der Beobachter beschliesst nun, die beiden Tore zu schliessen, sobald sich das Auto komplett in der Garage befindet. Damit will er beweisen, dass seine Perspektive richtig ist und das Auto tatsächlich in die Garage passt. Das Auto fährt mit schneller Geschwindigkeit durch das vordere Tor in

---

[13] Das Paradoxon ist an dieser Stelle nicht unbedingt, dass das Auto nach klassischer Sicht (in „Ruhe" betrachtet) nicht in die Garage passt, aus Sicht des Betrachters aufgrund der Längenkontraktion aber schon, sondern viel mehr, dass sich die beiden Wahrnehmungen zu widersprechen scheinen. Ein solcher Widerspruch würde wiederum einer Widerlegung der Relativitätstheorie gleich kommen – sollte er sich denn bestätigen und nicht als Missverständnis herausstellen.

die Garage hinein. Sobald das Heck des Autos das Eingangstor passiert hat, schliesst der Beobachter beide Tore und öffnet diese sofort wieder. Das Auto verlässt kurz darauf ohne den kleinsten Kratzer die Garage, wodurch bewiesen ist, dass es für kurze Zeit komplett eingeschlossen war. Damit wäre die Perspektive des aussenstehenden Beobachters bewiesen. Ist er also im Recht und das Auto passt aufgrund der Längenkontraktion tatsächlich in die augenscheinlich viel zu kleine Garage?

Damit wir ein Urteil fällen können, sehen wir uns an, was aus der Sicht der Insassen passiert, wenn das Auto in die Garage fährt. Zuerst schliesst sich das Ausgangstor und öffnet sich dann wieder, kurz bevor das Auto dort angelangt ist. Eine Kollision ist dadurch ausgeschlossen. Nun passiert der vordere Teil des Autos die Ausfahrt, der hintere Teil des Autos hat die Einfahrt hingegen noch gar nicht passiert. Das Auto ragt aus beiden Toren. Schliesslich passiert das Heck des Autos die Einfahrt. Das Eingangstor schliesst sich und öffnet sich kurz darauf wieder. Aus der Perspektive der Insassen befand sich das Auto folglich zu keiner Zeit vollständig in der Garage, aus der Perspektive des Betrachters hingegen schon. Aus beiden Perspektiven hat sich die Szene mit denselben Ereignissen (beispielsweise Tor auf, Tor zu) unterschiedlich zugetragen.

Warum aber ist die Reihenfolge der Ereignisse im Fall der Insassen im Vergleich zum Betrachter offenbar durcheinander gebracht? Wieso geht für die Insassen das hintere Tor zu und wieder auf, bevor das Heck des Autos das Eingangstor überhaupt passiert hat, während dem der Betrachter das Auto vollständig in der Garage sieht?

Das Problem ist, dass wir eine absolute Wahrnehmung der Gleichzeitigkeit voraussetzen, die es in der Natur so nicht gibt. Das Garagen-Paradoxon ist insofern kein Widerspruch, sondern darauf zurückzuführen, dass jeder Betrachter in einem anderen Bezugssystem die Gleichzeitigkeit mitunter anders wahrnimmt. Es gibt in der Realität aber keine absolute Gleichzeitigkeit. Zwei Ereignisse, die für Beobachter A gleichzeitig stattgefunden haben, finden für Beobachter B zeitlich verschoben statt. Die Konsequenzen der Ereignisse sind in allen Bezugssystemen dieselben. Falls das Garagentor bei der Übung zerstört wird, weil das Auto tatsächlich nicht in die Garage passt, wird es aus der Sicht aller Bezugssysteme zerstört. Ansonsten wäre das Garagentor ja gleichzeitig unbeschädigt und zerstört, womit ein Paradoxon geschaffen würde, wie wir es in der Quantenphysik bei der Schrödinger Katze antreffen werden. Das Timing der Ereignisse kann sich aber erheblich unterscheiden[14] und dadurch zu als paradox wahrgenommenen Situationen führen.

Auf unser Garagen-Beispiel übertragen: Aus der Sicht des Betrachters schliessen und öffnen sich beide Tore gleichzeitig. Aus der Sicht der Autoinsassen aber öffnet und schliesst sich zuerst das Ausfahrtstor, dann passiert das Auto die Einfahrt vollständig und erst danach schliesst und öffnet sich das Einfahrtstor. In beiden Perspektiven bleiben Garage und Auto unbeschadet. Die Lösung für den scheinbaren Widerspruch besteht darin, dass in der Relativitätstheorie der Begriff der Gleichzeitigkeit ebenfalls relativ verstanden werden muss.

---

[14] Nicht aber die Reihenfolge von Ursache und Wirkung. Solange alle Informationen mit maximal Lichtgeschwindigkeit übertragen werden, ist die Kausalität von Ursache und Wirkung eines Ereignisses immer gegeben. Erst mit Überlichtgeschwindigkeit wäre es möglich, dass die Wirkung die Ursache überholt, sich das Tor beispielsweise öffnet, bevor es geschlossen worden ist.

2.1.6 Von Zombies, Schaffner und der Gleichzeitigkeit

Die spezielle Relativitätstheorie zerstört nicht nur unsere Vorstellung eines absoluten Raums oder einer absoluten Zeit, sondern auch die der universellen Gleichzeitigkeit. Es gibt keine Gleichzeitigkeit, über die sich alle Beobachter einig werden. Wenn ein Zug in den Bahnhof einfährt, öffnen sich für den Schaffner, der in der Mitte eines Wagens steht, die vordere und hintere Türe gleichzeitig. Für den am Bahnsteig wartenden Passagier öffnen sich die weiter entfernten Türen aber verzögert, da das Licht von der weiter entfernten Türe einen längeren Weg zurücklegen muss, bis es den Passanten erreicht. Die Relativitätstheorie führt aber die Relativität der Gleichzeitigkeit über die reine Laufzeit des Lichts hinaus. Wann immer zwei Ereignisse in einem Bezugssystem gleichzeitig stattfinden, aber nicht am selben Ort, gibt es ein anderes Bezugssystem, in dem diese Ereignisse nicht gleichzeitig stattfinden.

In einem Zug ist vorne und hinten jeweils eine Lichtkanone montiert. Exakt in der Mitte steht ein Vampir, der damit hingerichtet werden soll, begleitet vom Schaffner nebendran, der die Hinrichtung protokolliert. Der Zug fährt sehr schnell durch einen Bahnhof. Auf dem Bahnsteig steht der zuständige Richter, der das Geschehen aus einiger Distanz beobachten und bezeugen will.

Die Lichtkanonen feuern und der Vampir stirbt. Der Schaffner vermerkt im Protokoll, beide Lichtkanonen hätten gleichzeitig gefeuert und den Vampir damit gleichzeitig getroffen und eliminiert. Als der Richter das Protokoll mit seinem Bericht vergleicht, ist er nicht einverstanden. Zwar haben beide Schüsse das Ziel gleichzeitig erreicht, da stimmt er zu, aber die hintere Lichtkanone hat einige

Augenblicke früher geschossen.

Analysieren wir die Szene mit der speziellen Relativitätstheorie, um herauszufinden, was wirklich geschehen ist. Die beiden Lichtkanonen im Zug befinden sich im selben Bezugssystem wie der Schaffner und der Vampir. Der Lichtstrahl der hinteren und vorderen Kanone trifft genau gleichzeitig beim Vampir ein, da sich dieser in der Mitte befindet und die Lichtgeschwindigkeit konstant ist. Beide Lichtkanonen haben aus dem Standpunkt des Schaffners betrachtet gleichermassen zur Eliminierung des Vampirs beigetragen. Der Richter auf dem Bahnsteig ist da allerdings ganz anderer Meinung. Aus seiner Perspektive betrachtet hat die hintere Kanone ihren Lichtstrahl früher abgeschossen als die vordere Kanone. Diese Wahrnehmung ist dem Umstand geschuldet, dass die Lichtgeschwindigkeit auch in seinem Bezugssystem konstant ist. Daher erreicht ihn das Licht der näheren Kanone (im Beispiel die hintere Kanone) früher als das Licht der vorderen Kanone, da sich der Zug aus Sicht des Schaulustigen vom Bahnhof weg bewegt. Er wird aber zustimmen, dass die beiden Lichtstrahlen den Vampir gleichzeitig getroffen haben, sich mit dem Schaffner aber nicht einig werden, dass die beiden Lichtstrahle auch gleichzeitig abgefeuert wurden. Das kommt daher, dass aus Sicht des Schaulustigen sich der Vampir aufgrund der hohen Geschwindigkeit des Zugs vom Lichtstrahl aus der hinteren Kanone fortbewegt hat und das Licht der hinteren Kanone somit einen längeren Weg zurücklegen muss als das der vorderen Kanone. Aus Sicht des Vampirs, der sich im Zug befindet, ist der Weg zwischen den beiden Kanonen aber unverändert geblieben. Anstelle sich auf die Wahrnehmung des Schaulustigen zu verlassen, könnten an den Geleisen auch Sensoren aufgestellt werden, die die Lichtstrahlen der Kanonen messen.

Nach klassischer Auffassung könnte der Schaulustige jetzt einfach die Laufzeiten des Lichts berücksichtigen (die Zeit, die das Licht braucht, um von der Kanone in seine Augen zu gelangen und ihm damit zu erkennen geben, dass der Lichtstrahl abgefeuert wurde) und würde sich mit dem Vampir über den Zeitpunkt des Abschuss einig werden. Mit der Relativitätstheorie – und damit so, wie es in der Realität zu messen ist – wird der Richter aber auch unter Berücksichtigung der Lichtlaufzeit feststellen, dass der Abschuss der Lichtstrahlen nicht gleichzeitig erfolgt ist. Damit wird er sich mit dem Schaffner nie einig werden, der darauf beharrt, dass beide Lichtstrahle gleichzeitig abgeschossen worden sind. Beide sind mit ihrer Beobachtung aber im Recht, wodurch wir zu Schlussfolgerung gelangen, dass die zeitliche Reihenfolge von Ereignissen durch verschiedene Beobachter verschieden beurteilt werden kann. Einig werden sich die Beobachter nur darüber sein, dass das Ereignis stattgefunden hat. In jedem Bezugssystem werden beide Kanonen abgefeuert und die Lichtstrahlen gleichzeitig den Vampir treffen. Es lässt sich aber nicht entscheiden, ob die Kanonen gleichzeitig schiessen oder nicht. Denn das hängt vom Betrachter ab. Geschwindigkeit und Ort, aber auch die Zeit sind auch hier sehr relativ.

Für unser alltägliches Verständnis der Gleichzeitigkeit können wir dieses Phänomen in der Regel vernachlässigen. Prinzipiell wäre die Relativität der Gleichzeitigkeit aber auch bei gewöhnlichen Zügen messbar. Allerdings sind die Unterschiede bei im Vergleich zur Lichtgeschwindigkeit derart niedrigen Geschwindigkeiten so klein, dass sie praktisch nicht messbar sind.

Die Relativität der Gleichzeitigkeit kann auch noch anders aufgefasst werden. Jede Information im Universum erreicht uns verzö-

gert, da das Tempo der Übertragung auf die Lichtgeschwindigkeit beschränkt ist. Das betrifft nicht nur Photonen oder Signale, sondern auch die Gravitation. Im Zentrum des Sonnensystems befindet sich bekanntlich unsere Sonne, die die umgebenden Planeten durch ihre Gravitation anzieht und damit in einer stabilen Umlaufbahn hält. Wenn die Sonne in diesem Moment verschwindet, dauert es ungefähr achteinhalb Minuten, bis die Erde aus der Umlaufbahn fliegt. Das ist die Zeit, die die Gravitation braucht, um ihre Kraft von der Sonne bis zur Erde zu übertragen. Die Planeten des Sonnensystems werden aber nicht gleichzeitig aus der Umlaufbahn geworfen. Sonnennähere Planeten wie der Merkur oder die Venus sind zuerst betroffen, danach folgt die Erde, zu guter Letzt schliesslich der Zwergplanet Pluto, der am weitesten von der Sonne entfernt ist. Da sich Information maximal mit Lichtgeschwindigkeit ausbreiten kann, ist unser Blick auf die Gegenwart grundsätzlich ziemlich eingeschränkt. Wenn jemand aus dem Zentrum der Milchstrasse ein Teleskop mit sehr hoher Auflösung auf die Erde richtet, wird er die Zivilisation vor rund 30'000 Jahren erblicken. Keine Autos. Keine Städte. Keine Pyramiden. Ebenso lässt der Empfang eines extraterrestrischen Signals noch lange keinen Rückschluss auf ausserirdisches Leben zu. Ein solches Signal könnte zwar bedeuten, dass es einmal Leben auf einem anderen Planeten gegeben hat. Angesichts der astronomischen Distanzen, die das Licht bis zur Erde zurücklegen musste, wäre aber nicht ausgeschlossen, dass diese Zivilisation in der Zwischenzeit bereits untergegangen ist.

2.1.7 Meteoriten, Astronauten und die Masse

In den vergangenen Kapiteln haben wir verschiedene Phänomene der speziellen Relativitätstheorie diskutiert, die ebenso unerwartet wie erstaunlich sind. Die Zeitdilatation lässt Uhren langsamer gehen, die Längenkontraktion schnelle Autos in zu kleine Garagen parkieren. Das ist aber noch nicht alles. Ein entscheidendes Element fehlt noch.

Ein Meteorit fliegt auf den Mond zu. Die Weltraumbehörde auf der Erde befürchtet durch den Einschlag verheerende Auswirkungen auf die Umlaufbahn des Mondes. Um die Flugbahn zu verfolgen und die Gefahr besser zu bestimmen, wird ein Raumschiff losgeschickt, welches sich mit annähernder Lichtgeschwindigkeit relativ zum Meteorit bewegt. Der Astronaut analysiert die Lage und funkt anschliessend zur Erde, dass der Meteorit nicht weiter gefährlich sei. Er sei nämlich wesentlich langsamer und kleiner als zunächst angenommen. Kurz darauf kommt es zu einem gewaltigen Einschlag, der den Mond aus seiner Umlaufbahn wirft und in der Folge zu gewaltigen Überschwemmungen und Monsterwellen auf der Erde führt. Der Astronaut traut seinen Ohren nicht, als man ihm vermittelt, er müsse sich geirrt haben. Er hat doch genau gesehen, wie klein und langsam der Meteorit gewesen ist. Der hätte doch keinen wesentlichen Schaden anrichten dürfen.

Tatsächlich wurde ein wichtiger Aspekt der Relativitätstheorie vergessen. Ansonsten wäre man gewarnt gewesen. Der Astronaut hat den Meteorit durch die Zeitdilatation und Lorentzkontraktion nämlich verkleinert und wesentlich langsamer wahrgenommen, als er aus Sicht der Erde tatsächlich ist. Das Ereignis muss aber aus jeder Perspektive immer dasselbe sein. Wie ist es also möglich, dass ein langsamer und kleiner Meteorit eine solche Zerstörungskraft entwickelt, so dass der Mond aus seiner Umlaufbahn gesprengt wird?

Ein wichtiger Aspekt der Relativitätstheorie ist die Massenzunahme. Die Masse eines Körpers ist keineswegs konstant, wie wir das in der klassischen Physik annehmen. Viel mehr hängt die Masse mit der Geschwindigkeit zusammen, mit der sich ein Körper bewegt. Je schneller, desto massereicher ist er. Das ist auch der Grund, weshalb kein Körper jemals die Lichtgeschwindigkeit erreichen kann. Denn dazu müsste er unendlich viel Energie mobilisieren und würde dabei zu einem Schwarzen Loch kollabieren – soweit jedenfalls unser heutiger Kenntnisstand. Die Relativitätstheorie sagt ferner, dass Masse und Energie ineinander umgewandelt werden können und somit prinzipiell vergleichbar sind. Wenn Sie mit einem Auto mit zehn Stundenkilometern in eine Betonmauer fahren, wird sich der Schaden an der Mauer in Grenzen halten. Wenn Sie dagegen mit fünfzig Stundenkilometern in die Mauer fahren, wird je nach Konstruktion das Auto oder die Mauer abbruchreif sein. Sie können aber auch mit einem Auto, das mit zehn Stundenkilometern fährt, denselben Schaden anrichten wie bei fünfzig Stundenkilometern, in dem Sie die Masse des Autos erhöhen. Wenn beispielsweise ein Lastwagen mit dem mehrfachen Gewicht eines Autos mit zehn Stundenkilometern in die Betonmauer fährt, wird der Schaden ebenfalls beträchtlich sein. Mit diesem Wissen lässt sich auch der scheinbare Widerspruch zwischen der harmlosen Einschätzung des Meteoriten durch den Astronauten und dem folgenschweren tatsächlichen Einschlag erklären. Der Meteorit erschien dem Astronauten verkleinert und verlangsamt, dafür hätte er merken müssen, dass dieser über sehr viel Masse verfügt. Je schneller sich ein Körper bewegt, desto mehr Masse hat er. Durch die erhöhte Masse wiederum ist der gewaltige Einschlag auch aus der Sicht des Astronauten erklärbar und damit ist die Theorie in sich wieder geschlossen und konsistent. Denn wir wissen ja: Die Ereignisse an und für sich sind in allen Bezugssystemen gleich verheerend. Der Meteoriteneinschlag muss aus Sicht des Astronauten im Endeffekt dieselbe vernichtende Wirkung entfalten wie aus Sicht der Weltraumbehörde, die das Geschehen mit einem Teleskop beobachtet. Der Meteorit hat aus der Sicht des Astronauten aber mehr Masse, da er sich relativ zum Meteoriten schnell bewegt. Durch die höhere Masse wird aus Sicht des Astronauten die mit der Zeitdilatation verbundene langsamere Absturzgeschwindigkeit des Meteoriten auf den Mond kompensiert. Etwa so, wie Sie mit einem Lastwagen bei geringerem Tempo denselben Schaden anrichten können wie mit einem Sportwagen bei hohem Tempo. Die relativistische Massenzunahme sollte man sich nicht vorstellen wie eine herkömmliche Masse, die man mit einer Waage in einem Gravitationsfeld messen kann. Vielmehr handelt es sich dabei um Bewegungsenergie, die auch als Masse verstanden werden kann. Denn Masse und Energie sind im Prinzip dasselbe und können ineinander umgewandelt werden, wie Einstein es in der speziellen Relativitätstheorie mit „e=mc^2" auf den Punkt gebracht hat.

2.1.8 Einsteins Formel „E = mc^2"

Es ist die wohl berühmteste Formel der Welt und wenn es am Stammtisch darum geht, den Bau der ersten Atombombe zu ergründen, wird sie gerne zitiert, um Einstein als deren Erfinder zu geisseln. Auch in anderen Kreisen wird immer wieder gerne erklärt, dass diese Formel das Atomzeitalter eingeläutet und den zweiten Weltkrieg entschieden habe. Sie ist in aller Munde, diese Formel, und es erstaunt, wie sehr eine mathematische Gleichung im Volksmund auf offene Ohren stossen kann, wenn man sie mit einer dunklen Legende und ein paar Emotionen verknüpft. Tatsächlich weiss kaum einer, was sich hinter dieser Formel wirklich verbirgt,

64

geschweige denn, was die einzelnen Buchstaben überhaupt bedeuten. Sie verschlüsseln nämlich keinen Bauplan zu einer Nuklearwaffe. Sonst wären die Aufrüstungsbestrebungen zahlreicher Staaten bestimmt nicht über Jahrzehnte im Sand verlaufen. Etwas oberflächlich betrachtet ist der Formel sogar eine grössere Nähe zu einer Antimateriebombe zuzurechnen als zu einer Atomwaffe. Einer Massenvernichtungswaffe also, die es heute höchstens in Dan Browns Büchern gibt und die hoffentlich nie gebaut werden kann[15].

Was aber bedeutet $E = mc^2$ wirklich?

Erstens besagt diese Gleichung, dass Materie und Energie auf demselben Prinzip basieren. Sie sind äquivalent zueinander. Oder anders ausgedrückt: Energie und Materie sind fundamental betrachtet dasselbe. Die Natur kennt keinen wesentlichen Unterschied zwischen einem Feuer und einem Stein. Gut, mit einem Stein lassen sich keine Würste braten und mit einem Feuer keine Scheiben einschlagen. Da sind wir uns einig. Die Formel besagt aber auch, dass sich ein Stein prinzipiell in ein Feuer umwandeln lässt und ein Feuer in einen Stein. Und die Formel gibt an, wie viel Energie ein ruhender Stein besitzt und wie viel Masse ein Feuer.

Vielleicht erstaunt Sie die fundamentale Gleichheit von Energie und Masse. Vielleicht auch nicht. Diese drei Buchstaben veränderten jedenfalls die Welt. Vielleicht waren Sie sogar der Grundstein zur Weltformel, die versucht, alle Naturgesetze zu erfassen und in einer Gleichung zu vereinen. Der Gedanke, dass sich die Erde, der Mond, das Sonnensystem, die ISS, das Papier dieser Buchseite, Ihre

---

[15] Damit wir gar nicht erst versucht sind, sie zu bauen. Die Geschichte lehrt uns, dass wir fast immer tun, was wir können, ohne darüber nachzudenken, ob wir es auch tun sollten.

Hände, jeder Kugelschreiber, die Luft, ja, einfach alles aus wenigen einfachen Elementen zusammensetzt, ist faszinierend. Wer hätte schon gedacht, dass ein Feuer und ein Stein so vieles gemeinsam haben. Zweitens lässt sich aus der Einstein'schen Gleichung genau berechnen, wie viel Energie aus einer bestimmten Masse gewonnen werden kann oder wie viel Energie benötigt wird, um eine bestimmte Masse zu erzeugen. Das grosse „E" steht nämlich für Energie. Das kleine „m" für Masse und das kleine „c" für die Lichtgeschwindigkeit. Das Gleichheitszeichen weist der Energie ein Produkt aus Masse und der Lichtgeschwindigkeit im Quadrat zu. Energie ist gleich der Masse mal der Lichtgeschwindigkeit im Quadrat. Aus dieser Formel lässt sich ablesen, dass aus einer kleinen Masse, beispielsweise einem Kieselstein, eine sehr grosse Energie gewonnen werden kann. Umgekehrt braucht es sehr viel Energie, um einen Kieselstein zu materialisieren. Die perfekte Gelegenheit, sich einen Steinbruch zu kaufen und möglichst viel Schutt und Kies im Keller zu horten, um demnächst als Energietycoon mächtig mitzumischen? Natürlich ist es in der Praxis nicht ganz so einfach, einen Stein in reine Energie zu verwandeln. Ansonsten wären Atomkraftwerke und Benzinraffinerien längst überflüssig und wir könnten unseren Energiebedarf aus Abfall und Müll stillen. Wie Einsteins Formel und später zahlreiche Experimente beweisen, ist genau das aber zumindest prinzipiell möglich. Es ist machbar. Wie aber verwandeln wir einen kalten Stein in ein energiereiches Feuer? Wie können wir prinzipiell jede Form von Materie in Energie verwandeln? Und wie Energie materialisieren?

Es bietet sich eine Fülle möglicher Brechstangenmethoden an. So können Sie beispielsweise bei der russischen Weltraumbehörde ein Ticket zur ISS buchen (Kostenpunkt: ca. 20 Mio. Dollar) und von dort einen Stein in Richtung Erde werfen. Falls Sie nicht gerade einen Satelliten abschiessen (Kostenpunkt: ca. 500 Mio. Dollar), fällt der Stein in die Ozonschicht und verglüht. Aus dem Stein wird dabei Energie in Form von Wärme.

Wohlgemerkt. Diese Variante ist wenig praktikabel, um Energie zu gewinnen. Zudem erreichen wir mit diesem Beispiel nicht unbedingt den gewünschten Effekt, nämlich den Stein vollständig in Energie umzuwandeln. Ganz abgesehen vom dicken Geldbeutel, den Sie brauchen, um überhaupt werfen zu können. Wenn Sie bereits das Kapitel zum Thema Antimaterie gelesen haben, geht Ihnen beim Lesen dieser Zeilen vielleicht ein Licht auf. Dort haben wir nämlich festgestellt, dass sich Materie vollständig in Energie umwandelt, wenn sie mit Antimaterie zusammenstösst. Einsteins Formel liefert nichts anderes als die Energiemenge, die bei einer solchen Reaktion freigesetzt wird. Und diese Energiemengen sind gewaltig. Oder hätten Sie gedacht, dass in einem Stein mehr Energie steckt als in einer Atombombe?

Eine 5kg schwere Hantel beispielsweise setzt die Energie von etwa 1000 Hiroshima-Atombomben frei, wenn sie in reine Energie umgewandelt wird. Damit könnten alle Haushalte in ganz Deutschland fast ein Jahr lang mit Energie versorgt werden. Ein Tropfen Antimaterie ist mehr als nur ein Tropfen auf den heissen Stein. Obwohl wir heute noch nicht in der Lage sind, die Materie in dieser Form als Ressource zu nutzen, so sollen Ihnen diese Beispiele die praktische Bedeutung von $e = mc^2$ vor Augen führen.

Was hat diese Formel, die so viele Rätsel birgt, aber nun wirklich mit der Atombombe zu tun? Eigentlich gar nichts. Oder zumindest nicht viel. Bei einer Kernspaltung wird nur ein kleiner Bruchteil des spaltfähigen Materials in Energie umgewandelt. Die Formel von Einstein ist deshalb nicht allzu nützlich, um den Energieumsatz einer Nuklearwaffe zu berechnen. Ebenso wenig erklärt $e = mc^2$, wie man eine Atombombe baut. Im Grunde genommen sagt die Formel eher etwas über Kernfusion als über Kernspaltung aus. Es wäre folglich ein grosser Fehler, diese berühmte Formel als Hauptbelastungszeugen gegen Einstein zu zitieren. Erstens existiert kein Kausalzusammenhang zwischen der Atombombe und dieser Formel. Zweitens kann keinem nicht der kriegerischen Sache dienenden Forscher ein Vorwurf gemacht werden für Entdeckungen, die später unwillentlich zweckentfremdet werden. Ansonsten müsste man mit Newton scharf ins Gericht gehen und ihm eine Schuld an Flugzeugabstürzen und einem auf den Kopf fallenden Äpfeln unterstellen. Oder Tesla für die elektrisierende Wirkung von Hochspannungsleitungen verantwortlich machen. Drittens ist dieses Formelkonstrukt, das seit Jahrzehnten Einstein angelastet wird, gar nicht ausschliesslich auf seinem Mist gewachsen. Genau genommen entdeckte gar nicht Einstein $e = mc^2$. Bereits davor hatten verschiedene Physiker, darunter Poincaré im Jahr 1900, diese Formel hergeleitet. Ihnen ist es jedoch nie gelungen, diese in eine umfassendere Theorie einzubetten und damit zu erklären. In der modernen Physik verdient oftmals der Interpret die Lorbeeren. Der Komponist bleibt gänzlich unbekannt.

Zwar hat die Formel nichts mit der Atombombe zu tun oder zumindest nicht zu deren Bau beigetragen. Einstein ist aber auch kein Unschuldslamm. Seine Weste trägt einige Flecken. Genau dieser Einstein war es nämlich, der im August 1939 den damals amtierenden US-Präsidenten Roosevelt in einem Brief zum Bau der Atombombe aufgefordert hatte. Daraus erwuchs schliesslich das Manhattan-Projekt. Das wohl grösste und geheimnisvollste jemals bekannt gewordene militärische Forschungsprojekt, an dem mehrere zehntausend Menschen beteiligt waren. Die meisten ohne überhaupt zu wissen, zu welchem übergeordneten Zweck ihre Arbeit all die Jahre diente. Von der Putzfrau bis zum Elite-Wissenschaftler wurden Mann und Ross in einer extra gebauten geheimen Stadt „Site Y" in der Nähe von Los Alamos zusammengezogen. Das Ergebnis zerstörte im August 1945 Hiroshima und Nagasaki und führte die USA und die Sowjetunion in den Kalten Krieg. Einstein verfasste den Brief allerdings auf Drängen eines gewissen Leo Szilard. Dieser befürchtete, dass die deutschen Kernforschungen fruchten und Hitler in den Besitz einer Atombombe gelangen könnte. Ein Zuvorkommen der Nazis musste aber um jeden Preis verhindert werden. Das war der Grund, weshalb Einstein von seiner pazifistischen Linie abwich und Roosevelt zum Handeln bewegte. Und nicht etwa des Vernichtungspotentials oder einer zweifelhaften militärwissenschaftlichen Bedeutung wegen. Einsteins historischer Einfluss auf die Atombemühungen der USA war also eher politischer, denn wissenschaftlicher Natur.

2.2 Die Allgemeine Relativitätstheorie

Albert Einstein veröffentlichte im Jahr 1916 die allgemeine Relativitätstheorie und krönte damit seinen wissenschaftlichen Werdegang. Sie bildet die Grundlage für die Erforschung und das Verständnis unseres Universums. Die allgemeine Relativitätstheorie erweitert die spezielle Relativitätstheorie um die Gravitation und erklärt erstmals, was sich hinter dieser geheimnisvollen Naturkraft verbirgt, die Äpfel auf Köpfe fallen lässt. Gemäss Einstein ist die Gravitation keine innere Eigenschaft von Massen, wie dies Newton vermutet hat. Viel mehr wird durch die Anwesenheit von Massen und Energien die Raumzeit gekrümmt, wodurch die Gravitationskraft entsteht. Diese Krümmungen beeinflussen ihrerseits den Lauf der Dinge, den Fluss der Zeit oder das Gewicht eines Körpers.

Das Äquivalenzprinzip bildet die konzeptionelle Grundlage der allgemeinen Relativitätstheorie, in dem es die prinzipielle Gleichheit von Beschleunigung und Gravitation vorhersagt. Wie es in der speziellen Relativitätstheorie mit keinem Experiment möglich ist, ein ruhendes von einem gleichmässig bewegten Bezugssystem zu unterscheiden, kann in der allgemeinen Relativitätstheorie ein beschleunigtes Bezugssystem nicht von einem Bezugssystem in einem Gravitationsfeld unterschieden werden. Aus einer auf die Erde stürzenden Rakete kann man also nicht feststellen, ob die Ursache für den Absturz ein eigenes, aktiviertes Triebwerk oder die Anziehungskraft der Erde ist. Der Lauf der Zeit wiederum ist abhängig von dem Ausmass und der Stärke einer Beschleunigung oder eines Gravitationsfelds. Eine Uhr auf der Sonne geht langsamer als auf der Erde. Am Ereignishorizont eines Schwarzen Lochs steht die Uhr wegen der gewaltigen Raumzeitkrümmung sogar still.

Die allgemeine Relativitätstheorie ist die präziseste Beschreibung, die wir vom Universum derzeit haben. Sie wurde in den vergangenen Jahrzehnten mehrfach überprüft und bestätigt. Den Durchbruch feierte sie anlässlich einer Sonnenfinsternis am 29. Mai 1919, als der britische Astrophysiker Arthur Eddington beobachtete, dass die Lichtablenkung durch die Sonne näher an der Vorhersage Einsteins lag als an der klassischen Vorstellung Newtons. Einstein hatte mit seiner verblüffenden Theorie der Raumzeit das Wettringen mit der klassischen Physik in einer ersten Runde für sich entschieden und wurde über Nacht zum gefeierten Popstar der Wis-

70

senschaft. Damit erwuchs er zum Inbegriff des Genies, der Verkörperung der Genialität und Hochbegabung und war fortan ein begehrter Mann. Für die Relativitätstheorie erhielt Albert Einstein nie den Nobelpreis, die begehrteste Auszeichnung der Physik überhaupt, obwohl ihn namhafte Forschungskollegen wie Max Planck mehrfach für den Preis nominiert hatten. Beim Komitee war die Angst zu gross, die Relativitätstheorie könnte sich im Nachhinein doch noch als falsch herausstellen. So erteilte man Albert Einstein im November 1922 den Nobelpreis[16] für den photoelektrischen Effekt, einer Theorie, die massgeblich zur Entwicklung der Quantenmechanik beigetragen hat.

2.2.1 Die gekrümmte Raumzeit in vier Dimensionen

Die allgemeine Relativitätstheorie befasst sich mit der Frage, was Gravitation eigentlich ist, weshalb sich alle Massen gegenseitig anziehen und welcher Zusammenhang zwischen der Gravitation und der Raumzeit besteht.

Die Gravitation war für die Wissenschaft seit langem ein Buch mit sieben Siegeln[17]. Zwar formulierte Isaac Newton im 17. Jahrhundert die ersten Gesetze zur Gravitation, mit denen sich der fallende Apfel ebenso praktisch berechnen liess wie die Umlaufbahn der Planeten. Wieso der Apfel aber auf die Erde fällt oder sich die Erde um die Sonne dreht, woher die Gravitation also kommt, konnte jedoch niemand wissenschaftlich fundiert erklären. Niemand wuss-

---

[16] Er erhielt den Nobelpreis fürs Jahr 1921, die Erteilung fand jedoch erst im November 1922 statt.

[17] Und auferlegt noch heute zahlreiche Rätsel…

te, was hinter der Gravitation steckt. Niemand wusste, weshalb sich zwei Massen immer anziehen und nie abstossen. Auch Newton hatte dafür keine Erklärung parat. Auch die Entschlüsselung eines der letzten grossen Geheimnisse der Planetenumlaufbahnen unseres Sonnensystems sollte über die Einstein'sche Weltanschauung führen. Es war nämlich seit einiger Zeit bekannt, dass die Planeten nicht in einer perfekten elliptischen Bahn um die Sonne kreisen, sondern dass es zu rätselhaften Abweichungen der Umlaufbahn kommt. Obwohl Newton bereits zweihundert Jahre zuvor berücksichtigt hatte, dass sich Planeten auch gegenseitig anziehen und die elliptische Harmonie dadurch stören können, blieb zwischen der mathematischen Theorie und der astronomischen Praxis eine unerklärliche Abweichung bestehen. Bei sonnennahen Planeten wie dem Merkur war der Fehler wesentlich grösser als bei weiter entfernten Gestirnen. Der französische Astronom Urbain Le Verrier prophezeite im Jahr 1859 die Existenz eines unentdeckten Planeten „Vulkan" zwischen Merkur und Sonne. Zahlreiche Astronomen suchten mit ihren Teleskopen nach dem mysteriösen Himmelsgestirn. Ein kompliziertes und durchaus gefährliches Unterfangen. Einerseits überstrahlt die Sonne jeden nahe gelegenen Himmelskörper aufgrund ihrer Helligkeit, andererseits kann der Blick ins Sonnenlicht zu Sehschäden und Erblindung führen, wenn das Teleskop nicht einwandfrei funktioniert. Trotz der Bemühungen konnte „Vulkan" an der vorhergesagten Stelle nie gefunden werden. Erst die allgemeine Relativitätstheorie sollte etwas Licht auf diese Ungereimtheiten werfen. Sie erweitert die spezielle Relativitätstheorie, die nur in der flachen Raumzeit gilt, also nur dann, wenn keine oder vernachlässigbare Gravitationseinflüsse herrschen. Aus diesem Grund wurde ihr später das Prädikat „speziell" verliehen, weil sie eben nur dann uneingeschränkt gilt, wenn die Gravitation vernachlässigt werden kann.

Die Relativitätstheorie vereint den Raum und die Zeit untrennbar in der vierdimensionalen Raumzeit. Das gesamte Universum ist demnach ein Gefüge aus dem Raum und der Zeit. Wann immer Sie sich durch den Raum bewegen, bewegen Sie sich auch in der Zeit. Die Zeit ist hierbei neben den drei Raumdimensionen die vierte Dimension. Die allgemeine Relativitätstheorie erklärt die Gravitation mit der geometrischen Struktur dieser Raumzeit. Alle Massen und Energien krümmen die Raumzeit. Diese Krümmungen verursachen die Naturkraft, die wir als Gravitation wahrnehmen. Die Gravitation ist demnach keine Eigenschaft, die unmittelbar von Massen ausgeht, sondern auf eine Krümmung der Raumzeit zurückzuführen, die durch die Anwesenheit von Massen[18] hervorgerufen wird. Zwei Körper ziehen sich gegenseitig immer an, wie Newton richtig festgestellt hat. Dieses Phänomen ist aber keinesfalls Magie oder Hexerei, sondern auf fundamentale geometrische Prinzipien der Raumzeit zurückzuführen. Die Gravitation ist demnach eine Scheinkraft, verursacht durch die Krümmungen der Raumzeit. Eine Masse, zum Beispiel die Sonne, krümmt die Raumzeit und bewirkt dadurch eine Senke in der Raumzeit, in welche nahe Körper einfachen geometrischen Überlegungen zur Folge hinein rutschen. In der Alltagssprache ausgedrückt werden die Körper in diesem Fall von der Sonne angezogen. Eine Krümmung der vierdimensionalen Raumzeit kann man sich kaum bildhaft vorstellen[19]. Abbildung 2 zeigt, wie man sich die durch die Erde ausge-

---

[18] Massen und Energien krümmen die Raumzeit. Gemäss der speziellen Relativitätstheorie sind Massen und Energie äquivalent.

[19] In der Abbildung 2 ist dieser Sachverhalt auf eine zweidimensionale Darstellung der Krümmung vereinfacht.

hende Raumzeit-Krümmung schematisch vorstellen kann. Der Satellit kreist dabei entlang der Krümmung um die Erde.

Abbildung 2   Raumzeit-Krümmung der Erde

Unser Verstand ist nur für drei Raumdimensionen ausgelegt und schon da fällt es uns schwer, die Krümmung zu visualisieren. Das folgende Beispiel soll Ihnen aber einen ungefähren Eindruck einer Raumzeitkrümmung vermitteln.

Stellen Sie sich ein Stück Alufolie vor. Sie halten das linke Ende mit der linken Hand, das rechte Ende mit der rechten Hand, so dass die Folie locker gespannt ist. Diese Folie symbolisiert die Raumzeit. Solange sie die Folie gespannt halten, entspricht sie einer flachen Raumzeit, wie sie die spezielle Relativitätstheorie erfordert, damit ihre Formeln uneingeschränkt gelten. In einer flachen Raumzeit gibt es keine Gravitation. Jetzt veranschaulichen Sie sich eine Orange (Frucht). Die Orange symbolisiert eine schwere Masse, sagen wir die Sonne (was farblich und von der Form her einigermassen passt). Legen Sie die Orange in die Mitte der Folie, so beobachten Sie, wie sich die Folie gegen unten krümmt, insofern sie nicht zu stark gespannt wurde, und eine Senke entsteht. Wenn Sie jetzt eine Erdnuss nehmen und diese irgendwo in der Senke platzieren, rutscht die Erdnuss die Senke hinunter zur Orange. Dieses Rutschen entspricht übertragen auf die Raumzeit der Gravitation, die durch die Masse (beispielsweise der Sonne) ausgeht. Jede Masse in der Raumzeit verursacht Senken und Krümmungen, in die andere Massen hinunter rutschen, wodurch der Eindruck entsteht, die Massen würden sich anziehen. Je grösser eine Masse ist, desto steiler ist die Senke, die dadurch entsteht, und entsprechend höher die Beschleunigung, die ein Körper erfährt, der sich dieser Senke annähert. Oder anders ausgedrückt: Je grösser eine Masse ist, desto stärker ist die Anziehungskraft, die von dieser Masse ausgeht. Die Sonne mit ihrer riesigen Masse verursacht in der Raumzeit eine starke Krümmung. Die Erde, die weitaus weniger „wiegt", verursacht zwar auch eine Krümmung, diese ist jedoch wesentlich kleiner. Nach und nach rutscht der blaue Planet jetzt die Raumzeitkrümmung („Senke") hinunter, bis er im Zentrum (= Sonne) angelangt ist. In der Realität ist es der zentrifugalen Kreisbewegung der Erde um die Sonne zu verdanken, dass der blaue Planet bisher nicht in den Stern herabgestürzt ist – wie es die Erdnuss im Beispiel mit der Orange tun würde. Wichtig zu beachten ist, dass in der Raumzeit die Sonne nicht durch die Anziehungskraft heruntergezogen wird und dadurch eine Senke im Raumzeitgefüge verursacht, wie es die Orange auf der Alufolie tut. Die Raumzeitkrümmung in Gestalt der Senke *ist* viel mehr die Anziehungskraft, also die Gravitation. Die Masse krümmt die Raumzeit und die Raumzeit bewirkt durch diese Krümmung eine Beschleunigung anderer Massen. Diese Beschleunigung ist es, die wir als Anziehungskraft oder Gravitation bezeichnen. Eine unsichtbare Hand, die wie zu Zeiten Newtons die Anziehungskraft von einem Körper auf den anderen überträgt, gibt es in der allgemeinen Relativitätstheorie nicht mehr. Die Gravitation ist einzig und allein auf die Verzerrungen und Krümmungen der Raumzeit zurückzuführen. Wie Sie sehen, ist die Gravitation keinesfalls ein unerklärliches Phänomen, sondern ergibt sich elegant aus der Geometrie der Raumzeit.

Der Wirkungsradius der Gravitation ist in der allgemeinen Relativitätstheorie übrigens unendlich. Auch am hintersten Rand des Universums wäre demnach die Gravitation unserer Sonne messbar. Zumindest theoretisch. Allerdings sollte man berücksichtigen, dass auch die Gravitation dem Verdikt der Lichtgeschwindigkeit unterworfen ist. Im Zentrum der Milchstrasse befindet sich ein Schwarzes Loch, dessen Gravitation rund 27'000 Jahre unterwegs ist, bis sie die Erde erreicht. Prinzipiell ist die Reichweite der Gravitation nach heutigem Unverständnis aber unendlich. Die Gravitation unserer Sonne erreicht jeden Winkel im Universum, wenn ihr nur genug Zeit zur Verfügung steht, um sich dahin auszubreiten. Es ist gut möglich, dass eine zukünftige Quantengravitationstheorie die Reichweite der Gravitation einschränkt. In einer solchen Theorie wäre die Gravitation wie die anderen Naturkräfte quantisiert, das heisst, ihre Wirkung könnte nur als Vielfaches einer kleinsten Menge Gravitation übertragen werden. Etwa so, wie Sie nur mit der kleinsten Münze einer Währung bezahlen, beispielsweise der 1-Cent-Münze beim Euro, diese aber nicht noch zusätzlich herunterbrechen können. Wenn die Gravitation als Vielfaches einer kleinsten Menge Gravitation übertragen wird, kann die Gravitationswirkung mit zunehmendem Abstand nicht beliebig kleiner werden, da die kleinsten Pakete Gravitation nicht gebrochen werden können. Folglich wäre die Reichweite der Gravitation nicht unendlich, wie es die allgemeine Relativitätstheorie annimmt, sondern würde sich ab einer bestimmten Entfernung auflösen. Die Quantisierung der Gravitation ist aber bisher nicht gelungen und stellt zusammen mit der Vereinigung der drei nicht-gravitativen Naturkräfte eine der grössten Herausforderungen der Physik dar. Eine solche vereinheitlichende Theorie könnte auch den Schlüssel zu ungelösten Fragen wie der Gravitationskonstante liefern. Die Gravitationskonstante definiert, inwiefern die Anwesenheit von Massen und Energien die Raumzeit krümmt, also eine Gravitationskraft bewirkt. Die Gravitationskonstante ist die Naturkonstante mit der grössten Ungenauigkeit, da ihre präzise Messung sehr schwierig ist. Grundsätzlich gelten Naturkonstanten aber auch als Indiz für die Unvollständigkeit einer physikalischen Theorie. Wenn wir die Struktur von Raum und Zeit und die Ursache der Naturkräfte dereinst wirklich verstanden haben, könnten sich die Naturkonstanten direkt aus dem Formalismus einer solchen Theorie ergeben. Die Gravitationskonstante könnte hierbei stark mit der mikroskopischen Struktur von Raum und Zeit verbunden sein. In einigen Theorien wie der Loop-Quantengravitation sieht es danach aus, als wenn auch Raum und Zeit quantisiert wären, und es damit eine kleinste Einheit Raum und Zeit gibt. Die Stringtheorie wiederum vermutet die Übertragungsteilchen der Gravitation als ringförmige Fäden, weshalb diese alle Dimensionen durchdringen können. Das sind allerdings bisher nur Vermutungen, im Gegensatz zur allgemeinen Relativitätstheorie, die experimentell sehr breit abgestützt ist und im Grundkern auch in einer allfällig übergeordneten Theorie erhalten bleiben wird. Etwa so, wie auch die Newton Gesetze als Grenzfall der Relativitätstheorie für kleine Geschwindigkeiten und Energien ihre Gültigkeit behalten haben.

Vielleicht haben Sie sich bei Gelegenheit gefragt, weshalb die Erde nicht in die Sonne stürzt, obwohl die Sonne eine wesentlich stärkere Gravitation bewirkt als unser Heimatplanet. Wie wir kurz angesprochen haben, ist es der Bewegung der Sonne zu verdanken, dass wir uns auf einer relativ gleichmässigen Umlaufbahn befinden. Die Erde folgt in ihrer Umlaufbahn dem Prinzip des geringsten Widerstands.

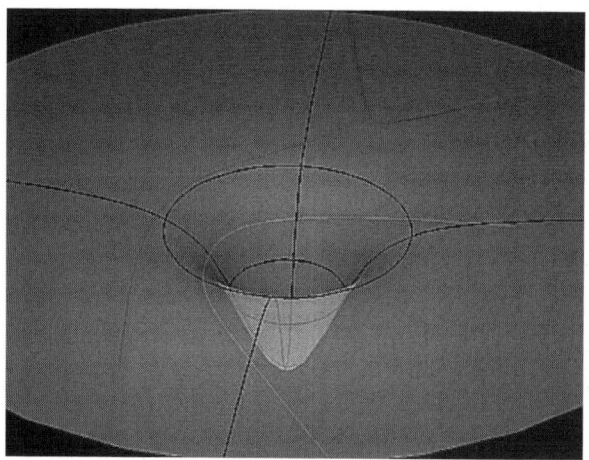

Abbildung 3   Der kürzeste Weg von A nach B

Demselben Prinzip folgen auch alle anderen natürlichen Prozesse. Kein Fluss fliesst bergauf, kein Lichtstrahl fliegt im Zickzack-Kurs durch das Universum. Gleiches gilt auch für alle Himmelskörper und Planeten. Auf einer flachen Raumzeit (in Abwesenheit von Gravitation) wäre dieser Weg eine Gerade. Von A nach B ist der kürzeste Weg nach klassischer Vorstellung einfach der direkte Weg. Auf einem Fussballfeld führt der kürzeste Weg von der linken zu rechten Seite entlang der Mittellinie und ist demnach eine Gerade.

In der gekrümmten Raumzeit, also in dem Universum, in dem wir leben, führt der kürzeste Weg allerdings nicht mehr direkt von A nach B, sondern entlang einer Geodäte. Der kürzeste Weg führt in der Raumzeit folglich nicht entlang einer Geraden, sondern entlang der Raumzeitkrümmung, wie dies in der Abbildung 3 dargestellt ist. Tatsächlich ist eine Gerade in der vierdimensionalen Raumzeit der längst mögliche Weg, um von einem Ausgangsort zu einem Zielort zu gelangen. Das hängt damit zusammen, dass Raum und Zeit untrennbar miteinander verwoben sind. Eine Bewegung im Raum geht deshalb immer einher mit einer Bewegung in der Zeit. Eine Krümmung der Raumzeit bewirkt im Zentrum stets die stärkste Gravitation und schwächt sich mit zunehmender Distanz ab. Wenn wir auf der Abbildung versuchen, von der linken Seite der Krümmung auf die rechte Seite der Krümmung vorzustossen, würde die Gerade direkt durch den Mittelpunkt führen – und damit durch den Bereich, wo die Gravitation am stärksten ist. Die Gerade stellt nur intuitiv betrachtet den kürzesten Weg dar. Dabei vergessen wir aber, dass Raum und Zeit untrennbar verwoben sind und daher auch die Dimension der Zeit berücksichtigt werden muss. Da die Gravitation nämlich eine Verlangsamung der Zeit bewirkt und die Gerade durch Gebiete mit höherer Gravitation führt, wird die Gerade zum langsamsten aller möglichen direkten Wege. Natürlich ist dieser Effekt im Alltag unbedeutend, da die auftretenden Gravitationskräfte und Distanzen zu klein sind, um einen Unterschied zwischen Geodäte und Gerade messen zu können. Bei astronomischen Beobachtungen aber bestätigt sich die Geodäte als Laufbahn des Lichts, indem zum Beispiel hinter der Sonne befindliche Sterne auf der Erde sichtbar werden.

Bereits Isaac Newton hatte beobachtet, dass jeder Gegenstand von der Erde gleich schnell angezogen wird. Ein Apfel fällt gleich schnell zu Boden wie eine Feder (bei gleicher Ausgangshöhe und im Vakuum). In der Raumzeit bedeutet das Fallen eines Gegenstands aufgrund der Gravitation nichts anderes als eine Beschleunigung des Gegenstand entlang des kürzesten Weges, also entlang der Geodäte. Genau genommen fällt der Apfel nicht entlang einer Geraden vom Baum, sondern entlang einer Geodäte. Die Gravitationsbeschleunigung ist unabhängig vom Körper, da sie nur auf die Geometrie des Raumes zurückzuführen ist. Dieses Postulat wurde von der Crew der Apollo 15 Mission auf dem Mond mit einem Hammer und einer Feder getestet. Obwohl die Qualität des Videos ziemlich schlecht und entsprechend wenig vom Experiment zu erkennen war, schienen Hammer und Feder gleichzeitig auf der Mondoberfläche aufzutreffen. Dasselbe Experiment würde auf der Erde normalerweise scheitern, da der Luftwiderstand die Feder stärker bremst als den Hammer.

Die allgemeine Relativitätstheorie erklärt die Gravitation anhand von Krümmungen der Raumzeit, die durch Massen hervorgerufen werden. Andere Massen rutschen in diese Krümmungen, wodurch die Gravitationsbeschleunigung entsteht. Der kürzeste Weg in einer gekrümmten Raumzeit ist eine Geodäte und nicht eine Gerade, da Raum und Zeit untrennbar verwoben sind und daher jede Bewegung im Raum auch eine Bewegung in der Zeit bedeutet.

Im Folgenden wollen wir uns intensiver mit dem Gang der Zeit befassen und eine Antwort finden auf die Frage, weshalb die Zeit in einem Gravitationsfeld langsamer vergeht. Wie ist es möglich, dass die Zeit am Ereignishorizont eines Schwarzen Lochs still steht oder auf der Sonne langsamer vergeht als auf der Erde?

2.2.2 Der Lauf der Zeit und die Gravitation

In der speziellen Relativitätstheorie haben wir eigenartige Phänomene wie die Zeitdilatation oder die Längenkontraktion kennen gelernt. Phänomene, die auf eindrucksvolle Art und Weise die Relativität von Raum und Zeit aufzeigen. Sicherlich fragen Sie sich, inwieweit die allgemeine Relativitätstheorie ähnlich verblüffende Zeiteffekte vorhersagt. Um diese Frage zu beantworten, wagen wir einen kurzen Vergleich der beiden Theorien. Die spezielle Relativitätstheorie begnügt sich mit der Betrachtung gleichmässiger Bewegungen und klammert Beschleunigungen elegant aus. Und damit auch die Gravitation, da Beschleunigung und die Wirkung von Gravitation gemäss dem Äquivalenzprinzip physikalisch nicht unterschieden werden können. Die allgemeine Relativitätstheorie ist eine Weiterentwicklung der speziellen Relativitätstheorie, in dem sie Beschleunigungen berücksichtigt und die Gravitation durch Verzerrungen und Krümmungen der Raumzeit erklärt. Alle Phänomene aus der speziellen Relativitätstheorie sind aber weiterhin gültig. Bewegte Objekte erscheinen einem ruhenden Betrachter auch weiterhin verkürzt und Uhren gehen in schnellen Raumschiffen langsamer. In der speziellen Relativitätstheorie basieren die Lorentzkontraktion oder die Zeitdilatation auf der Betrachtung eines Ereignisses aus einer bestimmten Perspektive. Max sieht ein Raumschiff um 25 Prozent verkürzt, weil es sich mit hoher Geschwindigkeit fortbewegt. Ebenso hat Max das Gefühl, im Raumschiff bewege sich alles in Zeitlupe, die Zeit vergeht langsamer. Die Insassen des Raumschiffs kommen zum umgekehrten Schluss. Ihnen erscheint Max „verkürzt" und in Zeitlupe zu leben. Beide Bezugssysteme treffen über das jeweils andere Bezugssystem die gleiche Aussage, können sich aber nicht einigen, wer von beiden denn nun im Recht ist. Innerhalb der speziellen Relativitätstheorie betrachtet Einstein nur Bezugsysteme, die sich in gleichmässiger und geradliniger Bewegung zueinander befinden. Die allgemeine Relativitätstheorie geht aber einen entscheidenden Schritt weiter. Sie betrachtet auch beschleunigte Bewegungen, die dazu führen, dass diese Symmetrie nicht mehr gewährleistet ist. Dadurch werden nicht symmetrische relativistische Effekte ermöglicht. Effekte, die benutzt werden können, um nicht symmetrische Zeitphänomene hervorzurufen - beispielsweise Zeitreisen. Ein solcher nicht symmetrischer Effekt ist die gravitative Zeitdilatation, die besagt, dass die Zeit mit zunehmender Stärke eines Gravitationsfelds immer langsamer vergeht. Oder anders gesagt: Je stärker die Gravitation, desto langsamer vergeht die Zeit. Auf der Erde vergeht die Zeit langsamer als auf der Raumstation ISS. Anders als die Zeitdilatation ist dieser Effekt nicht symmetrisch. Das heisst: Für die Astronauten in der ISS vergeht die Zeit auf der Erde langsamer, und zwar um einige Milliardstel Sekunden pro Jahr. Für einen Betrachter auf der Erde vergeht die Zeit der Astronauten in der Raumstation aber schneller. Das heisst: Die Astronauten und der Betrachter auf der Erde werden sich einig darüber, wie die Zeit verläuft, nehmen die unterschiedlichen Zeitabläufe also gleich wahr - anders als in der speziellen Relativitätstheorie, wo beide die Zeitdilatation jeweils aus ihrer Perspektive wahrgenommen haben. Die Astronauten und die Beobachter auf der Erde hätten bei der Zeitdilatation, die auf schnelle Bewegungen und nicht auf die Gravitation zurückzuführen ist, den Eindruck, das jeweils andere Bezugsystem laufe in Zeitlupe ab, daher ist ihre Wahrnehmung symmetrisch oder spiegelbildlich. Beide haben das Gefühl, der jeweils andere bewegt sich in Zeitlupe, während dem bei der gravitativen Zeitdilation sich beide einig werden: Die Zeit läuft für den Betrachter im starken Gravitationsfeld langsamer ab. Daraus erwächst ein gewichtiger Unterschied zwischen der Zeitdilatation der Speziellen Relativitätstheorie und der gravitativen Zeitdilatation der Allgemeinen Relativitätstheorie: Die gravitative Zeitdilatation bewirkt einen nachhaltigen Effekt, die Zeitdilatation der gleichmässigen Bewegung hingegen hat nur einen Effekt, so lange die Bezugssysteme relativ zueinander in Bewegung sind. Dieser Umstand lässt sich an einem einfachen Beispiel verdeutlichen: Am Ereignishorizont eines Schwarzen Loches ist die Raumzeitkrümmung so stark, dass nicht einmal mehr das Licht der Gravitationskraft entfliehen kann. Max befindet sich einige Kilometer vor dem Ereignishorizont. Die Raumzeitkrümmung ist bereits so stark, dass ein aussenstehender Betrachter das Gefühl hat, Max lebe in einer extremen Zeitlupe. Max wiederum hätte das Gefühl, für diesen aussenstehenden Betrachter vergehe die Zeit in einem extremen Tempo. Dieses Phänomen der gravitativen Zeitdilatation ist aber nicht nur eine relative Erscheinung, sondern zeigt eine „effektive" Wirkung. Für Max vergeht die Zeit aus Sicht des Betrachters sehr langsam. Und tatsächlich. Wenn der Betrachter aus seiner Sicht 10 Jahre auf der Erde zugebracht hat, wird Max in dieser Zeit nur um wenige Tage gealtert sein. Diesbezüglich unterscheidet sich die gravitative Zeitdilatation von der Zeitdilatation der gleichmässigen Bewegungen. Letztere hat nämlich nur einen Effekt, solange sich zwei Bezugssysteme in relativer Bewegung zueinander befinden. Wenn Peter und Hans sich in einer flachen Raumzeit (einer Raumzeit ohne Gravitation) fünf Jahre mit sehr schneller Geschwindigkeit bewegen, stellen sie immer wieder fest, dass die Uhr des jeweils anderen langsamer geht. Beide haben das Gefühl, der jeweils andere lebe in Zeitlupe. Würden Hans und Peter beide plötzlich stillstehen, würden sie allerdings feststellen, dass die Zeit für beide gleichermassen verstrichen ist. Hans und Peter wären beide um fünf Jahre gealtert. Das gilt allerdings nur solange, wie sich Hans und Peter mit konstantem Tempo und geradlinig bewegen. Sobald einer beispielsweise die Richtung ändert, hat die Zeitdilatation auch hier einen nicht rückgängig zu machenden, nachhaltig wirkenden Effekt. Die Wirkung der gravitativen Zeitdilatation ist demgegenüber immer dauerhaft und nicht spiegelbildlich. In einem starken Gravitationsfeld läuft die Zeit tatsächlich langsamer ab als ausserhalb. Eine Person am Rande eines Schwarzen Loches altert wesentlich langsamer als ein Mensch auf der Erde. Die Zeit vergeht auf einem Berg schneller als am Meer. Beim GPS-Navigationssystem wird aus diesem Grund eine Frequenzkorrektur der Signale durchgeführt, um Positionsbestimmungsfehler zu vermeiden (obwohl der Effekt der gravitativen Zeitdilatation in irdischen Sphären relativ klein ist).

Warum aber läuft die Zeit in einem Gravitationsfeld langsamer ab als in der flachen Raumzeit? Wie kann es sein, dass Uhren auf der Erde langsamer gehen als auf dem Mond?

Stellen wir uns eine Rakete vor. Wenn sich die Rakete mit gleichmässiger Geschwindigkeit bewegt, ist gemäss der speziellen Relativitätstheorie aus der Rakete heraus nicht feststellbar, ob die Rakete ruht oder mit konstantem Tempo durchs Weltall fliegt. Aufgrund der Konstanz der Lichtgeschwindigkeit vergeht aus der Sicht der Insassen die Zeit normal. Wenn die Astronauten aber aus dem Fenster schauen, haben sie das Gefühl, die Zeit in relativ dazu ruhenden Bezugssystemen vergehe langsamer. Die Betrachter aus diesem Bezugssystem wieder haben das Gefühl, die Zeit in der Rakete vergehe in Zeitlupe. Stellen wir uns zur Veranschaulichung vor, in der Rakete befindet sich eine Lichtuhr wie die, die wir im Kapitel zur speziellen Relativitätstheorie vorgestellt haben. Wenn die Rakete jetzt beschleunigt[20], muss der Lichtstrahl einen längeren Weg zurücklegen, um einmal vom oberen zum unteren Spiegel und wieder zum oberen Spiegel zu gelangen. Und zwar aus Sicht eines aussenstehenden Betrachters *und* den Insassen des Raumschiffs. Das aus dem einfachen Grund, dass sich die Spiegel in Beschleunigungsrichtung der Rakete bewegen und daher das Licht eine grössere Entfernung zurücklegen muss. Da die Lichtgeschwindigkeit immer gleich schnell ist, braucht das Licht mehr Zeit, um die längere Strecke zu bewältigen, wodurch die Zeit im Raumschiff langsamer abläuft. Das gilt natürlich nicht nur für die Lichtuhr, sondern für alle Prozesse im Raumschiff, auch für die Bordelektronik oder die Astronauten. Falls die Astronauten einen Blick aus dem Raumschiff werfen, haben Sie das Gefühl, alles um das Raumschiff herum bewege sich im Zeitraffer. Ein aussenstehender Betrachter wiederum sieht die Zeit im Raumschiff langsamer ablaufen. Die gravitative Zeitdilatation bewirkt folglich eine effektive Veränderung des Zeitablaufs, der von jedem Betrachter gleich wahrgenommen wird. Die Astronauten könnten vor dem Abflug von der Erde zwei Atomuhren synchronisieren. Die eine Atomuhr deponieren sie in der Bodenkontrolle, die andere Atomuhr wird in einen Satelliten in der Erdumlaufbahn gebracht. Nach einiger Zeit werden beide Atomuhren in der Bodenkontrolle verglichen. Dabei wird man feststellen, dass die Atomuhr des Satelliten vorgeht und die Atomuhr der Bodenkontrolle nachgeht, die Zeit auf der Erde somit effektiv langsamer verstrichen ist als im Satelliten. Ein Beweis der gravitativen Zeitdilatation. Ein solches Experiment wurde übrigens

---

[20] Beschleunigung und Gravitation sind gemäss dem Äquivalenzprinzip physikalisch nicht unterscheidbar, daher bewirkt auch *jede* Beschleunigung eine Verlangsamung der Zeit.

tatsächlich durchgeführt, in dem zwei synchronisierte Atomuhren in unterschiedlichen Höhen platziert wurden. Eine auf einer Bergspitze, die andere im Flachland. Nach einigen Wochen zeigte sich, dass die Zeit im Flachland geringfügig langsamer verstrichen ist als auf der Bergspitze. Aus dem Grund, dass die Gravitation im Flachland stärker ist als auf der Bergspitze. Für einen Bewohner eines Inselstaates auf Meereshöhe vergeht die Zeit tatsächlich langsamer als für einen Einsiedler, der in einer Höhle im sibirischen Gebirge wohnt. Der Unterschied ist allerdings so gering, dass er sich mit normalen Armbanduhren nicht messen lässt. Bereits bei GPS-Satelliten müssen diese Zeiteffekte aber berücksichtigt werden. Auch die gravitative Zeitdilatation ist keine Erfindung geistreicher Wissenschaftler, sondern eine Eigenheit der Natur. Die Zeit vergeht am Strand tatsächlich langsamer als auf dem Mount Everest.

Die Allgemeine Relativitätstheorie ist übrigens experimentell mehrfach bestätigt worden. Bereits die Sonnenfinsternis im Jahre 1919 förderte die Tragweite der Raumzeit-Krümmung eindrücklich zu Tage. Arthur Stanley Eddington stellte fest, dass sich die Position einiger Sterne scheinbar verschoben hatte. Himmelsgestirne, die sich eigentlich hinter der Sonne befinden sollten, offenbarten sich am Himmelsfirmament der heimischen Erde. Durch die Raumzeit-Krümmung wird das Licht der Sterne um die Sonne gelenkt, so dass die eigentlich unsichtbaren Sterne auch von der Erde aus sichtbar werden. Dasselbe Phänomen bestätigt sich bei der Beobachtung entfernter Galaxien. Licht, das von dahinter liegenden Himmelskörpern stammt, nimmt seinen Weg links und rechts entlang der Raumzeitkrümmung der Galaxie. Es folgt dem kürzesten Weg, der gemäss der allgemeinen Relativitätstheorie entlang einer Geodäte und damit um die Galaxie herum führt. Daraus entsteht für den irdischen Beobachter die Täuschung zweier Lichtquellen, jeweils links und rechts der Galaxie. Beide Lichtquellen sind jedoch auf dasselbe Objekt zurückzuführen. Dieses Phänomen wird als Einsteinkreuz bezeichnet. Das Licht wird von der Krümmung abgelenkt und bestätigt damit die von Einstein postulierte Struktur von Raum und Zeit auf eindrucksvolle Art und Weise. Auf diese Weise ist es möglich, Himmelsgestirne zu beobachten, die von der Erde aus nach intuitiver Vorstellung gar nicht sichtbar sein dürften.

2.2.3 Die Schatten der Gravitation

Newton gelang es bereits im 17. Jahrhundert, die Gravitation in eine mathematische Formel zu packen und damit diese Grundkraft der Natur in ein berechenbares Gerüst zu stecken. Newton wusste allerdings nicht, was sich hinter der Gravitation verbirgt oder wie die Gravitation im Innern funktioniert. Albert Einstein konnte das Wesen der Gravitation mit seiner allgemeinen Relativitätstheorie bereits wesentlich besser erklären und auf eine universelle Ursache zurückführen. Demzufolge sind Krümmungen und Verzerrungen in der vierdimensionalen Raumzeit verantwortlich für die Kraft, die wir als Gravitation wahrnehmen.

Brian Green, Lisa Randall und zahlreiche weitere Physiker zerbrechen sich den Kopf über den nächsten Schritt. Das Rätsel der Gravitation ist nämlich noch lange nicht entschlüsselt. Denn die Gravitationskraft ist eigentlich viel zu schwach, um in die Theorien der Physik zu passen. Die Physik kennt vier fundamentale Grundkräfte: Die elektromagnetische Kraft, die schwache und starke Wechselwirkung sowie die Gravitation. Kühne Versuche, eine fünfte, bisweilen unbekannte Kraft nachzuweisen, sind bisher gescheitert[21]. Die theoretische Physik des 21. Jahrhunderts versucht die allgemeine Relativitätstheorie mit der Quantenphysik zu verbinden. Die Quantenphysik beschreibt das Verhalten der mikroskopischen Welt, also der drei nicht-gravitativen Grundkräfte. Dabei wurden ziemlich seltsame und spukhaft anmutende Phänomene wie der Tunneleffekt oder die unendlich schnelle Fernwirkung entdeckt. Insbesondere letztere bewegte Einstein dazu, sich von der Quantenphysik zu distanzieren. Zu spukhaft war ihm, was da im Kleinen so vor sich ging - obwohl auch diese Phänomene experimentell ebenso bestätigt sind wie die Vorhersagen der Relativitätstheorie. Das grundsätzliche Problem besteht nun darin, dass sich die allgemeine Relativitätstheorie und die Quantenphysik in Grenzfällen überhaupt nicht vertragen. Der Versuch, kosmische Extremphänomene wie Schwarze Löcher oder gar den Urknall zu beschreiben, führt zu Überschneidungen beider Theorien, die in unverträglichen Unendlichkeiten enden, so genannten Singularitäten. Unendlichkeiten sind oft auf mangelndes Wissen über ein Phänomen zurückzuführen. So führte die Beschreibung elektromagnetischer Wellen im 19. Jahrhundert in einigen Fällen zu unendlich grossen Energien („Backofen"-Paradoxon), bis man die Quantisierung der elektromagnetischen Strahlung entdeckte. Daher vermutet man, dass die allgemeine Relativitätstheorie und die Quantenphysik in einer höheren, umfassenderen Theorie münden. Einer so genannten Weltformel oder TOE („Theory of Everything"), aus der sich, so hoffen die Physiker, sämtliche Eigenschaften des Universums herleiten

---

[21] Einige Wissenschaftler vermuten, dass die Vereinigung von Quantenphysik und Relativitätstheorie aufgrund dieser unbekannten Kraft bisher nicht gelungen ist.

lassen. Von der Längenkontraktion bis zum Hebelgesetz. Die Allgemeine Relativitätstheorie wie auch die Quantentheorien wären darin als Grenzfall für ganz bestimmte Situationen enthalten. Etwa so, wie die Newton Formeln im Alltag sehr gute Resultate liefern oder die spezielle Relativitätstheorie in einer flachen Raumzeit mit vernachlässigbarer Gravitation als richtig betrachtet werden darf. An dieser Stelle kommt das Korrespondenzprinzip zu tragen, ein wichtiger Grundsatz der Physik, der besagt, dass jede höhere Theorie alle experimentell bestätigten Phänomene der vorherigen Theorien in irgendeiner Form enthalten muss. Das Gravitationsgesetz von Newton hat sich beispielsweise in der Praxis für kleine Geschwindigkeiten als recht genau erwiesen. Die Relativitätstheorie musste folglich für hinreichend kleine Geschwindigkeiten sinngemäss dieselben Resultate ergeben wie das Newtonsche Gravitationsgesetz, wenn auch mit höherer Genauigkeit. Bisher enthält sich die Gravitation der Vereinigung mit der Quantenphysik aber standhaft. Es scheint, als wolle die Gravitation die Phänomene im Schwarzen Loch vor der Enthüllung bewahren. Ihr kosmisches Geheimnis verschleiern und verstecken.

Die Gravitation ist tatsächlich in vielerlei Hinsicht ein ziemlich seltsames Wesen, das sich fundamental von den drei anderen Grundkräften der Physik unterscheidet. So ist die Gravitation viel schwächer als alle anderen Kräfte. Sie können die Gravitation der gesamten Erde problemlos überwinden, in dem sie kurz einen Fuss anheben oder in der Wohnung herum hüpfen. Die anderen Naturkräfte sind um ein Vielfaches stärker. So grenzt es bereits an einen Kraftakt, einen Eisenspan von einem Magneten, der vielleicht so gross ist wie eine CD, zu trennen. Zudem ist es bisher nicht gelungen, die Gravitation abzuschotten. Bei einer Atombombenexplosion reicht aber bereits ein faradayscher Käfig aus, um den elektromagnetischen Impuls abzufangen und die elektrischen Geräte vor der damit verbundenen Zerstörung zu schützen. Oder etwas Holz auf einen Magneten gelegt, und schon ist die anziehende Wirkung abgeschirmt. Gravitation aber wirkt durch alle Massen hindurch. Auf dem Mount Everest werden sie von der Erde angezogen und auch auf dem Jupiter oder dem Pluto ist die Anziehungskraft der Sonne nachweisbar. Die Reichweite der Gravitation ist nach gegenwärtigem Wissensstand unendlich und durchdringt dabei sämtliche Körper. Egal, was der Gravitation im Weg steht, es mag ihre Wirkung weder zu stoppen noch abzuschirmen. Sie können zwar eine Kiste vom Boden heben und dadurch die Kiste in der Höhe halten. Dabei handelt es sich aber nicht um eine Abschirmung der Gravitation, sondern lediglich um eine Gegenkraft. Sobald Sie die Kiste loslassen, stürzt sie augenblicklich wieder auf den Boden. Im September 1996 behauptete der russische Wissenschaftler Jewgeni Nikolajewitsch Podkletnow, bei einem Experiment in Finnland mit schnell rotierenden Hochtemperatur-Supraleitern eine Gewichtsreduktion des darüber liegenden Körpers beobachtet zu haben. Ein vermeintliches Indiz für eine erfolgreiche Abschottung des Gravitationsfelds. Die Meldung entpuppte sich allerdings als warme Luft, da kein anderer Wissenschaftler das Experiment reproduzieren konnte. Wie gesagt hat die Ausgleichung der Gravitation durch eine (beispielsweise magnetische oder mechanische) Gegenkraft nichts mit der Abschirmung der Gravitation zu tun. Nach heutigem Stand der Wissenschaft lässt sich die Gravitation als einzige der drei Grundkräfte nicht abschotten. Eine mögliche Erklärung könnte sein, dass die Gravitation durch die Struktur der Raumzeit übertragen wird, in die alle Massen und Energien eingebettet sind. Deshalb kann die Gravitation auch durch kein Experiment innerhalb dieser

Struktur abgeschottet werden. Eine andere Erklärung liefert die Stringtheorie, in der die Gravitation über ringförmige Fäden übertragen wird, die alle räumlichen Dimensionen und damit auch alle Körper durchdringt.

Doch das ist noch lange nicht alles. Nicht nur, dass sich die Gravitation nicht abschotten lässt. Gravitation wirkt auch immer anziehend. In der Natur ist uns bisher nie eine anti-gravitative Wirkung begegnet. Gravitation wirkt nie abstossend, anders als beispielsweise der Elektromagnetismus, wo sich gleiche Polen abstossen und ungleiche Pole anziehen. Die Gravitationskraft entsteht durch Massen, die die Raumzeit krümmen und dadurch auf andere Körper die Anziehungskraft in Form einer Beschleunigung entfalten. Die Anziehungskraft wirkt immer anziehend. Wenn wir Antigravitation erzeugen wollten, bräuchten wir eine Masse, die in der Raumzeit keine Senke, sondern eine Erhöhung erzeugt. Dies ist mit gewöhnlicher Materie allerdings nicht möglich. Einige Wissenschaftler vermuten, dass dazu Materie mit negativer Energiedichte notwendig wäre. Damit könnten Krümmungen in der Raumzeit erzeugt werden, die stets eine abstossende Wirkung haben. Nach heutigem Wissensstand würde Antigravitation das Äquivalenzprinzip verletzen, wodurch die allgemeine Relativitätstheorie modifiziert werden müsste. Auf dieses Thema gehen wir später aber noch eindringlicher ein.

Auch vom Wesen her ist die Gravitation sonderbar. So ist sie eigentlich eine Scheinkraft, das heisst, ihre Wirkung ist auf eine Eigenschaft der uns umgebenden Raumzeit zurückzuführen. Jede Masse krümmt die Raumzeit, wodurch die Erscheinung von Anziehungskraft auf alle anderen Massen des Universums entsteht. Bisher gilt die Reichweite der Gravitation als unendlich, auch wenn sie mit zunehmender Distanz quadratisch schwächer 'wird. Die Gravitation der kleinsten Büroklammer auf ihrem Schreibtisch reicht damit aber ebenso bis in die entlegenste Galaxie wie die Gravitation der Sonne. Eine Quantisierung der Gravitation würde diesen Umstand möglicherweise beheben. Wie die Gravitation im Endeffekt übertragen wird und ob sie sich überhaupt quantisieren lässt, ist bis heute ungeklärt. Ist die Geometrie der Raumzeit bereits fundamental genug, um einen Apfel zum Fallen zu bringen? Oder wird die Geometrie durch ein Trägerteilchen auf den Apfel übertragen? In einer Quantentheorie der Gravitation wird das Graviton als Träger der Gravitationskraft vermutet, ein bisher hypothetisches masseloses Teilchen, ähnlich dem Photon, das die elektromagnetische Wirkung überträgt. Allerdings hat sich das Graviton bisher jedem experimentellen Nachweis entzogen. Zudem steht in den Sternen, ob die Gravitation überhaupt ähnlich wie die anderen Naturkräfte verstanden werden darf und damit quantisiert werden kann. Zudem, last but not least, scheint die Gravitation eine dimensionsübergreifende Kraft zu sein, die möglicherweise unsere Raumzeit durchdringt und damit auch andere Dimensionen oder sogar Universen erreicht. Das zumindest eine Hypothese, die in Weltformeltheorien wie der Stringtheorie oder in Lisa Randalls fünfdimensionalem Universum erklärt, weshalb die Gravitationskraft in unserer Raumzeit im Vergleich zu den anderen Naturkräften so schwach ist.

Die bisherige Unvereinbarkeit von allgemeiner Relativitätstheorie und der Quantenphysik könnte auf eine weitaus komplexere Beschaffenheit des Universums hindeuten. Dieser Meinung sind zumindest die Wissenschaftler, die an populär gewordenen Weltformeltheorien wie der Stringtheorie arbeiten. Diese Theorien sind allerdings derart weitreichend, dass sie alles, was die Physik und die Mathematik bisher entwickelt haben, in den Schatten stellt. Die vier Dimensionen unserer Raumzeit reichen nämlich bei weitem nicht aus, um beispielsweise die Stringtheorie zu formulieren, eine viel beachtete Weltformel-Anwärterin. Die Fachwelt geht grundsätzlich von der Existenz weiterer räumlicher Dimensionen aus. Dabei stellt sich natürlich die Frage, weshalb wir diese zusätzlichen Dimensionen bisher in keinem Experiment der Welt beobachten konnten. In der Stringtheorie wird dieser Umstand mit aufgewickelten Dimensionen erklärt, die so klein sind, dass sie mit dem heutigen Stand der Technik nicht nachweisbar sind. Aus diesen zusätzlichen Dimensionen heraus lassen sich die fundamentalen Eigenschaften der Teilchen und der Naturkräfte herleiten. So, wie sich die Gravitation als Krümmung der vierdimensionalen Raumzeit ergibt, könnte die Wirkung des Elektromagnetismus in einer fünften Dimension bestimmt sein. Diese Dimensionen existieren derzeit zwar nur auf dem Papier. Es wäre aber durchaus denkbar, dass sich Aspekte einer Weltformeltheorie in Teilchenbeschleuniger-Experimenten als Nebenprodukte ergeben und damit erste experimentelle Anhaltspunkte für die Richtigkeit der Theorie liefern.

Der Gedanke eines Universums mit mehr als vier Dimensionen ist keinesfalls so abwegig, wie er dem gesunden Menschenverstand auf den ersten Blick erscheinen mag. Kurz nach der Veröffentlichung der allgemeinen Relativitätstheorie gelang es Theodor Kaluza nämlich, zwei fundamentale Naturkräfte zu vereinen. Die Gravitation und den Elektromagnetismus. Dazu erweiterte er die Raumzeit um eine fünfte Dimension und schon schien die Rechnung aufzugehen. Woran Physiker die letzten achtzig Jahre gescheitert sind, war Kaluza bereits kurz nach dem Ende des ersten Weltkriegs gelungen. Albert Einstein verbrachte den Rest seines Lebens damit, auf Basis der Forschung von Kaluza nach einer vereinheitlichenden Theorie zu suchen. Er sollte damit aber scheitern wie alle anderen Wissenschaftler. Denn in den 30er Jahren wurden mit der schwachen und starken Kraft zwei weitere Naturkräfte entdeckt, wodurch sich die Sachlage verkomplizierte. Die Kaluza-Klein-Theorie erweitert unser Universum auf fünf Dimensionen (Vier Raum- und eine Zeitdimension). Dadurch gelang es ihm, die allgemeine Relativitätstheorie und die Maxwellschen Gleichungen des Elektromagnetismus als Spezialfälle zu berücksichtigen. Das Korrespondenzprinzip, wonach eine höhere Theorie stets alle untergeordneten, experimentell bestätigten Theorien abdecken muss, war demnach erfüllt. Oskar Klein führte später das Konzept der Kompaktifizierung ein, wonach zusätzliche Dimensionen aufgerollt und dadurch unsichtbar sind. Die fünfte Dimension wäre demnach eine aufgerollte Raumdimension, die fürs menschliche Auge unsichtbar ist. Man könnte sich diese Dimension auch als rein technische Dimension vorstellen, die dazu dient, den Elektromagnetismus korrekt auf die Raumzeit anzuwenden. Oder man veranschaulicht sich den Umstand anhand einer Telefonleitung, die zwischen zwei Masten hängt. Aus der Ferne sieht die Leitung wie eine eindimensionale Linie aus, aus der Nähe wie eine zweidimensionale Oberfläche und erst bei geeigneter Perspektive erscheint die Leitung wirklich dreidimensional. Ähnlich wie die Gravitation aus der Geometrie der Raumzeit bestimmt wird, könnten die Gesetzmässigkeiten des Elektromagnetismus auf die fünfte Dimension zurückzuführen sein. Auch der Kaluza-Klein-Theorie ist es bisher allerdings nicht gelungen, die Allgemeine Relativitätstheorie mit der Quantenphysik zu vereinen. Denn sie hat einen entscheidenden Haken: Sie lässt sich nicht quantisieren. Der Grund, weshalb die Kaluza-Kleinmenschlichen Horizont, der das Ende der Raumzeit ebenso verschleiert wie die Menge der Sandkörner am Strand, und damit den Unendlichkeitsgedanken überhaupt erst erzeugt. Tatsächlich können wir davon ausgehen, dass unser Universum nicht unendlich ist. Denn ein unendliches Universum führt zu zahlreichen erkenntnistheoretischen Beinschüssen. So können wir keine verlässliche Aussage über die Beschaffenheit eines unendlichen Universums machen, da wir diese höchstens für einen kleinen, lokalen Bereich verifizieren können. In einem unendlichen Universum aber gibt es auch unendlich viele dieser kleinen, lokalen Bereiche, was eine Generalisierung unserer Gesetze und Vorstellungen auf das gesamte Universum verunmöglicht. Ein lokal lebensfreundliches und stabiles Universum könnte dementsprechend im Ganzen betrachtet extrem lebensfeindlich und chaotisch sein. Zudem bewirkt ein unendliches Universum, dass sich auch höchst unwahrscheinliche, aber mögliche Ereignisse unendlich oft ereignen. So gibt es einen Ort, an dem aus einem kosmischen Zufall heraus eine starklare Boeing 747 entsteht. Da es in einem solchen Universum unendlich viele Gebiete gibt, gibt es sogar unendlich viele Gebiete, in denen dieser abstruse Zufall eintritt. Falls das Universum auch noch unendlich lange existiert, müsste der Nachthimmel hell erleuchtet sein. Denn dann gäbe es auch unendlich viel Licht, das von den Sternen ausgestrahlt worden ist, so dass die Nacht zum Tag wird. Wir dürfen daher vermuten, dass es eine endliche Anzahl Sterne und eine ebenso endliche Anzahl Sandkörner gibt. Es mag zwar sehr viele Sterne und Sandkörner geben und wir fühlen uns regelrecht ohmnächtig, wenn wir diese zählen wollten oder sollten. Tatsächlich wäre aber auch dieses Unterfangen früher oder später vom Erfolg gekrönt. Dass es nicht unendlich viele Sandkörner geben kann – und prinzipiell keine Masse in unserem Universum in unendlicher Zahl – lässt sich mit folgendem Beispiel schön ergründen: Am Strand haben wir zwar den Eindruck unendlich vieler, kleiner Sandkörner, die sich entlang der Küste ausbreiten, tatsächlich könnten wir die Sandkörner aber zählen und kämen zu einem Ergebnis. Sie könnten jetzt natürlich einwenden, es habe noch nie jemand ausprobiert, ob sich alle Sandkörner zählen lassen, und es daher durchaus möglich ist, dass es unendlich viele Sandkörner gibt. Sie könnten auch sagen, es gibt unendlich viele Sterne, und augenscheinlich sind es extrem viele, wenn wir beispielsweise die Aufnahme unserer Heimatgalaxie, der Milchstrasse, betrachten. Obwohl wir weder die technischen Möglichkeiten haben noch ein einzelnes Menschenleben ausreichen würde, um alle diese Sterne zu zählen, so wissen wir, dass es weder unendlich viele Sterne noch unendlich viele Sandkörner geben kann. Ja, wir können sogar noch einen Schritt weiter gehen und prinzipiell festlegen, dass es von keinem materiellen Ding in unserem Universum unendlich viel geben kann. Denn unendlich viel bedeutet, dass die damit verbundene Masse ebenfalls unendlich gross ist und damit eine derart hohe Gravitation erzeugt würde, dass die Raumzeit unter der Last regelrecht in sich zusammen bricht und zu einem gigantischen Schwarzen Loch kollabiert, das den gesamten Kosmos vernichtet. Getreu dem Grundsatz René Descartes „Ich denke, also bin ich", können wir feststellen, dass uns bisher kein Schwarzes Loch aufgesaugt hat und es demzufolge weder unendlich viele Sterne noch unendlich viele Sandkörner geben kann. Nach meinem letzten Strandurlaub bin ich, abgesehen von einem flächendeckenden Sonnenbrand, unversehrt in mein Büro zurückgekehrt, um den Rest des Sommers mit dem Tippen dieses Buches zu verbringen, und nicht etwa in einem Schwarzen Loch verschwunden. Obwohl diese Herleitung vielleicht etwas plakativ anmutet, können wir daraus folgern, dass es endlich viele Sterne und endlich viele Sandkörner gibt - und auch nur endlich viel aller anderen Materie. Auch wenn wir nicht über die Ressourcen verfügen, um diese zu zählen, so wäre es zumindest prinzipiell möglich, da das Ergebnis endlich sein wird. Wir können also davon ausgehen, dass wir in einem endlichen Universum leben. Auch ein endliches Universum kann im Übrigen „unendlich" erscheinen. Angenommen, es ist kugelförmig, dann könnte ein Raumschiff unendlich lange geradeaus fliegen und würde das Ende des Universums dennoch nie erreichen. Ein Flugzeug kann die Erde auch beliebig oft umrunden, ohne jemals am Ende der Erde anzugelangen, da unser Planet bekanntlich rund ist. Das kugelförmige Universum ist trotzdem nicht unendlich, da es ein bestimmtes, endliches Volumen hat.

Gibt es aber für uns Menschen irgendeine Möglichkeit, an die Grenze des Universums vorzustossen? Können wir irgendwie aus dem Universum flüchten, so wir das denn möchten, die nötigen Gerätschaften vorausgesetzt? Gibt es überhaupt eine Welt ausserhalb unserer Welt?

Ein futuristisches Raumschiff, das allen rationalen Grundsätzen trotzt, könnte mit annähernder Lichtgeschwindigkeit fliegen, fast 300'000 Kilometer pro Sekunde. Natürlich ist es mit herkömmlichen Antrieben unmöglich, eine derart hohe Geschwindigkeit zu erreichen. Einsteins Relativitätstheorie verbietet zudem, dass die Lichtgeschwindigkeit exakt erreicht oder überschritten werden kann. Zumindest nicht, ohne das Universum zu überlasten. Angenommen, eine Weltraumorganisation in ferner Zukunft beordert einen waghalsigen Piloten in den Orbit, um in seinem futuristischen Raumschiff die Grenzen der Raumzeit zu erkunden. Dummerweise sind die meisten Notizen über die Allgemeine Relativitätstheorie im

Laufe der Jahre verloren gegangen. Niemand kann sich daran erinnern. Der Pilot startet die Triebwerke und schickt sich an, die fernen Weiten unseres Universums zu erkunden. Damit ihm nicht langweilig wird und er schneller vorankommt, beschleunigt er sein futuristisches Raumschiff auf 99.999 Prozent der Lichtgeschwindigkeit. Dadurch erreicht seine Energie extreme Sphären. Die davon ausgehende Krümmung der Raumzeit ist gewaltig. Auf der Folie unseres Beispiels ruht fortan nicht mehr eine Orange, sondern ein schwerer Stein, der eine tiefe Senke verursacht. Für den Piloten im Raumschiff geht alles gewohnter Dinge zu und her. Genüsslich pfeift er die Melodie eines urzeitlichen Folkloreliedes, das zeitgenössische Archäologen irgendwo ausgegraben haben. Angenommen, der Pilot hat noch einen Trumpf im Ärmel. Eine gigantische Energiequelle, die er auf Knopfdruck anzapfen und zu einem weiteren, allerdings nur noch sehr kleinen Geschwindigkeitszuwachs umsetzen kann. Den Knopf drückt er zwar nicht, aber das Raumschiff entscheidet sich, den Trumpf zu spielen, um der musikalischen Ertüchtigung schnellst möglichst zu entfliehen. Das Raumschiff fliegt nun mit Quasi-Lichtgeschwindigkeit. Der Pilot hat ein halbes Universum unter der Zapfsäule, womit er immer weiter beschleunigen und eine immer bessere Annäherung an die Lichtgeschwindigkeit erzielen kann, ohne diese jemals zu erreichen. Das Raumschiff wird immer schneller und die Raumzeit krümmt sich aufgrund der höheren Energie immer stärker. Plötzlich wird alles dunkel. Das Pfeifen verstummt. Der Pilot erkennt keine Lichtpunkte mehr am Horizont. Keine fernen Sterne. Keine Galaxien, die sich um gefrässige Schwarze Löcher scharen. Auch die Milchstrasse, die er eben noch vor sich hatte, ist verschwunden. Ebenso das ferne Doppelsternsystem Zeta Reticuli, in dem gelegentlich ausserirdisches Leben vermutet wird. Der Pilot, insofern er dazu noch im Stande ist, kratzt sich am Kopf.

Was ist passiert?

Übertragen wir den Vorfall auf unser Beispiel: Wenn der Stein auf der Folie immer schwerer wird, krümmt sich die Folie immer stärker. Das heisst: Die Senke wird tiefer. Sobald der Stein zu schwer oder gedanklich durch einen Felsbrocken ersetzt wird, kann die Folie dem Gewicht nicht mehr standhalten und reisst. Der Stein fällt zu Boden. Die Steigung der Senke ist nun theoretisch gesehen unendlich. Der Stein hat sich bildlich aus der Raumzeit gelöst und verabschiedet. Sein Gewicht hat die kritische Grenze, die das Universum gerade noch ertragen kann, überschritten. Übertragen wir diese Veranschaulichung auf das Beispiel mit dem Raumschiff, wird uns schnell klar, was mit dem ambitionierten Piloten geschehen ist. Er versuchte, die Natur zu überlisten und die Lichtgeschwindigkeit mit einem fast unendlichen Energievorrat zu erreichen. Doch der Pilot kannte offenbar weder die Allgemeine Relativitätstheorie noch die Laune der Natur, die sich nur ungern in die Karten schauen lässt. Ansonsten hätte er geahnt, wohin sein Manöver führt. Mit jeder neuen Energiezufuhr hat sich die Geschwindigkeit des Raumschiffs erhöht, wenn zuletzt auch nur noch spärlich im hinteren Kommastellenbereich. Die zugeführte Energie geht aber nicht einfach verloren, sondern ist in der Bewegung des Raumschiffs als kinetische Energie (= Bewegungsenergie) erhalten geblieben. Energie kann gemäss dem Prinzip der Energieerhaltung nicht verloren gehen, aber in andere Energieformen umgewandelt werden (beispielsweise mechanische zu elektrischer Energie, wie es in Wasserkraftwerken der Fall ist). Mit zunehmender Geschwindigkeit ist die Bewegungsenergie des Raumschiffs folglich immer grösser geworden. Da Energie und Masse als äquivalent betrachtet werden kön-

101

nen, ist demnach auch die Masse des Raumschiffs immer grösser geworden, bis sie schliesslich eine kritische Grenze erreicht hat. Eine Grenze, die in der Realität vielleicht nie erreicht oder überschritten werden kann. Die Raumzeit ist aber kein Behälter, in den man schütten und schütten kann, ohne dass er überläuft. Unser Universum besitzt kritische Grenzen, die man nicht überschreiten sollte und normalerweise auch nicht überschreiten kann. Das fiktive Raumschiff mit seiner exorbitanten (hypothetischen) Energie überschreitet nun die Grenze der maximalen Energie, die ein Objekt in der Raumzeit haben darf und die die Raumzeit gerade noch ertragen kann. In der Folge bricht die Raumzeit unter der übermässigen Last des Raumschiffs zusammen. Der Pilot, der sich am Kopf kratzt, kratzt sich, weil er mit seinem Raumschiff gewissermassen durch das Sieb der Raumzeit gefallen ist. Er hat die astronomischen Grenzen des Universums überwunden und ist in eine andere Existenz vorgestossen. In eine andere Dimension. In ein anderes Universum. In den Hyperraum. Wie kann etwas die Grenzen des Universums überlasten und was geschieht, wenn die Raumzeit gewissermassen „reisst"? Und vor allem: Was verbirgt sich hinter der Raumzeit, auf der anderen Seite der Grenzwerte? Wohin gelangt der Stein oder das Raumschiff, wenn er aus unserem Universum, aus unserer Raumzeit fällt?

Der Sachverhalt erscheint abstrakt und rüttelt an der zumindest im Volksmund verankerten Unendlichkeitsvorstellung des Universums. Die merkwürdigen Grenzen des Universums sind allerdings keine fadenscheinigen Spekulationen sensationslüsterner Autoren, sondern eine Ausgeburt der grossen Pionierzeit der modernen Physik anfangs des 20. Jahrhunderts. Max Planck, Begründer der Quantenphysik und einer der renommiertesten Physiker aller Zeiten, war einer der ersten, der mit den Theorien Albert Einsteins sympathisierte. Planck selber trug wesentlich zur Ausarbeitung der Speziellen Relativitätstheorie bei. Er lehnte jedoch die Lichtquantenhypothese Einsteins ab. Diese ging ihm zu weit, war zu revolutionär, stellte zu viel des allgemein anerkannten Wissens in Frage. Einstein hatte durch die Veröffentlichung der Speziellen Relativitätstheorie bereits Newton mitsamt Anhängerschaft Schachmatt gesetzt. Planck wollte jetzt nicht auch noch die Maxwellschen Elektrodynamik aufgeben, was als Konsequenz der Lichtquantenhypothese resultiert hätte. Einstein brauchte sechs Jahre, um Planck doch noch überzeugen zu können. Nach gründlichem Studium der Relativitätstheorie erarbeitete Planck verschiedene Gleichungen, die die Grenzen der Gültigkeit unserer Naturgesetze in ihrer Form festlegten. Diese so genannten „Planck-Konstanten" spezifizieren somit die Grenzen der Raumzeit, über die hinaus die Gültigkeit unserer Naturgesetze nicht gewährleistet werden kann. Das Hebelgesetz und die Längenkontraktion sind also nicht mit absoluter Sicherheit universell gültig, sondern auf ein bestimmtes Betrachtungsgebiet in der Raumzeit beschränkt. Dieses Betrachtungsgebiet umfasst andererseits so ziemlich alles, was uns aus dem Alltag und der Forschung bekannt und zugänglich ist. Auch Sterne und Galaxien können damit wunderbar beschrieben werden. Kritisch für unsere Naturgesetze wird es erst, wenn wir Extremphänomene wie Schwarze Löcher oder den Urknall betrachten. Wenn wir unsere Naturgesetze auf diese Phänomene anwenden, ergibt sich als Ergebnis meistens eine liegende Acht, die Unendlichkeit. Das ist ein dezenter Hinweis darauf, dass unsere Gesetze unvollständig sind und wir eine Grenze erreicht haben, ab der eine höhere Theorie benötigt wird. Eine Theorie, die die Aspekte der Quantenphysik mit der Relativitätstheorie vereint und damit auch die Effekte der

Gravitation berücksichtigt (Quantengravitation). Eine solche Theorie wird oft als „Weltformel" bezeichnet. Es gibt tatsächlich verschiedene Ansätze und zahlreiche Forschungen, um eine solche Weltformel anzustrengen und damit über die Planck-Grenzen hinaus unser Universum verstehen und erklären zu können.

Der Versuch, eine Weltformel zu entwickeln, hat im Jahr 1995 unter anderem zur Vermutung geführt, dass fünf der bis dato entstandenen Weltformeltheorien wahrscheinlich nur eine Annäherung an eine übergeordnete Weltformel sind. Etwa so, wie die Newtonmechanik aus dem 17. Jahrhundert eine Annäherung an die übergeordnete Relativitätstheorie ist. Da wir diese Weltformel aber bisher nicht entdeckt haben und alle Forschungsbestrebungen in diese Richtung zu einer extrem komplizierten Mathematik geführt haben, die Wissenschaftler rund um den Erdball noch für Jahrzehnte und Jahrhunderte beschäftigen dürfte, müssen wir feststellen, dass die menschliche Erkenntnis über das Universum und die Natur zumindest vorläufig an der Planck-Grenze am Ende angelangt ist. Alles, was über die Planck Konstanten hinausführt, kann weder bewiesen noch widerlegt werden und mündet zwangsläufig in der Spekulation. Dieser Grundsatz gilt ebenso für das Innenleben Schwarzer Löcher wie auch für Urknalltheorien. Das bedeutet aber auch: Es gibt überall um uns herum prinzipielle Barrieren. Hindernisse der Natur, die uns den Blick in beliebige Sphären versperren. Etwa so, wie wir die Lichtgeschwindigkeit niemals erreichen oder gar überschreiten können. Ganz egal, wie gut unsere Technologie ist. Selbst wenn wir das beste Mikroskop der Welt bauen würden, könnten wir nur Dinge sehen, die grösser als die Planck-Länge sind. Selbst wenn wir die beste Stoppuhr der Welt bauen würde, könnten wir nur Zeiteinheiten messen, die grösser als die Planck-Zeit sind. Alles was kürzer als die Planck-Länge oder kleiner als die Planck-Zeit ist, bleibt uns aus diesem Universum heraus verschlossen und nicht zugänglich. Das bedeutet auch, dass die Elementarteilchen nicht immer aus noch kleineren Teilchen bestehen, sondern die Planck- Länge die kleinste mögliche Länge vorgibt. Zumindest solange, bis wir die Weltformel entschlüsselt und damit die Quanten- und Relativitätstheorien unter ein einheitliches Dach gestellt haben. Vielleicht sind die Schranken aber derart prinzipiell veranlagt, dass alle Bestrebungen nach einer Weltformel im Sande verlaufen. Möglicherweise befinden sich die notwendigen Stricke, um das Universum in seiner ganzen Vielfalt und Faszination verstehen zu können, auf der anderen Seite des menschlichen Ereignishorizonts. Dort, wo der Pilot mit seinem Raumschiff gelandet ist. Dennoch gibt es bereits jetzt weiterführende Welttheorien, die auch in Bezug zur Existenz und der Ursache des Urknalls sehr aufschlussreich sein könnten (mehr dazu später). Allerdings ist vieles noch sehr vage. Denn experimentelle Beweise in einer Sphäre, die unsere Raumzeit um Dimensionen übersteigt, sind entsprechend schwer, kompliziert und energieintensiv. Besonders energieintensiv muss auch die Ursache einer Ungereimtheit sein, die dem einen oder anderen Leser nach den ersten Zeilen dieses Unterkapitels aufgefallen sein dürfte. Aktuelle NASA-Messungen schätzen das Alter unseres Universums[23] auf 13.7 Milliarden Jahren. Den Durchmesser desselben Universums auf rund 93 Milliarden Lichtjahre[24]. Gemäss der Relativitätstheorie kann sich keine Materie und

---

[23] Um Verwechslungen mit anderen möglichen Universen zu vermeiden, bezeichne ich das bekannte Universum hin und wieder als „unser" Universum, ohne allerdings einen Besitzanspruch daraus ableiten zu wollen.

[24] Ein Lichtjahr entspricht dem Weg, den das Licht in einem Jahr (mit Lichtgeschwindigkeit) zurücklegt.

keine Information schneller ausbreiten als das Licht[25]. Folglich auch die kosmische Hintergrundstrahlung (und je nach Interpretation das Universum als solches) nicht. Demzufolge dürfte das Universum aber erst einen maximalen Durchmesser von 27.4 Milliarden Lichtjahren haben. Wie ist es zu erklären, dass astronomische Beobachtungen bereits im Jahr 2008 fast auf das Vierfache hindeuten? Das aktuelle Standardmodell des Urknalls vermutet, dass es im Geburtsmoment des Weltraums zu einer überlichtschnellen Expansion gekommen ist. Einer gigantischen kosmischen Inflation, in der sich die Raumzeit gewissermassen entfaltet hat. Dieses Phänomen wäre vor der Planck-Zeit (10^{-44} Sekunden nach dem Urknall) mit unserer Physikanschauung zumindest nicht unvereinbar. Denn über Ereignisse ausserhalb der Planck-Grenzwerte können wir mit unseren Naturgesetzen keine verlässliche Aussage machen. Somit könnte eine vielfach überlichtschnelle Expansion ausserhalb unseres Horizonts durchaus möglich sein. Tatsächlich hätte eine überlichtschnelle Expansion abstruse Konsequenzen, würde man sie mit der Allgemeinen Relativitätstheorie, also der heute bekannten, modernen Physik zu erklären versuchen. Jedes Teilchen nämlich, das die Lichtgeschwindigkeit überschreitet, würde sich rückwärts in der Zeit bewegen. Zum Zeitpunkt des Urknalls in eine physikalische Vergangenheit, die es noch gar nicht gegeben hat (ausgehend von der Urknall-Theorie begann die Ausdehnung der Raumzeit mit dem Urknall, folglich existierte vor diesem Zeitpunkt „unsere" Zeit noch gar nicht).

---

[25] Teilchen, die sich mit Überlichtgeschwindigkeit bewegen, sind mit der allgemeinen Relativitätstheorie durchaus vereinbar. Solche Teilchen bewegen sich aber immer schneller als das Licht, können nie auf Lichtgeschwindigkeit abgebremst werden und diese schon gar nicht unterschreiten.

Falls die astronomischen Beobachtungen zutreffen und das Universum tatsächlich einen Durchmesser von fast 100 Milliarden Lichtjahren aufweist, wäre die vorgebrachte Inflationstheorie eine mögliche Erklärung. Andererseits könnte man auch mögliche exotische Formen des Universums und daraus resultierende Fehleinschätzungen des Alters oder Durchmessers als Erklärungsansätze heranziehen. Eine mögliche Alternative wäre zudem die Einsicht, dass wir die Natur noch zu wenig verstanden haben, um derart umfassende Ereignisse wie den Geburtsmoment des Universums verstehen oder Skalen wie die Ausmasse des Universums bestimmen zu können. Die Grenzen des Universums bleiben womöglich noch ziemlich lange ein spannendes, verwobenes Forschungsfeld.

2.2.5 Flucht aus dem Universum

Alles, was die Grenzen der naturwissenschaftlichen Erkenntnis übersteigt, hatte schon immer eine spezielle Anziehungskraft auf die Menschen. Auch die Flucht aus unserem Universum. Aus der heimischen Raumzeit. Aus unserer Welt. So unmöglich es unseren Vorfahren erschien, dereinst wie Vögel durch die Lüfte zu fliegen, so unmöglich erscheint es uns heute, aus dem Universum zu entkommen.

Erinnern wir uns an die Worte des deutschen Physikprofessors Johann Christian Poggendorff anno 1860: « It is impossible to transmit speech electrically. The 'telephone' is as mythical as the unicorn »[26]. Freilich haben wir kein Einhorn entdeckt, aber das Telefon hat die Kommunikation revolutioniert. Durch das Telefon

---

[26] Übersetzt: „Es ist unmöglich, Sprache elektrisch zu übermitteln. Das Telefon ist ein Hirngespinst wie das Einhorn."

und seine Weiterentwicklung ist die Welt zusammengerückt. Das Telefon ist heute so selbstverständlich wie das Amen in der Kirche.

Auf der Grundlage moderner Physik dürfte es nicht möglich sein, eine standfeste Theorie über die Geschehnisse ausserhalb unseres Universums aufzustellen. Denn dabei stossen wir zwangsläufig in Gebiete vor, in denen die Quantengravitation, eine Vereinigung von Quanten- und Relativitätstheorie, wichtig werden. Dennoch lässt eine konsequente Weiterführung der Leitgedanken der modernen Physik einige erstaunliche Schlüsse und Theorien über die Welt jenseits der Schranken unseres Universums zu.

Die Flucht aus unserem Universum ist prinzipiell auf drei Arten denkbar:

1. Überschreitung der Planck-Konstanten

2. Überschreitung der räumlichen Ausdehnung

3. Kosmischer Fluchtweg

Der erste Fall entspricht dem Weg, den der ambitionierte Pilot mit seinem Raumschiff im vorhergehenden Unterkapitel eingeschlagen hat. Eine Überschreitung der Planck-Konstanten führt zu einer Überlastung des Raumzeitgefüges, wodurch das betreffende Objekt gewissermassen aus dem Universum extrahiert wird. Das kann man sich mit dem schweren Stein oder Felsbrocken veranschaulichen, der auf die gespannte Alufolie gelegt wird. Die Folie wird überlastet, reisst, der Stein fällt durch die Folie hindurch. Praktisch, das heisst unter Berücksichtigung der Technologie des 21. Jahrhunderts, ist dieser Fluchtversuch allerdings kaum umsetzbar. Um die Planck-Grenzen zu überschreiten, müssten extreme Zustände erreicht werden, die oft nur durch andere extreme Einflüsse herbeigeführt werden können. Der Pilot beispielsweise benötigt eine exorbitante, schier unerschöpfliche Energiequelle, um sein Raumschiff durch die Raumzeit fallen zu lassen. Die notwendigen Voraussetzungen sind etwa in der Vorstellung zu veranschaulichen, dass anstelle des Steins eine ganze Bergkette, beanspruchen wir den Himalaja, auf die Folie gestellt werden müsste, um diese reissen zu lassen. Der Platz wäre wohl relativ knapp, ganz abgesehen von den anderen Umständen, die das Experiment etwas erschweren. Auch der zweite Weg ist nur wenig vielversprechend. Der Rand des Universums wäre selbst bei Lichtgeschwindigkeit nie oder erst in einigen Milliarden Jahren zu erreichen, geschweige denn zu „überholen". Zudem ist es mehr als fraglich, ob es überhaupt eine Art „territoriale Aussengrenze" des Universums gibt. Um in die USA einzureisen, können wir in Mexiko über einen Grenzzaun klettern. Um aus einer Kugel zu entweichen, können wir allerdings unser Leben lang in irgendeine Richtung laufen, wir werden nie am Ziel (der Oberfläche der Kugel) ankommen. Unserem herkömmlichen Verständnis zu Folge sollte es zumindest theoretisch möglich sein, die Ausdehnung des Universums beziehungsweise die äussere Grenze zu überholen, in dem wir uns „einfach" lange genug schneller als die Ausbreitungsgeschwindigkeit des Universums immer in die gleiche Richtung bewegen. Früher oder später müsste man auf diese Weise das äussere Ende erreicht haben. Wenn Karl vor zehn Jahren losgelaufen ist, müsste man ihn mit einem schnellen Sportwagen ja auch früher oder später einholen können. Vorausgesetzt, sein Weg führte ihn nicht über Stock und Stein, sonst ist das einzige, was überholt, unser Vorderrad. Dass unsere Alltagserfahrung in astronomischen Dimensionen aber oftmals versagt, hat bereits Einstein zur Genüge bewiesen. Nach unserer Intuition und der Lehrmeinung Newtons wäre es schliesslich auch problemlos möglich, zumindest auf dem Papier, das Licht einzuholen, in dem wir uns einfach immer schneller bewegen. Die Konstanz der Lichtgeschwindigkeit, ein Postulat der speziellen Relativitätstheorie, hat uns aber gezeigt, dass wir uns nicht auf ein Wettrennen einlassen sollten – ausser wir kennen eine ziemlich gute Abkürzung.

Unser Universum ist höchst wahrscheinlich ein kompliziertes, mehrdimensionales Konstrukt, wovon wir bisher nur drei räumliche Dimensionen erfassen konnten und können. Die Zeitdimension als vierte Dimension entzieht sich genau genommen unserer unmittelbaren Beobachtung. Das Universum ist zwar objektiv gesehen durchaus endlich, für uns dreidimensional veranlagte Wesen jedoch nicht zu bewältigen. Selbst dann nicht, wenn wir mit Lichtgeschwindigkeit und einigen Milliarden Jahren Zeit im Gepäck durch die Raumzeit fliegen könnten. Illustrieren wir uns das Problem mit einem kleinen Beispiel: Eine Ameise spaziert auf der Oberfläche einer Kugel oder einem kreisförmig in sich geschlossenen Gartenschlauch (ähnlich einem Donat). Die Ameise kann sich bewegen, wie sie will. Sie wird niemals an einem Ende angelangen. Aus der Perspektive eines aussenstehenden Beobachters betrachtet ist die Kugel natürlich endlich. Sie hat ein bestimmtes Volumen, eine Masse und eine Oberfläche, die wir mit unserem dreidimensional geschulten Blick problemlos erfassen können. Aus der Perspektive der Ameise geht die Kugelwelt jedoch nie zu Ende, das heisst sie wird nie an einem sichtbaren Ende eintreffen. Sie windet sich bestenfalls im Kreis. Ähnlich, wenn auch komplizierter, könnte es sich mit unserem Universum verhalten. Dort sind wir die unscheinbare, kleine Ameise die ihrer Welt nicht entfliehen kann. Wir haben nur einen sehr beschränkten Blick, der drei Raumdimensionen kennt, und das Universum aus einer lokalen, inneren Perspektive wahrnimmt. Das Universum ist für uns vielleicht ein räumliches Gefängnis, aus dem wir nicht ohne weiteres ausbrechen können. Nicht, weil es keinen Ausweg gibt. Sondern weil es sich dabei möglicherweise um ein multidimensionales und komplexes Gebilde handelt, das wir nicht in seiner ganzen Beschaffenheit wahrnehmen können. Wir befinden uns auf der Innenseite des Gefüges, wie die Ameise im Gartenschlauch oder auf der Kugeloberfläche. Wenn die Ausdehnung des Weltalls aus irgendeinem unerfindlichen Grund eines Tages stillstehen würde, gelangten wir möglicherweise dereinst ans faktische Ende des Universums, an den äusseren Rand. Allerdings existierte dort möglicherweise wie bei der Kugelfläche kein sichtbares Ende. Wir bewegten uns wie die Ameise im Kreis und gelangten früher oder später wieder am Ausgangspunkt an, wenn wir einfach immer weiterfliegen würden. Ganz abgesehen davon, dass wir wohl niemals bis ans Ende des Universums gelangen werden, eignet sich auch diese Variante nicht, um die Raumzeit zu verlassen. Bleibt die letzte Alternative, der kosmische Fluchtweg. Darunter zu verstehen sind astronomische Extremerscheinungen, die irgendwo zwischen „zu unserem Universum" und „zu etwas anderem" gehörig anzusiedeln sind. Dazu zählen beispielsweise Schwarze Löcher oder Wurmlöcher. Rufen wir uns nochmals die Ameise in Erinnerung, so hat diese bloss eine theoretische Fluchtmöglichkeit, um aus ihrem raumgeometrisch bedingten Gefängnis auszubrechen: Sie kann sich einen Durchgang ins Innere oder Äussere der Kugel beziehungsweise des Gartenschlauchs schaffen. Dadurch könnte sie ihren begrenzten Spielraum, die Oberfläche der Kugel (oder allenfalls den Innenraum, je nachdem, wo man die Ameise „platziert"), verlassen und in eine andere, neue Sphäre vordringen. Ähnlich verhält es sich mit den „kosmischen Fluchtwegen", wie sich im Unterkapitel „Schwarze Löcher" zeigen wird. Doch was geschieht, wenn einer der drei Wege tatsächlich zum Ziel führen sollte? Was geschieht, wenn jemand das Universum verlässt? Was verbirgt sich hinter oder um unsere Raumzeit? Gähnende Leere? Ein kosmisches Nichts?

Einer populären Darstellung zu Folge umgibt ein höheres Universum, der so genannte „Hyperraum", die Raumzeit. Der Hyperraum ist um mindestens eine räumliche Dimension[27] erweitert, was auf menschliche Besucher einen ziemlich obskuren Eindruck machen dürfte. Ihr Verstand wäre nämlich nicht ohne weiteres fähig, die vierte Raumdimension zu erfassen (die Zeit ist keine Raumdimension). Ein vierdimensionaler Ball erschiene vielleicht wie eine Scheibe und ein Gleiter einer ausserirdischen Zivilisation wie eine abgehakte, fehlerhafte Polygondarstellung in einem Computerspiel. Die Insassen des „emigrierten" Raumschiffs dürften sich in diesem höheren Universum anfänglich ziemlich irritiert und desorientiert vorkommen. Nicht nur die visuelle Wahrnehmung wäre grundlegend veränderten Prinzipien unterworfen, sondern auch die physikalischen Eigenschaften des Universums dürften auf einer anderen Ebene spielen. Beispielsweise könnte die Lichtgeschwindigkeit im fünfdimensionalen Raum (vier ausgedehnte Raumdimensionen und eine Zeitdimension) durch den zusätzlichen Freiheitsgrad wesentlich höher ausfallen als in unserem Universum. Damit berechneten sich auch die Planck-Konstanten auf andere Grenzwerte, da vier

---

[27] Der fünfdimensionale Hyperraum ist nicht mit der fünfdimensionalen Raumzeit zu verwechseln, die beispielsweise in der Kaluza-Klein-Theorie postuliert wird. Die fünfte Dimension des Hyperraums ist eine zugängliche, makroskopisch ausgedehnte Raumdimension, wie die uns bekannten drei Raumdimensionen (und keine mikroskopisch aufgewickelte Dimension).

Freiheitsgrade vollkommen andere Voraussetzungen schaffen dürften. Der vierte Freiheitsgrad überschreitet natürlich unsere räumliche Vorstellungkraft. Ebenso ist es sich nicht auszumalen, wie hypothetische Lebensformen des Hyperraums beschaffen wären. Vielleicht verfügten diese Wesen über weitaus leistungsfähigere Gehirne, da die Erfassung von vier räumlichen Dimensionen wesentlich anspruchsvoller ist. Das Gehirn des Homo Sapiens vergrösserte sich bereits merklich, als die Sammler und Jäger das Werfen erlernten. Wie überlegen wären uns gar zivilisierte Lebewesen des Hyperraums? Aus Sicht dieser Lebensformen wären wir wohl in einer Welt gefangen, die wir niemals ohne Extremerscheinung oder äussere Hilfe verlassen, geschweige denn in ihrer höher dimensionalen Beschaffenheit erkennen könnten. Pendent zur Ameise, die erst aus oder in die Kugel kommt, sobald sich ein für sie überdimensionaler Tunnel oder ein Loch als Fluchtweg bildet. Die Wege, um ein Tor in diesen Hyperraum zu öffnen, sind auf dem Papier relativ vielfältiger Natur. Wann immer es einem gelingt, die natürlichen Grenzen unserer Raumzeit zu überschreiten, ist eine Flucht aus dem Universum denkbar. Wurmlöcher, Schwarze Löcher, der absolute Nullpunkt oder eben Beschleunigung auf Lichtgeschwindigkeit – die zumindest erdenklichen weltlichen Notausgänge sind vermeintlich zahlreich. Allerdings übersteigt die notwendige Energie in vielen Fällen den Bereich des theoretisch Machbaren. Wie es mit herkömmlichen Triebwerken nicht möglich sein dürfte, jemals auf annähernde Lichtgeschwindigkeit zu beschleunigen, ist auch ein Durchfall durch das Sieb der Raumzeit mit etablierten Methoden kaum zu bewerkstelligen. Um das Universum beziehungsweise die Raumzeit verlassen zu können, ist wohl ein grundlegendes Umdenken unerlässlich. Die Flucht in einen Hyperraum ist mit Hauruck- und Brechstangenmethoden sicherlich nicht realisierbar. Wenn wir aber ein Verständnis entwickeln, welches uns eine objektivere Sicht der Dinge erlaubt, könnten wir nach dem entscheidenden Schlüssel greifen. Ein objektiveres Verständnis der Dinge geht einher mit einer übergeordneten Theorie, die erklärt und versteht, wie es überhaupt zu kosmischen Extremerscheinen kommt. Erst durch diese Erkenntnis erscheint es denkbar, die Tore in ein anderes Universum zu öffnen. Die Ameise bleibt auch nur ein hoffnungsloser Gefangener ihres Raumes, bis sie eine objektivere Perspektive eines aussen stehenden Beobachters einnehmen und ihre Welt auf diesen Erkenntnissen basierend neu beurteilen kann. Die Welt erscheint ihr dann plötzlich nicht mehr ganz so unendlich und sie könnte sich der naiven Vorstellung entledigen, dass ewiges Weiterlaufen in die gleiche Richtung zwangsläufig zum Ziel führt – zur lang ersehnten, anderen Welt. Vielleicht enthält bereits die allgemeine Relativitätstheorie einen Schlüssel zu anderen Universen. Denn noch sind längst nicht alle möglichen Lösungen bekannt, die sich aus dem Formalismus errechnen lassen, und die Lösungen, die wir bereits kennen, ermöglichen Phänomene wie die Einstein-Rosen-Brücke. Einen Tunnel durch Raum und Zeit.

2.2.6 Die Einstein-Rosen-Brücke

Albert Einstein und Nathan Rosen entdeckten im Jahr 1935 eine spezielle Lösung der Feldgleichungen der Allgemeinen Relativitätstheorie: Die Einstein-Rosen-Brücke – eine Verbindung zweier Punkte im Universum durch eine Gravitationsanomalie. Ein Tunnel durch die Raumzeit. Eine Brücke in entlegenste Gebiete des Universums. Eine potentielle Verbindung in Paralleluniversen, den Hyperraum oder weit entfernte Punkte unserer Raumzeit. Diesen Tunnel bezeichnet man gemeinläufig als Wurmloch. Analog zu einem Wurm, der sich durch den Apfel frisst und dadurch den Weg zum anderen Ende der Frucht verkürzt.

Der ambitionierte Pilot des Raumschiffs, der aus der Raumzeit gefallen ist, könnte folglich ein Wurmloch nützen, um innert kürzester Zeit von der Erde in eine andere Galaxie oder ein Paralleluniversum zu gelangen. Ein Wurmloch ist keine Ausgeburt fantastischer Drehbuchautoren oder blühender Fantasie, sondern ein kosmisches Gebilde, das sich aus der Allgemeinen Relativitätstheorie ergibt. Wurmlöcher sind so realistisch wie die Gravitation, die uns jeden Tag auf der Erde hält. Ein Wurmloch ist eine tunnelartige Verbindung zweier Universen oder entfernter Raumzeitgebiete. Ich betone hierbei bewusst, dass es sich um einen Tunnel in der Raumzeit, und nicht nur im Raum, handelt. Da die drei Raumdimensionen untrennbar mit der Dimension der Zeit verwoben sind, ist jede Bewegung im Raum auch mit einer Bewegung in der Zeit verbunden. Abhängig davon, welcher Geometrie unser Universum zu Grunde liegt beziehungsweise wie unser Universum von „aussen" betrachtet aussieht, kann ein Wurmloch auch ein Tunnel durch die Zeit bedeuten.

Bisher haben wir nur eine ungefähre Vorstellung von der Struktur des Universums. Wir wissen daher nicht, welche Auswirkungen eine Einstein-Rosen-Brücke auf den Lauf der Zeit hat und ob es damit möglich ist, sich unmittelbar in der Zeit zu bewegen. Es ist denkbar, Wurmlöcher auf der Erde zu erzeugen. Dadurch könnten Raumschiffe innert kürzester Zeit in weit entfernte und bisher unzugängliche Gebiete des Universums vorstossen. Oder gar in andere Universen, wie den Hyperraum. Wurmlöcher könnten kosmische Fluchtwege sein. Eine Verbindung zweier Universen oder Raumzeitgebiete durch eine Einstein-Rosen-Brücke entsteht allerdings nicht aus dem Nichts heraus. Damit ein stabiles Wurmloch aufgebaut werden kann, ist der theoretischen Physik zu Folge exotische Materie notwendig.

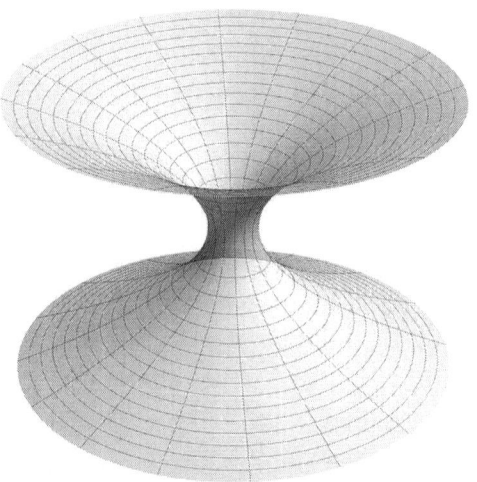

Abbildung 4   Ein Wurmloch in der Raumzeit

Doch was ist diese exotische Materie? Exotische Materie besteht nicht aus gewöhnlichen Atomen und Elementarteilchen. Folglich gelten prinzipiell auch die dunkle Materie und dunkle Energie aufgrund ihrer unbekannten Eigenschaften als exotisch. Dunkle Materie und Dunkle Energie werden als Erklärung für kosmische Phänomene beansprucht, die selbst mit der Allgemeinen Relativitätstheorie nicht zufriedenstellend erklärt werden können. Das Universum soll demnach bis zu 95 Prozent mit dunkler Energie und dunkler Materie ausgefüllt sein. Der Baustoff zu Wurmlöchern muss aber wohl anderswo zu suchen sein, ansonsten wäre unser Weltall gespickt mit Einstein-Rosen-Brücken. Die Astronauten der Apollo-Missionen wären in diesem Fall womöglich nicht auf dem

Mond gelandet, sondern in einer weit entfernten Galaxie in einer möglicherweise weit entfernten Zeit. Bei der exotischen Materie könnte es sich aber auch um Materie mit negativer Energiedichte handeln, wie diese zur Erzeugung von Antigravitation benötigt werden würde. Die Existenz einer solchen Materie konnte experimentell bisher allerdings nicht belegt werden.

Ob die Einstein-Rosen-Brücken in einigen Jahrzehnten oder Jahrhunderten die Reisen zu anderen Sonnensystemen und Galaxien ermöglichen, ist heute noch nicht absehbar. Einige Forscher schätzen den Bedarf an exotischer Materie auf die Masse des Planeten Jupiter, um ein stabiles Wurmloch mit einem Meter Durchmesser zu erzeugen. Jupiter ist ungefähr 318 Mal schwerer als die Erde oder rund 2,5 Mal so schwer wie alle übrigen Planeten des Sonnensystems zusammen. Andere Schätzungen sind genügsamer und vermuten bereits kleine Mengen exotischer Materie als durchaus ausreichend, um das Tor zu intergalaktischen Reisen zu öffnen. Niemand kann aber sagen, wohin eine Einstein-Rosen-Brücke in der Raumzeit führt und ob eine Rückkehr überhaupt jemals möglich ist. Klar ist nur, dass ein Wurmloch rein prinzipiell intergalaktische Reisen erlaubt und damit eine der einzigen bekannten Optionen darstellt, um in kürzester Zeit zu anderen Galaxien zu gelangen. Ein Wurmloch könnte den Piloten mit seinem Raumschiff in wenigen Augenblicken vom Mond direkt ins Zentrum der Milchstrasse befördern – was zwar nicht unbedingt empfehlenswert ist, da dort ein Schwarzes Loch vermutet wird. In wenigen Sekunden könnte der Pilot durch dieses Wurmloch somit eine Distanz zur Erde von rund 27'000 Lichtjahren zurücklegen. Eine krasse Verletzung der Naturgesetze? Keineswegs. Der Pilot überschreitet die Lichtgeschwindigkeit als in unserer Raumzeit zugelassene Höchstgeschwindigkeit nämlich nicht. Ein Wurmloch stellt eine Art Abkürzung dar, die zwei allenfalls sehr weit entfernte Gebiete der Raumzeit miteinander verbindet. Der Wurm braucht auch nicht über die Oberfläche des Apfels zu kriechen, um auf die andere Seite zu gelangen. Er kann sich einfach durchfressen und den Weg dadurch abkürzen. Die Distanz zwischen Mond und dem Mittelpunkt der Milchstrasse verkürzt sich entsprechend auf die „Länge" des Wurmlochs. Dass solche Abkürzungen möglich sind, könnte auch eine höher dimensionale Struktur der Raumzeit zurückzuführen sein. In jedem Fall bewegt sich der Pilot aber nicht mit Überlichtgeschwindigkeit, sondern verkürzt einfach den Reiseweg. Die Einstein-Rosen-Brücke hat übrigens letzthin Feuerschutz erhalten von der Stringtheorie, einem der aussichtsreichsten Kandidaten für die Weltformel. Dort wurde gezeigt, dass Risse in der Raumzeit möglich sind. Diese Risse führen aber nicht zur Katastrophe, in dem Materie aus der Raumzeit entweicht, sondern die Raumzeit heilt den Riss durch eine neue Verknüpfung. Dadurch entsteht möglicherweise ein vernetztes und „wild" strukturiertes Universum – etwa wie die Verknüpfungen in unserem Gehirn. Das würde bedeuten, dass unsere lokale Wahrnehmung des konsistenten, flachen Universums falsch ist. Es könnte viel mehr durchzogen sein von zufällig entstandenen Einstein-Rosen-Brücken, die Gebiete der Raumzeit verbinden. Das wiederum wirft einige wichtige Fragen für die Glaubwürdigkeit astronomischer Beobachtungen und Berechnungen auf. Wie können wir beispielsweise das Alter des Universums oder die Entfernung von Sternen und Galaxien einigermassen genau bestimmen, wenn das Licht dieser Himmelsgestirne möglicherweise durch ein Wurmloch getunnelt ist? Falls das Universum gespickt ist mit Einstein-Rosen-Brücken, könnte unsere Wahrnehmung des Kosmos komplett verfälscht worden sein. Und

118

damit das Bild, das wir vom Universum haben.

Noch haben wir aber kein Wurmloch entdeckt. Vielleicht sollten wir uns auf die Suche nach Indizien konzentrieren, da Wurmlöcher im Gegensatz zu populären Aufarbeitungen in Science-Fiction Filmen wahrscheinlich nicht direkt sichtbar sind. Es handelt sich dabei ja nicht um einen Himmelskörper wie einen Stern, der Licht ausstrahlt, sondern um eine Verknüpfung verschiedener Raumzeitgebiete, die Entfernungen verkürzen, ähnlich wie ein Autobahntunnel durch einen Berg, wodurch einem der Umweg über die kurvige Passstrasse erspart bleibt. Neben der Physik spricht auch ein philosophisches Argument für die Existenz von Wurmlöchern. Weshalb sollte ein Universum aus Milliarden von Sternen und Galaxien bestehen, die aber nie von einer Zivilisation erreicht werden können? Wenn die Existenz des Menschen mit einem bestimmten Sinn verbunden ist, und nicht auf einem extremen Zufall gründet, müsste dann nicht auch die Existenz der Natur einen Sinn ergeben? Mit Wurmlöchern wird es uns prinzipiell ermöglicht, auch wenn wir noch nicht über das technische Wissen verfügen, in diese Gebiete des Universums vorzustossen. Mit herkömmlichen Brennstoff- oder Nuklearantrieben wäre dieses Vorhaben aufgrund der unvorstellbaren Entfernungen vom Vornerein zum Scheitern verurteilt. Das nächste Sternensystem „Alpha Centauri" ist ungefähr 4,3 Lichtjahre von der Erde entfernt. Die Milchstrasse, „unsere" Galaxie, hat einen Durchmesser von geschätzten 100'000 Lichtjahren. Bis zur nächstgelegenen Galaxie „Andromeda" sind es sogar rund 2,4 Millionen Lichtjahre. Das Licht der Sterne aus der Andromeda-Galaxie ist 2,4 Millionen Jahre unterwegs, bevor es auf der Erde eintrifft[28]. Insofern blicken wir 2,4 Millionen Jahre in die

---

[28] Ausser es wäre durch eine Einstein-Rosen-Brücke getunnelt…

Vergangenheit, wenn wir unser Teleskop auf diese Galaxie richten. Da wir bisher kein Wurmloch „gebaut" oder bereist haben, wissen wir natürlich nicht, ob Menschen diese kosmischen Abkürzungen überhaupt nutzen könnten. Es gibt Theorien, wonach die Einstein-Rosen-Brücken nur in mikroskopischer Form existieren und damit für Menschen unzugänglich sind. Es wird sich zeigen, welche Theorien der Wirklichkeit entsprechen.

Falls Wurmlöcher im Universum häufiger vorkommen sollten als angenommen, würde sich daraus möglicherweise ein Ansatz ergeben, um einige der kosmischen Rätsel zu lösen, die uns heute beschäftigen. Gewisse bisher unerklärte Phänomene wie die dunkle Energie könnten allenfalls auf Beobachtungsfehler zurückzuführen sein, die durch bisher unbekannte Abkürzungen in der Raumzeit entstehen, welche von Licht und Materie beschritten werden. Es ist nicht absehbar, was es für unser Weltbild und die Astronomie bedeuten würde, sollte sich dereinst herausstellen, dass unser Universum gespickt ist mit Einstein-Rosen-Brücken. Auch wenn wir nicht wissen, ob die Natur geschaffen worden ist, damit wir Menschen sie entdecken können, so können wir ziemlich sicher sein, dass Wurmlöcher und Raumzeitanomalien jeglicher Art die einzige absehbare Möglichkeit sind, in annehmbarer Zeit kosmische Entfernungen zu überwinden. Und damit tiefer einzutauchen in die wunderbare Welt des Universums, der Natur.

2.2.7 Zeitreisen und die vierte Dimension

Seit die Menschen den Höhlen, Keulen und Faustkeilen abgeschworen haben, zieht der faszinierende Gedanke der Zeitreise durch die Gesellschaft. Manch einer träumte schon von einer gutbürgerlichen Ansprüchen genügenden Zeitmaschine, um seinem Lottoglück oder der geplatzten Liebe etwas auf die Sprünge zu helfen. Seit den ersten Hochkulturen, und vielleicht noch weit darüber hinaus, beschäftigte sich die Menschheit mit dem Wesen der Zeit. Würde es jemals möglich sein, in die Zukunft oder Vergangenheit vorzudringen, die Geschichte der Menschheit zu manipulieren oder gar ein Zeitparadoxon mit unabsehbaren Konsequenzen zu provozieren?

Spätestens seit Einstein ist klar, dass die Zeit keine willkürliche Ausgeburt der Menschheit ist, nur um Ordnung und Struktur in den Alltag zu bringen. Die Zeit ist eine Erfindung und Eigenheit der Natur. Die Zeit ist die vierte Dimension. In diesem Kapitel wollen wir die Möglichkeiten diskutieren, die uns die allgemeine Relativitätstheorie in ihrem Formalismus bietet, um uns in der Zeit zu bewegen. Möglichkeiten zur Zeitreise, die nicht irgendwelchen Science-Fiction Romanen entspringen, sondern in der modernen Physik und damit in der Natur zu finden sind. Die Relativitätstheorie zerstört die linearen Ansichten Newtons. Die Zeit ist keine Absolute mehr, die für jeden jedermann gleichermassen vergeht. Eine Sekunde auf der Sonne dauert länger als auf der Erde. Die Zeit ist relativ und massgeblich beeinflusst durch Beschleunigung, Geschwindigkeit und Gravitationsfelder. Das gilt für Elementarteilchen ebenso wie für Raumschiffe oder Planeten. Ein Mensch, der sein Leben lang mit dem Motorrad den kalifornischen Highway 1 auf und ab fährt, dürfte den lebensverlängernden Effekt kaum bemerken. Zwar vergeht die Zeit für ihn tatsächlich langsamer aufgrund seiner Geschwindigkeit und dem Gravitationsfeld, das am Pazifik stärker ist als im Hochgebirge. Die Geschwindigkeit ist im Vergleich zur Lichtgeschwindigkeit aber derart klein, dass sie eine

Zeitdehnung von einigen Sekundenbruchteilen bewirkt – auf ein ganzes Leben gerechnet. Gleiches gilt für die gravitative Zeitdilatation. Wenn wir allerdings von der kalifornischen Küste zu den Experimenten in Teilchenbeschleunigern wechseln, bestätigen sich die Vorhersagen der allgemeinen Relativitätstheorie auf beeindruckende Art und Weise. Denn hier können Teilchen auf Geschwindigkeiten gebracht werden, bei denen die Zeitdilatation sehr wohl sichtbar wird. Die Lebenserwartung eines Elementarteilchens mit dem Namen „Myon" beispielsweise verzehnfacht sich bei der Beschleunigung auf annähernde Lichtgeschwindigkeit. Dieser Effekt ist auf die enorme Geschwindigkeit und die daraus resultierenden relativistischen Phänomene zurückzuführen. Die Zeitdilatation kann aber nicht nur in Teilchenbeschleunigern beobachtet werden, sondern auch in der kosmischen Strahlung, die in rund zehn Kilometern Höhe ständig auf die oberen Schichten der Erdatmosphäre trifft. Dabei entstehen Myonen, die mit annähernder Lichtgeschwindigkeit auf die Erde zufliegen und dort detektiert werden können. Unbewegte Myonen zerfallen innerhalb von rund zwei Mikrosekunden und schaffen es nach klassischer Vorstellung damit nur ungefähr 600 Meter weit. Sie dürften die Erdoberfläche gar nicht erreichen. Dass sie auf der Erde dennoch detektiert werden können, ist auf die Zeitdilatation und Längenkontraktion zurückzuführen, also auf die relativistischen Effekte, die wir aus der Relativitätstheorie kennen. Präzise Messungen belegen denn auch, dass sehr schnelle Myonen erst nach rund 13 Mikrosekunden zerfallen, rund sechsfach langsamer. Ein eindrücklicher Beweis für die Korrektheit der Relativitätstheorie. Wenn es möglich ist, Myonen in Teilchenbeschleunigern gewissermassen in die eigene Zukunft zu befördern, müsste es dann nicht auch möglich sein, Zeitreisen für Menschen zugänglich zu machen? Was passiert, wenn ein Raumschiff mit fast Lichtgeschwindigkeit durch das Universum fliegt? Für die Astronauten dürfte in diesem Fall praktisch keine Zeit mehr vergehen und sie sollten folglich nicht altern. Ist ein lichtschnelles Raumschiff ein Unendlichkeitsserum? Die Vermutung ist durchaus richtig. Bewegt sich ein Raumschiff mit Lichtgeschwindigkeit, steht für das Raumschiff die Zeit still. Allerdings wissen wir aus der speziellen Relativitätstheorie, dass keine Masse die Lichtgeschwindigkeit erreichen kann, da dazu unendlich viel Energie notwendig wäre. Die Insassen würden aber tatsächlich nicht mehr altern. Alle Uhren und Prozesse an Bord stillstehen. Es wäre aber vermessen anzunehmen, die Astronauten würde in einem lichtschnellen Raumschiff ein unendliches Leben im alltäglichen Sinn erwarten. Viel mehr führt dieses Unterfangen die Astronauten in die Zukunft. Allenfalls sogar sehr weit, je nachdem, wie lange das Raumschiff seine Geschwindigkeit beibehält. Allerdings hat die Sache einen kleinen, aber feinen Haken. Die Handlungsfreiheit ist nämlich im gleichen Masse eingeschränkt wie der Lauf der Zeit. Wenn sich ein Astronaut am Kopf kratzen will, braucht er unendlich lange, um auch nur seinen Finger zu bewegen. Genau genommen könnte er nicht einmal den Gedanken ersinnen, sich am Kopf kratzen zu wollen, da auch die Übertragung der Gehirnströme unendlich lange dauern würde. Zeitstillstand heisst auch Ereignisstillstand. Die Astronauten altern zwar nicht, dafür ist ihre Handlungsfreiheit auf null eingeschränkt. Wenn die Zeit still steht, wie beispielsweise am Ereignishorizont eines Schwarzen Lochs, braucht jede Tätigkeit unendlich lange, um ausgeführt zu werden. Das gilt natürlich nicht nur für Menschen und Uhren, sondern für alle Geräte und jeden Prozess überhaupt innerhalb des Raumschiffs. Sobald das Raumschiff mit Lichtgeschwindigkeit fliegt, könnte es nie wieder aus eigenem Antrieb gestoppt werden. Weder durch einen Computer noch durch eine manuelle

Steuerung, da jede dieser Handlungen unendlich viel Zeit in Anspruch nehmen und dadurch nie ausgeführt werden würde.

Nun gut. Da ohnehin keine Materie auf Lichtgeschwindigkeit beschleunigt werden kann, konzentrieren wir uns auf die Frage, welche praktischen Konsequenzen es für unsere Astronauten hat, wenn wir das Raumschiff mit fast Lichtgeschwindigkeit bewegen. Also fast, aber nicht ganz mit Lichtgeschwindigkeit. In diesem Fall vergeht die Zeit an Bord relativ langsam, steht aber nicht still. Die Astronauten altern, aber wesentlich langsamer als wir, die auf der Erde der Dinge harren, die da kommen mögen.

Um herauszufinden, ob ein Raumschiff eine geeignete Zeitmaschine ist, um Menschen in die Zukunft zu befördern, plant die Weltraumbehörde eine Mission, mit der diese Frage beantwortet werden soll. Astronaut Peter ist beim Training im Ausbildungscamp stets tüchtig und liest an jedem Tag genau ein Sachbuch über Biologie, Chemie, Physik oder Zauberlehrlinge. Wenn er zu fernen Sternen reist, will er auch etwas über die Beschaffenheit der Natur wissen und damit seine Entdeckungen besser verstehen können. Oder so ähnlich. Aus irgendeinem guten Grund hat er auf jeden Fall jeden Tag genau ein Buch gelesen und damit in den 200 Tagen seiner Ausbildung genau 200 Werke mehr oder weniger geistig hochstehender Literatur verarbeitet. Nun sitzt Peter im Raumschiff und fliegt mit fast Lichtgeschwindigkeit durch das Weltall auf der Suche nach fernen Galaxien, Sternen und Planeten. Bevor das Raumschiff zu seiner Mission gestartet ist, hat Peter einige Versuchseinrichtungen und Instrumente aus dem Laderaum geworfen und durch eine Ladung Bücher ersetzt, damit ihm auf der langen Reise nicht langweilig wird. Mission Control hat daraufhin seine Bücher rausgeworfen und durch ein E-Book ersetzt. In Zeiten, da Raumschiffe zu anderen Sternen reisen, sollte man den wertvollen Platz nicht mit schweren Büchern verschwenden. Das Raumschiff startet und fliegt mit hohem Tempo von dannen, so dass die Zeit für das Raumschiff zehnfach langsamer vergeht als auf der Erde. Wenn Peter auf seiner Uhr abliest, dass er vier Jahre gereist ist, sind auf Mutter Erde vierzig Jahre vergangen. Wie viele Bücher kann Peter folglich in den ersten 200 Tagen seiner Reise im Raumschiff lesen?

Damit wir diese Frage beantworten können, müssen wir festlegen, aus welcher Perspektive wir die Tage berechnen. Wenn nämlich 200 Tage auf der Erde vergangen sind, wird er nicht 200 Bücher, sondern erst 20 Bücher gelesen haben. Wenn 200 Tage aus Sicht von Peter ins Land gezogen sind, wird er 200 Bücher gelesen haben, auf der Erde werden aber derweilen schon 2000 Tage beziehungsweise über fünf Jahre vergangen sein. Obwohl für Peter die Zeit im Raumschiff wesentlich langsamer vergeht, kann er in derselben Zeit nicht mehr Bücher lesen als damals im Ausbildungszentrum. Dieser obskure Umstand hängt damit zusammen, dass alle Vorgänge im Raumschiff von der Zeitdilatation betroffen sind. Alles, was im Raumschiff passiert, spielt sich in Zeitlupe ab[29].Einerseits altert Peter langsamer und steigert seine Lebenserwartung dadurch von achtzig auf achthundert Jahre. Andererseits benötigt er entsprechend zehn Tage anstatt nur einen Tag, um ein einziges Buch zu lesen. Er lebt aus Sicht der Erdmenschen länger, kann in dieser Zeit aber nicht mehr Dinge verrichten als ein gewöhnlicher Mensch auf der Erde. Das Raumschiff ist aber durchaus eine Zeitmaschine in die ferne Zukunft.

---

[29] Soweit nicht anders geschrieben, sind die Aussagen jeweils aus der Perspektive eines (vereinfacht) ruhenden Betrachters zu verstehen, zum Beispiel aus der Perspektive der Raumfahrtbehörde auf der Erde.

Eines schönen Sternentages will Peter der eintönigen Einsamkeit im Raumschiff abschwören und entschliesst, zur Erde zurückzukehren, um im Kreis seiner Familie und Freunde seinen Lebensabend zu verbringen. Schliesslich ist er mittlerweile ziemlich alt geworden. Er kehrt um und fliegt mit voller Kraft zurück in seine Heimat. Auf der Erde angekommen ist Peter irritiert, was sich da alles verändert hat. Die Ozeane sind bevölkert, im Orbit tummeln sich fliegende Städte, die Kontinente haben sich verschoben, Küsten sind nicht wieder zu erkennen und auf Grönland herrscht karibisches Flair. Als er sein Raumschiff landet, rückt eine Armee von Archäologen und Historikern an, um dieses kolossale Werk alter Ingenieurskunst zu bestaunen. Ein Tourist vermutet eine aufwändige Konstruktion für den Karneval. Ein anderer hält Peter für einen Grufti, der in den guten alten Zeiten schwelgt, die man nur noch aus dem melancholischen Nachhall der Geschichte kennt. Was ist passiert? Gemäss seinem Logbuch ist Peter im Jahr 2050 zu seiner Mission aufgebrochen und anschliessend fünfzig Jahre durch den Kosmos geflogen. Er hat dabei verschiedene Sterne und Planeten besucht. Da für das schnelle Raumschiff die Zeit aber langsamer geht, sind auf der Erde bereits fünfhundert Jahre vergangen, währenddessen Peters Kalender das Jahr 2100 anzeigt. Tatsächlich herrscht auf der Erde aber das Jahr 2550. Während Peter um fünfzig Jahre gealtert ist, ist er 450 Jahre in die Zukunft gereist. Er hat die Zeitdilatation gewissermassen als Zeitmaschine genutzt, um in eine Zukunft vorzustossen, die er auf der Erde unmöglich hätte erleben können.

Peters Geschichte ist ein gutes Beispiel um die Bedeutung der Relativitätstheorie aufzuzeigen. Für die Erdmenschen lebt Peter in seinem Raumschiff in Zeitlupe. Für Peter leben die Erdmenschen im

Zeitraffer, scheinen sich dementsprechend viel schneller zu bewegen. Das ist zumindest der Effekt der gravitativen Zeitdilatation, die bei der Beschleunigung auftritt. Für die genau gleiche Handlung wie seinesgleichen auf der Erde braucht Peter zehn Mal länger. Umgekehrt hätte Peter den Eindruck, die Menschheit bewege sich zehn Mal schneller als gewöhnlich[30].

Mein lieber Herr Gesangsverein. Wie können Sie, werter Autor, im Kapitel zur speziellen Relativitätstheorie behaupten, dass die Wahrnehmung des Zeiteffekts jeweils vom Betrachter abhängt, und gleichzeitig behaupten, dass sich damit eine Zeitmaschine bauen lässt? Aus Sicht der Erdmenschen ist es Astronaut Peter, der in Zeitlupe lebt, während Peter die Sachlage gerade umgekehrt sieht, sich die Erdmenschen also in Zeitlupe bewegen. Wie ist es dann möglich, dass Peter zur Erde zurückkehrt und langsamer gealtert ist als die Erdmenschen? Beide Bezugssysteme sind doch gleichberechtigt? Müssten die Erdmenschen aus Ihrer Sicht nicht langsamer gealtert sein?

Dieser scheinbare Widerspruch ist bekannt als „Zwillingsparadoxon". Hans und Peter sind Zwillinge. Hans bleibt auf der Erde, währenddessen Peter mit einem sehr schnellen Raumschiff zu einem Stern fliegt und wieder zurück zum Heimatplaneten. Zu Hause angekommen stellt Peter fest, dass Hans um 50 Jahre gealtert ist, während Peter nur 10 Jahre älter geworden ist. Müsste aus der Sicht von Hans die Situation nicht gerade umgekehrt sein, und Peter

---

[30] Der Faktor 10 ist hier als Beispielwert zu verstehen. Abhängig von den exakten Umständen kann dieser Wert tiefer oder auch wesentlich höher ausfallen. Desto näher das Raumschiff der Lichtgeschwindigkeit kommt, desto stärker wird die Zeitdilatation und desto weiter kann Peter in seinem Leben prinzipiell in die Zukunft der Erde vorstossen.

50 Jahre gealtert sein, währenddessen für ihn nur 10 Jahre vergangen sind?

Grundsätzlich ist dieser Einwand natürlich berechtigt. Das Relativitätsprinzip in der speziellen Relativitätstheorie besagt ja, dass alle Bezugssysteme gleichberechtigt sind. Demnach haben Hans und Peter mit ihrer Beobachtung, dass sich der jeweils andere in Zeitlupe bewegt, natürlich Recht. Wie ist es dann aber zu erklären, dass Peter im Raumschiff langsamer gealtert ist als Hans?

Tatsächlich sind die Zeiteffekte nur so lange austauschbar, wie es sich bei der Bewegung um geradlinige und gleichmässige Bewegungen handelt. Denn nur dann sind die Bezugssysteme gleichberechtigt und lassen sich nicht von ruhenden Systemen unterscheiden. Des Rätsels Lösung verbirgt sich im Detail. Die Bewegung muss nämlich auch geradlinig sein. Sobald Peter aber beim Stern angelangt und zur Erde zurückkehrt, muss er sein Raumschiff wenden. Dadurch ist die Bewegung nicht mehr geradlinig, weshalb die Zeiteffekte nicht mehr austauschbar sind. Die Zeitdilatation ist alsbald nicht mehr vom Standpunkt abhängig, sondern entfaltet eine effektive Wirkung, über die sich beide Betrachter einig werden: Peter ist fünfzig Jahre gealtert, Hans aber nur zehn Jahre. Die gravitative Zeitdilation, also die Zeitdehnung, die bei Beschleunigungen und in Gravitationsfeldern auftritt, hat (wie im Kapitel zur allgemeinen Relativitätstheorie ausgeführt) immer eine effektive Wirkung, über die sich die Betrachter einig werden.

Das Zwillingsparadoxon ist ergo nur ein scheinbarer Widerspruch. Die gewonnen Erkenntnisse über die relativistischen Zeiteffekte ermöglichen gegenwärtig zwar keine konstruierbaren Zeitmaschinen. Dennoch. In ferner Zukunft, wenn es einmal möglich werden sollte, Menschen auf annähernde Lichtgeschwindigkeit zu beschleunigen, könnte das Phänomen der Zeitdilatation als eine Art passive Zeitreise benutzt werden. Man könnte ein Raumschiff mit aktiviertem Autopiloten zu einem fernen Stern fliegen lassen. Der Alterungsprozess der menschlichen Insassen würde durch die Zeitdilatation extrem verlangsamt. Nach einigen tausend Erdjahren wäre das angepeilte Ziel erreicht und man könnte die künstliche Altershemmmaschine zum Stillstand bringen. Grundsätzlich sind natürlich auch der Autopilot und die Bordtechnik von der Zeitdilatation betroffen. Das kann fatale Folgen haben. Durch die Zeitdilatation vergeht die Zeit im Raumschiff so langsam, dass ein nahendes Hindernis erst erkannt würde, wenn man es bereits gerammt hätte. Die Reise müsste daher vor dem Start komplett geplant und abgestimmt werden. Der Autopilot müsste so programmiert sein, dass er unter Berücksichtigung der kompletten Zeitdilatation die verschiedenen Manöver frühzeitig einleitet - damit wenigstens den bekannten Hindernissen und Planeten ausgewichen wird. Die Astronauten wären beim Erreichen des Ziels einige tausend Erdenjahre gereist und kaum gealtert, währenddessen auf der Erde ganze Generationen vergangen sind. Die Weltraumorganisation, die das Raumschiff einst auf seine lange Reise schickte, würde womöglich gar nicht mehr existieren. Die Astronauten wären aber immer noch junge Burschen, die einige tausend Jahre der Menschheitsgeschichte im Fluge hinter sich gebracht haben.

Neben dieser eher passiven und aufwändigen Form der Zeitreise, die nur eine Richtung kennt und sich daher nicht umkehren lässt, könnte es theoretisch möglich sein, sich frei in der Zeit zu bewegen. Sowohl in die Zukunft als auch in die Vergangenheit. Zumindest weisen mathematische Lösungen der allgemeinen Relativitätstheorie darauf hin. Da die Zeit eine physikalische Dimension ist und mit dem Raum ein untrennbares Gefüge bildet, könnte sie auch in irgendeiner Form begehbar oder manipulierbar sein. Das Hauptproblem dabei besteht in der Frage, wie mit der Zeitdimension interagiert werden kann. Eine Bewegung in der Zeit bedeutet ja auch immer eine Bewegung im Raum, da Raum und Zeit in der Raumzeit untrennbar miteinander verbunden sind. Dabei stellen sich einige grundlegende Fragen, die vordergründig zu beantworten sind. Was ist die Zeitdimension überhaupt? Wie kann man sie beeinflussen, begehen und manipulieren? Wie erhalten wir Zugriff auf die Eigenschaften und die Charakteristik dieser sinnesfremden Dimension? Wir stehen augenscheinlich vor einem ähnlichen Dilemma wie die Ameise in der Kugel. Wenn wir uns im dreidimensionalen Raum von A nach B bewegen wollen, können wir dies mitunter zu Fuss tun, in dem wir in die gewünschte Richtung laufen, insofern uns nicht gerade ein Berg in die Quere kommt. Wie kann man sich aber in einer Dimension bewegen, die man weder sehen, fühlen, schmecken, hören, tasten noch überhaupt mit den Sinnen effektiv erfassen kann? Eine Dimension, die keine räumliche Ausdehnung kennt, die auf einer ganz anderen Ebene der Wahrnehmung beruht. Und überhaupt. Welche Auswirkungen und unabsehbaren Folgen hat eine Reise in die Zukunft oder Vergangenheit auf die Geschichte? Was ist überhaupt Realität? Was ist Gegenwart? Und wie können wir der vierten Dimension wieder entkommen?

Die Einteilung in Gegenwart, Vergangenheit und Zukunft ist nichts als eine beobachterabhängige Beurteilung der Zeit. Es ist alles eine Frage der Perspektive. Die alten Ägypter verfechten bestimmt mit bestem Wissen und Gewissen ihre Gegenwart als die wahre Realität, auch wenn ein zwielichtiger Besucher aus der fernen Zukunft in einem Zeittunnel anrückt. Ebenso ist sich Attila, der Hunnenkönig, sicher, seine Feldzüge im Hier und Jetzt zu führen und nicht in irgendeiner historisch aufgearbeiteten Vergangenheit. Gleichermassen fühlen sich die Hintermänner des Zeittouristen in ihrer Gegenwart daheim und betrachten die legendären Eroberungen oder den Bau der Pyramiden als Vergangenheit. Die Kernfrage hierbei ist, ob der Gegenwartsmoment abhängig ist vom Betrachter oder ob es eine absolute Gegenwart gibt als einziger Zeitmoment, in dem Geschichte geschrieben wird. Ist es möglich, die Ägypter beim Bau der Pyramide zu beobachten, obwohl diese Zeit längst vergangen ist? Was aber passiert, wenn ein eigentlich unmöglicher Fall eintritt? Wenn eine Konsequenz ihre eigene Ursache verhindert? Ein Ereignis, das nicht mit der zeitlichen Logik und dem Prinzip der Kausalität vereinbar ist? Wie reagiert die Natur, wenn ein Zeitreisender unsere Technologien einer Zivilisation überbringt, die 5000 Jahre vor Christus gelebt hat? Was, wenn er dabei oder dadurch jemanden aus seinem eigenen Stammbaum umbringt und somit nie geboren wird? Kennt die Geschichte einen Mechanismus, um sich selbstständig zu korrigieren? Würde andernfalls nicht bereits eine Zeitreise genügen, um die gesamte historische Entwicklung aus den Fugen zu werfen? Besagt andererseits nicht zuletzt die Chaostheorie, dass der Flügelschlag eines einzelnen Schmetterlings einen Tornado auslösen kann? Führt eine logisch unverträgliche Modifikation der Zeit zur Bildung eines Paralleluniversums, einer Art Kopie unserer Existenz, in der die Geschichte unter Berücksichtigung der fatalen Eingriffe in die Zeit weiterläuft? Ist die Gegenwart nicht das absolute Bezugssystem schlechthin, der einzige universelle Moment auf der Linie der Zeit, in dem etwas geschehen kann, das nicht bereits vergangen oder erst zukünftig ist? Ist der

Verlauf der Zeit zwar relativ zum Betrachter, nicht aber der Gegenwartsmoment an sich? Kann es nur die eine Gegenwart geben, den Moment, in dem Sie diese Zeilen lesen, oder ist es denkbar, dass die Gegenwart auch nur eine Sichtweise eines bestimmten Bezugssystems darstellt?

Kausalität ist eines der grundlegenden Prinzipien der allgemeinen Relativitätstheorie und der Wissenschaft überhaupt. Sie besagt, dass die Ursache immer vor der Wirkung eintritt, da sich die Information nur mit Lichtgeschwindigkeit ausbreiten kann. Die Wirkung hat stets nach der Ursache zu erfolgen. Wäre es hingegen möglich, eine Rakete mit Überlichtgeschwindigkeit abzufeuern, würde das Ziel in Schutt und Asche liegen, bevor die Rakete überhaupt abgeschossen worden wäre. Zumindest aus unserer Erfahrung wissen wir, dass eine Wirkung ihre eigene Ursache nicht überholen kann. Die Natur verhindert solche Kausalitätsprobleme, in dem sie keine Information schneller als das Licht werden lässt. Ob es sich dabei um ein fundamentales Prinzip handelt, können wir bis heute nicht mit Sicherheit sagen. Denn wie uns Quantenphysik und Relativitätstheorie gelehrt haben, können sich auch intuitive und selbstverständliche Annahmen beim genaueren Hinsehen als falsch erweisen. Wagen wir daher das Gedankenexperiment und stellen wir uns der Frage, was denn geschieht, wenn jemand in die Vergangenheit gerät? Und ist es überhaupt möglich, in einer anderen Zeit als unserer Gegenwart zu leben?

Eigentlich wissen wir bisher recht wenig über die Beschaffenheit der Zeit. Vielleicht sind Vergangenheit, Zukunft und Gegenwart fiktive, vom Menschen geschaffene Zustände, um eine gewisse Struktur und Ordnung in unsere Erlebnisse und Erwartungen zu bringen. Aus der Vergangenheit erinnern wir uns an Erlebtes, an die Zukunft stellen wir Erwartungen und Pläne. Die naturwissenschaftliche Zeit als vierte Dimension kennt unter Umständen aber keinen Unterschied zwischen dem, was gewesen ist, und dem, was noch sein wird, da diese Definitionen von der jeweiligen Perspektive abhängen könnten. So wie die drei Raumdimensionen und ihre Freiheitsgrade stets gleichzeitig existieren – es gibt bisher keine Hinweise, dass sich die Anzahl der Raumdimensionen auf irgendeine Art und Weise lokal reduzieren lässt – treten womöglich auch Vergangenheit, Gegenwart und Zukunft immer verbunden auf. Vergangenheit, Gegenwart und Zukunft liegen demnach nicht auf einer festen Zeitlinie, die nur in eine Richtung führt, sondern überlagern sich ständig und finden daher gleichzeitig statt. Etwa so, wie sie jederzeit nach links oder rechts, nach oben oder unten, nach vorne oder hinten gehen können, da diese räumlichen Ausprägungen immer und überall in der Raumzeit existieren. Unter Berücksichtigung dieser auf den ersten Blick widersprüchlichen Theorie lassen sich aber einige scheinbare Paradoxa aus der Welt schaffen. Vorausgesetzt, wir gehen von einer Welt aus, in der Zeitreisen in die Vergangenheit prinzipiell möglich sind. Ein Beispiel ist das allseits bekannte Vater-Sohn-Paradoxon. Reist Hans in die Vergangenheit, um seinen Vater Max umzubringen, bevor dieser ihn gezeugt hat, dürfte es Hans eigentlich nie gegeben haben. Denn damit hat Hans seine Ursache zerstört mit einer Wirkung, die es nach den Grundsätzen der Kausalität nicht geben dürfte. Der Nachwuchs kommt schliesslich nicht vom Storch. Aus dem Mord erwächst ein Zeitparadoxon, das die Kausalität verletzt und den weiteren Verlauf der Geschichte in ihrer Logik entstellt. Falls das Universum eine Art „inneres Bewusstsein" besitzt, das die Logik der Dinge bewacht, könnte sich die Natur möglicherweise nachhaltig selber korrigieren. Wie dies im konkreten Fall auszusehen hätte, ist indessen die goldene Frage. Die Korrektur könnte einerseits darauf hinaus laufen, dass es Hans nie gegeben hat und Max von jemandem, den es nie gegeben hat, erschossen wurde. Ein Mord ohne Täter. Für Einstein ein grausamer Mord an der Kausalität. Andererseits ist es denkbar, dass ein Wächter der Zeit das Problem erledigt, in dem er es gar nicht entstehen lässt. Vielleicht kennt der Kosmos einen integrierten Schutzmechanismus, der Eingriffe in die Zeit grundsätzlich verbietet. Vergangenheit wäre damit Vergangenheit und für alle Zeiten unabänderlich. Es wäre zwar möglich, durch die Zeitdilatation und andere Anomalien in die Zukunft zu reisen, aber nicht, diese Reise wieder rückgängig zu machen. Damit verbunden ist eine absolute Gegenwart, so dass der Gegenwartsmoment im gesamten Universum in genau demselben Moment stattfindet, sich demzufolge niemand in der Vergangenheit oder der Zukunft aufhalten darf und kann (da die Zukunft die Vergangenheit der Gegenwart wäre).

Eine elegante Lösung für das widersprüchliche Problem bietet sich in der Vereinheitlichung von Vergangenheit, Gegenwart und Zukunft. Geht man davon aus, dass diese Zustände tatsächlich alle gleichzeitig eintreten, wüsste die Geschichte im Grunde genommen vom Jahr Null an, was Hans im Jahr 2000 anstellen wird. Somit könnten undurchsichtige Komplikationen erst gar nicht entstehen. In der Geschichte wäre beispielsweise der Mord von Max verankert. Vielleicht würden die Personen seiner unmittelbaren Umgebung sogar bewusst wahrnehmen, dass da etwas nicht mit rechten Dingen zu- und hergegangen ist, dass also jemand aus der Zukunft ins Geschehen eingegriffen hat. Der freie Wille wäre trotzdem nicht eingeschränkt. Gegenwart und Zukunft treten ja gleichzeitig ein. Wünscht sich Hans in der Gegenwart, seinen Vater zu töten,

so würde das von der Geschichte zwar von Anfang an so einge-
plant, jedoch nicht durch die Geschichte, sondern durch Hans selber so vorgegeben. Möglicherweise existiert die Relativität in der
Zeitdimension auch nur bedingt. Es ist denkbar, dass jeder Mensch
einen absoluten Ankerpunkt beziehungsweise die Geschichte selber
einen absoluten Ankerpunkt hat. Demnach wären Eingriffe in die
Vergangenheit möglich. Die Vergangenheit würde aber nur so lange wieder aufgelebt, wie sich ein Zeitreisender darin befindet, und
hätte keine nachhaltige Auswirkung auf die Vergangenheit anderer
Menschen. Die Vergangenheit würde für den Zeitreisenden gewissermassen zur Gegenwart (Gegenwart ist Definitionsfrage; für eine
Person ist die Gegenwart, unabhängig von seinem Aufenthaltsort
in der Raumzeit, immer der Moment, der gerade geschieht. Egal,
ob sich die Person geschichtlich gesehen in der Vergangenheit oder
der Zukunft befindet). Änderungen in der Vergangenheit hätten
zwar spontane Auswirkungen (beispielsweise könnte sich Max gegen Hans wehren und Hans verletzen). Allfällige Änderungen hätten jedoch nur lokalen Einfluss und keine weitreichenden Folgen
für die Geschichte, wie sie der Rest der Menschheit erlebt und erlebt hat, der nicht in der Zeit gereist ist. Damit wäre die Logik der
Kausalität ein menschgemachtes Prinzip, das lokal durchaus verletzt werden kann, allerdings ohne rückwirkenden Einfluss auf die
Entwicklung der Ereignisse. Denn wenn die Natur einen absoluten,
objektiven Massstab legt, um die Abfolge zeitlicher Ereignisse zu
beurteilen, wären alle Dinge, die in der Vergangenheit geschehen,
weil jemand in die Vergangenheit reist, nur Ereignisse auf einer
separaten Zeitlinie, die aber parallel zur Gegenwart der nicht zeitreisenden Menschen verläuft und deren Vergangenheit entsprechend nicht beeinflusst. Durch die verschiedenen Zeitlinien wäre
die Reise in beliebige Zeiten denkbar, ohne dass die Möglichkeit

besteht, ein Paradoxon zu erzeugen. Wenn Hans nach dem Mord in der Vergangenheit bleibt, könnte er sich nach einigen Jahren nicht selber dabei ertappen, in die Vergangenheit zu reisen. Die Zeit würde dabei für Hans mitsamt allen Ereignissen neu verlaufen. Er würde sich nach einigen Jahren nicht selber begegnen und an der Zeitreise hindern können, da sein relativer Zeitstrang neu geschrieben wird. Die Geschichte beziehungsweise das Erleben der Zeit wäre damit relativ zum Betrachter. Hans würde sich damit stets in seiner relativen Gegenwart befinden und jeder Moment wäre gewissermassen an der Front der Geschichte. Sein Lauf der Dinge wäre dabei (durch die Reise in die Vergangenheit) gewissermassen vom Lauf der Zeit der anderen Menschen abgespalten.

Die „Viele-Welten-Theorie" aus der Quantenphysik erklärt die mysteriösen Zeitphänomene damit, dass jedes mögliche Ereignis in einem Paralleluniversum verwirklicht wird, und damit logische Widersprüche auch bei scheinbar kausalitätsverletzenden Ereignissen prinzipiell ausgeschlossen sind. Das heisst: Es existieren unendlich viele Kopien unseres Universums. Immer, wenn Entscheidungen getroffen werden müssen, entsteht für jede Entscheidungsvariante ein neues Universum, in dem die Entscheidung umgesetzt wird. Somit wäre es möglich, dass in einem Universum Hans und Max friedlich zusammen leben, währenddessen in einer anderen Ausprägung des Universums Hans gar nicht erst gezeugt worden ist. Ebenso könnte der Zweite Weltkrieg in einem Universum verhindert worden und die Kubakrise in einem anderen Universum zu einem globalen Atomkrieg eskaliert sein. Der Abstand dieser Entscheidungen könnte dabei durch die Planck Zeit definiert sein. Diese Zeitspanne markiert gewissermassen die kürzest mögliche Zeitspanne im Universum. Da die Natur in ihren Gesetzen einem Minimalprinzip folgt, wäre es auch möglich, dass sich das Universum jedes Mal splittet, wenn sich ein Widerspruchspotential ereignet - beispielsweise wenn Hans in die Vergangenheit reist. Auch in diesem Fall wären Paradoxa verhindert, da in jedem Universum die Realität so umgesetzt wäre, dass sich die Geschichte als konsistente Abfolge von Ereignissen ergibt.

Die „Viele-Welten-Theorie" steht auf etwas wackeligem Grund und grenzt bisweilen an reine Spekulation. Einerseits übersteigt der Bedarf an Universen unsere Vorstellungskraft. Andererseits könnte man anführen, dass die Handlungen eines jeden folglich keine Rolle mehr spielten, da ohnehin jede nur erdenkliche Variante der Geschichte irgendwie stattfinden würde – zumindest dann, wenn sich die Universen im Abstand der Planck-Zeit kopieren.

Um es auf den Punkt zu bringen: Noch wissen wir nicht, ob es überhaupt eine praktikable Möglichkeit gibt, in die Vergangenheit zu reisen, und ebenso wenig, welche Mechanismen die Natur kennt, um widersprüchliche Eingriffe in den Lauf der Zeit zu verhindern. Bisher haben wir das Wesen der Zeit ebenso wenig verstanden wie den Gegenwartsmoment. Da jede Information unsere Sinne höchstens mit Lichtgeschwindigkeit erreicht (und überdies die menschliche Reaktionszeit bei rund 40 Millisekunden liegt), nehmen wir im Prinzip stets nur die Vergangenheit wahr. Damit wir die Frage nach Zeitreisen in die Vergangenheit beantworten können, müssen wir zuerst umfassender verstehen, was Zeit wirklich ist. Um in die Zukunft zu reisen, könnten wir uns die Effekte der Zeitdilatation zu Nutzen machen. Zukunftsreisen wären zumindest prinzipiell möglich, auch wenn wir noch nicht über die Technologien verfügen, um einen Menschen nennenswert in die Zukunft zu befördern. Ob es überhaupt möglich ist, die Vergangenheit zu bereisen oder zu beeinflussen, ist bisher ungeklärt. Es gibt jedoch Indizien die für die Existenz von Tachyonen sprechen, speziellen Teilchen, die immer mit Überlichtgeschwindigkeit fliegen und sich daher rückwärts in der Zeit bewegen.

2.2.8 Tachyonen und die Vergangenheit

Die ersten Zeitreisen in die Zukunft sind bereits Vergangenheit. Fernab der Medienpräsenz machten sich kleine Teilchen daran, in Teilchenbeschleunigern in die Zukunft zu fliegen. Doch nicht nur Myonen und andere Elementarteilchen, auch Menschen sind bereits in die Zukunft gereist. Ohne dass irgendeine Klatschpresse darüber berichtet hätte. Sergei Konstantinowitsch Krikaljow ist der Mensch, der am weitesten in die Zukunft gereist ist. Der russische Staatsbürger wurde am 27. August 1958 in Leningrad geboren. Im April 1989 ernannte ihn die bröckelnde UdSSR zu einem „Held der Sowjetunion". Drei Jahre später beförderte ihn der russische Präsident Boris Jelzin gar zum „Helden der russischen Föderation". Krikaljow nahm an sechs Raumflügen teil und weilte über 800 Tage in der Erdumlaufbahn. Durch die hohe Geschwindigkeit der Raumstation reiste er im Vergleich zur stationären Erdbevölkerung etwa eine fünfzigstel Sekunde in die Zukunft.

Die Menschheit kennt die prinzipiellen Wege, um in die Zukunft zu reisen. Einsteins Relativitätstheorie liefert die Lösung, um durch die Geschichte zu wirbeln. Zumindest für eine passive Form der Zeitreise. Ein mit annähernder Lichtgeschwindigkeit fliegendes Raumschiff wird nach dem Regelwerk Einsteins in die Zukunft befördert. Das Raumschiff braucht dazu keinen fiktiven Zeittunnel, wie man ihn aus Filmen kennt, sondern nutzt den Effekt der Zeitdilatation aus. An Bord vergeht demzufolge die Zeit langsamer als auf der Erde. Die Besatzung altert deshalb weniger schnell. Auf der Erde geht die Geschichte aber ganz gewöhnlich weiter. Naturkatstrophen hinterlassen zerstörte Landschaften. Wirtschaftskrisen vernichten Arbeitsplätze und Wohlstand. Kriege entfachen. Menschen leben und sterben. Generationen kommen und gehen. Das Raumschiff nimmt keine Abkürzung durch die Raumzeit, sondern wartet, bis die gewünschte Zeit auf der Erde verstrichen ist. Bei hoher Geschwindigkeit oder in Anwesenheit starker Gravitationsfelder reicht eine Wartezeit wie vor dem Bahnschalter. Einige wenige Minuten. Auf der Erde werden dann einige Jahrzehnte vergangen sein, währenddessen die Raumschiffbesatzung nur unmerklich gealtert ist.

Doch was geschieht, wenn die Expedition zu einem fernen Stern führt und die Besatzung plötzlich den Entschluss fasst, die Übung abzubrechen und zu ihren Liebsten nach Hause zurückzukehren? Inzwischen werden auf der Erde Jahre oder Jahrzehnte vergangen sein und die Angehörigen einen vielleicht nicht einmal mehr erkennen. Ganz abgesehen von den wenigen gemeinsamen Erinnerungen und Momenten, die sie nach der Rückkehr teilen können. Kann die Raumschiffbesatzung jemals wieder ins Jahr 2012 zurückkehren? Kann sie den Effekt der Zeitdilatation umkehren? Ist die Zeitdimension eine „One-Way"-Strasse oder besteht die Möglichkeit, den Spiess umzudrehen und ein Retour-Ticket zu ergattern? Kann eine Zeitreise rückgängig gemacht werden?

Die Allgemeine Relativitätstheorie ist der Ausgangspunkt, um Mutmassungen über Zeitphänomene herleiten, belegen oder widerlegen zu können. Auch hundert Jahre nach deren Veröffentlichung hat die Wissenschaft keinen Weg gefunden, der diesbezüglich an

Einsteins Relativitätstheorie vorbei führen würde. Einstein hatte schon früh entdeckt, dass die Relativitätstheorie Zeitreisen ermöglicht. Zumindest theoretisch. Doch was theoretisch möglich ist, ist in der Praxis meistens nur eine Frage der Zeit. Da aus Zeitreisen aber unbändige Kausalitätsverletzungen entstehen könnten, vermutete Einstein einen unbekannten Mechanismus, der Zeitreisen in die Vergangenheit prinzipiell verhindert. Grundsätzlich gelangt man in die Vergangenheit, in dem man die Lichtgeschwindigkeit überschreitet. Eine beschleunigte Bewegung verlangsamt die Zeit bis zum Punkt, an dem die Lichtgeschwindigkeit erreicht wird. Das ist zwar für massebehaftete Teilchen eigentlich unmöglich, da für jede weitere Beschleunigung immer mehr Energie benötigt wird. Aber: Erreicht etwas die Lichtgeschwindigkeit, steht seine Zeit still. Gelingt es dem Objekt sogar, die Lichtgeschwindigkeit zu überschreiten, bewegt es sich fortan rückwärts in der Zeit. Überlichtschnelle Teilchen wiederum benötigen unendlich viel Energie, um auf Lichtgeschwindigkeit abgebremst zu werden und fliegen mit abnehmender Energie immer schneller in die Vergangenheit. Die Relativitätstheorie verbietet jedoch die Überschreitung der Lichtgeschwindigkeit grundsätzlich. Allerdings erlaubt sie die Existenz von Teilchen, die sich ständig schneller als das Licht bewegen. Solche Teilchen werden als Tachyonen bezeichnet. Tachyonen fliegen immer mit Überlichtgeschwindigkeit und bewegen sich damit rückwärts durch die Zeit. Tachyonen benötigen Energie, um auf Lichtgeschwindigkeit abgebremst zu werden, können diese aber ebenso wie gewöhnliche massebehaftete Teilchen nie erreichen. Umgekehrt werden Tachyonen immer schneller, je weniger Energie sie besitzen. Das Tachyon besitzt verglichen mit der uns bekannten Materie recht seltsame und verkehrte Eigenschaften. Allerdings sollte man mit vorschnellen Schlüssen vorsichtig sein. Vor allem wenn es um Fragen der Energieerhaltung oder eines möglichen Perpetuum Mobile geht, das aus der Nutzung von Tachyonen entstehen könnte. Tachyonen können nämlich erst gar nicht mit gewöhnlicher Materie wechselwirken. Sie entziehen sich dem Zugriff von Materie, die sich mit Unterlichtgeschwindigkeit bewegt. Zudem haben diese superluminaren Teilchen eine imaginäre Ruhemasse, also gewissermassen eine negative Masse (wenn man die imaginäre Masse quadriert). Deshalb wäre auch die Schlussfolgerung, dass ein energieloses Tachyon sich unendlich schnell bewegt und dadurch unendlich viel kinetische Energie (Bewegungsenergie) besitzt, relativ sinnlos. Auch gehört unser Logikverständnis in der Welt der Tachyonen zum Alteisen. Da sich diese Teilchen rückwärts in der Zeit bewegen, ist die Kausalität abhängig vom Bezugssystem. Niemand kann folglich objektiv beurteilen, welches Ereignis welches Ereignis verursacht hat. Tachyonen sind daher gewissermassen die physikalische Verkörperung des Henne-Ei-Problems.

Die Theorie der Tachyonen ist aus einem ähnlichen Grund entstanden wie die Theorie der Antimaterie, die sich später als richtig erwiesen hat. Die Gleichungen der Relativitätstheorie zeigen nämlich, dass ein Überschreiten der Lichtgeschwindigkeit nicht möglich beziehungsweise mit einem unendlichen Energiebedarf verbunden wäre. Die Relativitätstheorie erlaubt aber Teilchen, die sich immer mit Überlichtgeschwindigkeit bewegen. Diese Teilchen ergeben sich als mathematische Lösung des Formalismus. Auch Weltformeltheorien beinhalten in einigen Modellen solche superluminare Teilchen. Falls es sie gibt, würde das bedeuten, dass allenfalls Informationen in die Vergangenheit geschickt werden könnten. Diese Aussage liefert einen wichtigen Schlüssel zur Möglichkeit von Zeitreisen in die Vergangenheit. Da wir bisher keinem Zeitreisenden aus der Zukunft begegnet sind, können wir aus empirischer Sicht nämlich einige Hypothesen schlussfolgern. Erstens: Unsere „Zeit" ist in diesem Sinne die wirkliche Realität. Es gibt keine Zukunft, die schon stattgefunden hat. Da wir demnach die „Spitze des Zeitberges" markieren, können uns auch keine Besucher aus einer noch nicht existierenden Zukunft begegnet sein. Wir können die Lottozahlen prinzipiell nicht vor der Ziehung wissen. Zweitens: Falls Vergangenheit, Gegenwart und Zukunft parallel zueinander existieren, das Jahr 2500 ebenso stattgefunden hat wie das Jahr 2000, gibt es keine Möglichkeit zur Zeitreise oder es ist nie jemand soweit zurückgereist (oder man hat sich nicht zu erkennen gegeben). Eine andere Möglichkeit, das Ausbleiben von Zeitreisenden zu erklären, könnte sein, dass Zeitreisen nur über eine Art „Bahnhof" möglich sind. Eine Maschine also, die Zeitreisende „empfängt". Demnach wären Zeitreisen aus der Zukunft in unsere Gegenwart erst möglich, sobald wir über eine entsprechende Infrastruktur verfügten. Dem wäre erst der Fall, wenn wir die Grundlagen dieser Zeitmaschine entdeckt und entwickelt hätten.

Bis heute haben wir kein fundamentales Prinzip der Natur entdeckt, welches Zeitreisen in die Vergangenheit grundsätzlich verbietet. Das zweite Gesetz der Thermodynamik besagt, dass die Unordnung in einem geschlossenen System mit zunehmender Zeit immer grösser wird. Wenn Sie einen Teller zu Boden fallen lassen, wird dieser in kleine Teile zersplittern. Auch wenn Sie ziemlich lange warten, wird sich der Teller nie wieder aus eigener Kraft zusammensetzen. Zu diesem Gesetz konnte bisher nie ein Widerspruch beobachtet werden und tatsächlich wäre ein solcher sehr folgenreich, denn dann könnten Ausgrabungen und Fossilien rein zufällig entstanden sein und verlören ihre geschichtliche Bedeutung. Gemäss dem thermodynamischen Gesetz sind Vorgänge in der Natur aber durchaus umkehrbar und somit auch ein rückwärts geleiteter Gang der Zeit. Nicht ganz so sicher ist die Situation bei der schwachen und starken Kraft, zweier Grundkräfte der Natur, da hierbei der Zufall über den Zerfall von Atomen zu entscheiden scheint, wodurch sich dieser allenfalls nicht umkehren lässt. Im Kapitel zum Ausblick ins dritte Jahrtausend werden wir das zweite Gesetz der Thermodynamik auf die Frage anwenden, ob die Erde und das Leben zufällig hätten entstehen können.

Einen Blick in die Vergangenheit werfen können wir schon heute. Dazu genügt es, am Abend den Sternenhimmel zu betrachten. Das Licht einiger Sterne ist hunderte oder tausende Jahre unterwegs, bis es auf der Erde angelangt. Es ist möglich, dass einige der Sterne, die wir am Firmament beobachten, gar nicht mehr existieren. Falls unsere Sonne in einer Supernova explodierte, würden wir diesen kosmischen Super Gau erst rund acht Minuten später auf der Erde registrieren. Das Licht jedes Sterns liefert uns Informationen über das Universum der Vergangenheit. Mit den besten Teleskopen können wir zwar einen immer tieferen Blick ins Universum wagen. Wir können allerdings niemals mit Sicherheit sagen, ob es die weit entfernt entdeckten Galaxien und Sternensystem überhaupt noch gibt. Wenn die Sonnen im Zentrum der Milchstrasse im Jahr 2012 in ein Schwarzes Loch stürzten, könnten wir diese kosmische Vernichtung erst in etwa 27'000 Jahren beobachten. So lange braucht das Licht, bis es auf der Erde eintrifft.

Die Lichtgeschwindigkeit wird übrigens nicht überschritten, wenn sich ein Raumschiff A und ein Raumschiff B jeweils mit 99 Prozent der Lichtgeschwindigkeit in entgegengesetzte Richtung bewegen. In der Relativitätstheorie können Geschwindigkeiten nämlich nicht einfach klassisch addiert werden. Auch bei kleinen Geschwindigkeiten ist es genau genommen ein Fehler, die Geschwindigkeiten einfach zu addieren. Zwei Autos, die sich mit jeweils 100 Stundenkilometern in die entgegengesetzte Richtung bewegen, entfernen sich nicht mit exakt 200 Stundenkilometern voneinander (wobei die Abweichung bei so geringen Geschwindigkeiten nur minim ist). Zur Bestimmung der effektiven Geschwindigkeit muss bei hohen Tempi eine relativistische Formel angewendet werden. Entsprechend fliegen zwei Teilchen, die sich mit fast Lichtgeschwindigkeit in entgegengesetzte Richtung bewegen, immer noch mit Unterlichtgeschwindigkeit.

Wir kennen aufgrund der Allgemeinen Relativitätstheorie gewisse Möglichkeiten, mit denen wir Menschen zumindest theoretisch in die Zukunft befördern können. Wir kennen aber keinen gangbaren Weg, um diesen Prozess rückgängig zu machen, Menschen also in die Vergangenheit zu bewegen, auch wenn der Weg in die Vergangenheit durch die heute bekannten Naturgesetze nicht prinzipiell versperrt ist. Möglicherweise ist die Vergangenheit aber endgültig und die Natur verbietet deshalb Reisen in die Vergangenheit, um Anomalien und Paradoxa zu verhindern. Das würde auch bedeuten, dass die Zeit eine Einbahnstrasse ist, ohne Möglichkeit zur Umkehr. Vielleicht haben wir das Wesen der Zeit aber auch nur noch nicht hinreichend verstanden. Dieser Auffassung wäre vielleicht auch Kurt Gödel, der eine etwas andere Theorie über Zeitreisen aufgestellt hat. Zum grossen Leidwesen Albert Einsteins.

2.2.9 Gödels Formel: Die Zeit am Ende des Universums

Kurt Gödel war ein einflussreicher und markanter Zeitgenosse Einsteins. Er liebte die Mathematik und interessierte sich für die Physik, insbesondere die Relativitätstheorie. Er stellte die Mathematik auf den Kopf, in dem er im Jahr 1931 einen Satz formulierte, der seine eigene Nichtbeweisbarkeit bewies. Er verabscheute die Öffentlichkeit, war ein stiller und zurückgezogener Denker, der sich stets korrekt im Anzug mit fein säuberlich gekämmten Haaren präsentierte. Ganz anders Einstein, der auf Socken verzichtete („die schaffen sowieso nur Löcher"), die Auseinandersetzung mit der Öffentlichkeit liebte und dem Äussern nach eher einem wilden Kauz glich, als einem Superstar der Wissenschaft.

Einstein und Gödel, zwei dicke Freunde, vereint durch die gemeinsame Liebschaft, die Mathematik und die Physik. Zwei Charaktere, die unterschiedlicher nicht sein konnten, aber ihre Gemeinsamkeit in der Welt der Formeln und Zahlen fanden. Kaum ein anderer Wissenschaftler dieser Zeit konnte den zwei Herren das Wasser reichen. Einstein sagte denn auch: „Ich gehe nur ins Büro um des Privilegs willen, mit Kurt Gödel den Heimweg antreten zu können." Den mehrstündigen Heimweg, in dem die Formeln der Allgemeinen Relativitätstheorie thematisiert wurden.

Als Gödel in den USA eingebürgert werden sollte, begleitete ihn sein Freund Einstein in den Gerichtssaal. Als der Richter verlas, dass sich der zu Beginn des Zweiten Weltkriegs aus Österreich geflüchtete Gödel jetzt in einem freien Land befinde, in dem niemals eine Diktatur ausbrechen könne, schritt Gödel energisch dazwischen und verneinte. Seinem messerscharfen Verstand war beim

Lesen der Verfassung nämlich ein logischer Widerspruch aufgefallen, der den Sturz der Demokratie durchaus ermöglichte. Einstein, getroffen vom Überraschungsmoment der Gödelschen Offensive, zupfte diesen am Ärmel und veranlasste ihn, den gestarteten Diskurs besser nicht zu vertiefen. Der Richter zuckte nur mit den Schultern und bilanzierte, dass die Wissenschaftler halt so seien, und schlussendlich alle gute Amerikaner würden. Doch Gödel machte nicht nur als extravagante Figur einen ordentlichen Eindruck, er scheute die Öffentlichkeit und heiratete eine Nachtklubtänzerin, er brillierte vor allem als Wissenschaftler. Mehr, als Einstein lieb sein konnte. Gödel beschlich nämlich die Idee, aus den Formeln der Allgemeinen Relativitätstheorie eine Schlussfolgerung zu ziehen, die Einstein gar nicht gefallen wollte. Zu allem Übel sollte diese folgenschwere Formel auch noch sein Geschenk zum siebzigsten Geburtstag werden. Kurz gesagt: Die Formel von Gödel beweist, dass Zeitreisen möglich sind, und zeigt vor allem auf, wie man in eine beliebige Zeit gelangt. Einstein, der sich eigentlich mit allem, was unsere Alltagsvorstellung übersteigt, abgesehen von der Relativitätstheorie, nicht anfreunden konnte, muss fast vom Stuhl gefallen sein, als ihm Gödel seine neuste Erkenntnis präsentierte.

Bis zu diesem Zeitpunkt betrachteten so ziemlich alle Physiker das Universum als eine Kugel, was auch naheliegend war, da Sterne, Planeten und schliesslich auch die Erde zumindest kugelförmig sind. Gödel verwarf dieses Modell und versuchte stattdessen, die Allgemeine Relativitätstheorie mit Zylinderkoordinaten durchzurechnen. Er nahm an, dass das Universum um eine imaginäre Achse rotiert und daher ständig in Bewegung ist. Durch diese Bewegung werden die Galaxien und alle Materie mitgerissen. Dabei entsteht der „Lense-Thirring-Effekt", eine Verdrillung der Raumzeit. In der Relativitätstheorie ist die Raumzeit bekanntlich ein vierdimensionales Gefüge. Jedem Punkt werden vier Weltlinien oder vier Koordinaten zugeordnet. Diese Weltlinien werden im Gödel-Universum von der Rotation mitgerissen und so stark verkrümmt, dass sie irgendwann ineinander zurücklaufen. Die Weltlinien sind fortan in sich geschlossen. Die überraschende Quintessenz: Fliegt ein Raumschiff lange genug in die gleiche Richtung, erreicht es nicht etwa das Ende des Weltalls, sondern gelangt an einen beliebigen Zeitpunkt der Vergangenheit. Wenn man einer Weltenlinienkurve lange genug folgt, bewegt man sich rückwärts durch die Geschichte. So werden das Mittelalter, der Untergang von Rom, die Steinzeit oder auch das Kennedy Attentat zugänglich. Der Haken daran: Eine Weltenlinienkurve ist erst nach ungefähr 100 Milliarden Lichtjahren in sich geschlossen. Ein Raumschiff mit Lichtgeschwindigkeit müsste über acht Mal länger unterwegs sein, als unser Universum überhaupt existiert. Eine Vorgabe, die kaum zu realisieren ist.

Einstein zeigte sich einsichtig und bemerkte, dass ihn das Problem der Zeitreise schon bei der Entwicklung der Allgemeinen Relativitätstheorie beunruhigt habe. Er vermutete einen natürlichen Mechanismus, der Menschen prinzipiell daran hindern würde, in die Vergangenheit zu reisen. Gödel erklärte seinerseits, dass Zeitreisen aufgrund der astronomischen Längen einer geschlossenen Weltenlinie nicht praktikabel seien. Dabei vergass er allerdings die Einstein-Rosen-Brücke, die zwei entfernte Raumzeitgebiete miteinander verbindet und somit eine Art Abkürzung ermöglicht. Die Raumzeit ist ein Gefüge aus dem dreidimensionalen Raum und der Zeit. Somit bedeutet eine Bewegung durch den Raum gleichermassen eine Bewegung durch die Zeit. Eine Einstein-Rosen-Brücke könnte eine Abkürzung durch die Raumzeit bedeuten und somit ein wesentlich schnelleres Voranschreiten auf der Weltenlinie erlauben. Damit wäre es unter Umständen denkbar, innert kürzester Zeit am Ende des Universums beziehungsweise einer geschlossenen Weltenlinie anzugelangen. Doch die Einstein-Rosen-Brücke ist nicht der einzige Weg, der kosmische Distanzen massgeblich verkürzen kann. Es bestehen zahlreiche Ideen und Vorschläge, um sich Raumzeitkrümmungen, Gravitationswellen und die Eigenschaften der Allgemeinen Relativitätstheorie in Raumschiffen zu Nutze zu machen, um interstellare Reisen zu ermöglichen.

Alle diese kühnen Vorschläge haben ein gemeinsames Problem: Sie lassen sich in absehbarer Zeit nicht realisieren und sind daher zumindest gegenwärtig hypothetisch. Wir können kein Raumschiff bauen, das diese Phänomene nutzt, um durch die Zeit zu reisen oder in ferne Galaxien vorzustossen. Nicht etwa, weil es prinzipiell unmöglich wäre, sondern viel mehr, weil uns die Energiequelle und Technologie dazu fehlt. Um eine Einstein-Rosen-Brücke zu „bauen" brauchen wir seltsame oder exotische Materie. Um ausreichend starke Gravitationswellen zu erzeugen oder gar den Raum merklich zu krümmen, brauchen wir eine extrem grosse Energiequelle. Eine der grössten Herausforderungen zur technischen Nutzung der Erkenntnisse der Allgemeinen Relativitätstheorie besteht in der Tat darin, eine völlig neuartige Energieform zu finden. Eine Energieform jenseits von Brennstoffen. Eine Energieform, die vielleicht im Bereich der Quantenphysik oder Nuklearphysik gefunden werden könnte. Beispielsweise durch eine Reaktion verschiedener natürlicher Elemente, die Antimaterie freisetzt. Vielleicht führt uns der Weg aber auch in eine ganz andere Richtung, die uns bisher verschlossen gewesen ist. Eine Richtung, die unsere Energiemöglichkeiten revolutioniert wie vor über siebzig Jahren die Entdeckung der Kernspaltung. Grundsätzlich unmöglich sind Zeitreisen und Flüge in ferne Galaxien wohl nicht. Schliesslich werfen Zeitreisen nicht mehr logische Probleme auf als beispielsweise die weit verbreitete Urknalltheorie. Unmöglich sind sie lediglich mit der Technologie unserer Zeit.

2.2.10 Das Schwarze Loch

Die Quanten- und Relativitätstheorien haben in den letzten hundert Jahren massgeblich zum Verständnis der Natur beigetragen. Sie bilden das Fundament und die Grundlage der modernen Physik. Die Quantentheorien erklären, wie sich die kleinsten Teilchen bewegen und verhalten. Die Relativitätstheorie erklärt die Gravitation und damit im Wesentlichen makroskopische Systeme. Damit ist der Wissenschaft an Theorien doch eigentlich Genüge getan. Könnte man meinen.

Denn dann tauchte im Schutz der Finsternis ein rätselhaftes Gebilde auf. Ein Gebilde, in dem sich alle bisher bekannten Naturgesetze zu überschlagen scheinen. Ein Gebilde, das noch nie ein Mensch gesehen hat. Ein Gebilde, über das bereits der britische Forscher John Michell und der französische Astronom Pierre Simon Laplace im 18. Jahrhundert spekuliert hatten. Sie fragten sich, ob es irgendwo im Universum einen dunklen Stern gibt. Einen Stern, dessen Fluchtgeschwindigkeit höher ist als die Lichtgeschwindigkeit. Ein Stern, dessen Oberfläche kein Raumschiff jemals verlassen kann, selbst wenn es mit Lichtgeschwindigkeit fliegt. Der dunkle Stern geriet in Vergessenheit. Bis Albert Einstein die Allgemeine Relativitätstheorie veröffentlichte und es dem deutschen Physiker Karl Schwarzschild nur ein Jahr später gelang, die Grösse und das Verhalten eines dunklen Sterns zu berechnen. Die dunklen Sterne oder Schwarzen Löcher, wie sich der populäre Begriff eingebürgert hat. Sie erstrecken sich über riesige Gebiete im Weltall. Sie greifen nach aller Materie, jedem Planeten, jedem Stern, und sei er noch so gross, und lassen sie im Nichts verschwinden. Ihre Gravitation ist derart hoch, dass nicht einmal Licht aus den Fängen des Schwarzen Lochs entweichen kann. Aus den Tentakeln dieses kosmischen Extremphänomens gibt es kein Entkommen. Noch nie hat ein Mensch ein Schwarzes Loch gesehen. Seine Existenz ergibt sich aber aus einem Spezialfall der Allgemeinen Relativitätstheorie. Einer Theorie, die heute experimentell bestätigt und weitgehend unbestritten ist. Modellrechnungen im Jahr 1939 ergaben zudem, dass beim Kollaps grosser Sterne ein Schwarzes Loch entstehen muss. Die Indizien, die für diese kosmischen Zerstörer sprechen, sind zahlreich. Astronomische Berechnungen und Beobachtungen bekräftigen den Verdacht, dass es sie geben muss. Und zwar nicht irgendwo am Ende des Universums. Sondern in der ganzen Raumzeit verteilt. Wahrscheinlich befindet sich auch im Zentrum der Milchstrasse ein supermassives Schwarzes Loch (mit bis zu 3,5 Millionen Sonnenmassen!), das gierig alle Materie verschlingt, die sich ihm annähert. Obwohl wir mit modernen Teleskopen immer tiefer ins Weltall blicken können, wird nie jemand ein Schwarzes Loch zu Gesicht bekommen. Es entzieht sich immer und überall jedem Blick. Denn seiner gewaltigen Anziehungskraft kann ab einer bestimmten Distanz nicht einmal mehr das Licht entfliehen. Diese kritische Grenze wird als „Ereignishorizont" oder auch als „Schwarzschild-Radius" bezeichnet. Kein Licht, keine elektromagnetische Welle, keine Information, welche jemals den Ereignishorizont überschreitet, kann diesen wieder verlassen. Deshalb können wir Schwarze Löcher auch nicht direkt sehen. Der rätselhafte Kern dieses kosmischen Gebildes, oder die Frage, was genau ein Schwarzes Loch eigentlich ist, bleibt jedem aussenstehenden Betrachter in absoluter Dunkelheit verhüllt. Insofern können Schwarze Löcher mit Teleskopen lokalisiert werden. Wenn inmitten eines hell leuchtenden Sternenmeeres plötzlich ein schwarzer Schleier aufzieht, wissen wir, dass hier ein Schwarzes Loch die Materie auffrisst. Die Raumzeitkrümmung am Ereignishorizont ist bereits dermassen gewaltig, dass ihr nicht einmal mehr das Licht entkommen kann. Dadurch ist es prinzipiell unmöglich, hinter den Vorhang eines Schwarzen Loches zu blicken, ohne die Linie ohne Wiederkehr zu überschreiten. Alle Materie, die sich einem Schwarzen Loch annähert, verschwindet früher oder später im kosmischen Strudel der Ungewissheit. Was dort mit der Materie geschieht, weiss niemand.

Nach gegenwärtigem Wissensstand haben Schwarze Löcher ihren Ursprung im Ableben sehr massereicher Sterne. Nach einigen Millionen oder Milliarden Jahren haben die meisten Sterne ihren Brennvorrat verbraucht. Der Himmelskörper beginnt zu sterben. Die Kernfusion erlischt. Zurück bleibt im Innern ein massiver Kern aus schweren Elementen. Nun ist keine weitere Kernfusion mehr möglich. Der Strahlungsdruck, der der von der sehr grossen Masse des Sterns ausgehenden Raumzeitkrümmung (Gravitation) bisher entgegengewirkt hat, entfällt ersatzlos. Der Stern fällt unter seiner eigenen Schwerkraft in sich zusammen zu einem extrem kompakten Himmelskörper mit einer nochmals stark erhöhten Dichte. Ist der Stern leichter als etwa 1,44 Sonnenmassen, kollabiert er zu einem Weissen Zwerg, einem vergleichsweise kleinen Sternenwrack. Er entwickelt sich nicht zu einem Schwarzen Loch, da quantenmechanische Phänomene einen ausreichenden Gegendruck zur Gravitation aufbauen können. Beträgt die Masse des sterbenden Sterns zwischen 1.44 und rund 3 Sonnenmassen, ist der quantenmechanische Druck zu klein, um der Gravitation ausreichend entgegen zu wirken. In diesem Fall werden Protonen und Elektronen derart zusammen gedrückt, dass sie ihre typische Identität verlieren und zu Neutronen werden. Aus diesem Teilchensumpf entsteht ein extrem dichter Neutronenstern mit nur wenigen Kilometern Durchmesser. Ein Neutronenstern ist ein extremes kosmisches Phänomen, welches nur eine Stufe vor der Bildung eines Schwarzen Loches steht. Ein Neutronenstern verfügt im Innern über eine Temperatur von bis zu 100 Milliarden Kelvin. Magnetfeld und Dichte erreichen ebenso unvorstellbar hohe Werte. Falls der sterbende Stern zum Zeitpunkt des Erlöschens eine Masse von über 3 Sonnenmassen besitzt, ist keine der der anderen drei Grundkräfte der Natur stark genug, um die Gravitationswirkung im Zaum zu halten. Der Stern fällt in sich zusammen. Er kollabiert zu einem hypothetischen Quarkstern oder zu einem Schwarzen Loch - der extremsten Erscheinung, die in unserem Universum bisher beobachtet werden konnte (allerdings nur indirekt, da Schwarze Löcher bekanntlich unsichtbar sind).

Das entstandene Schwarze Loch krümmt die Raumzeit derart stark, dass ganze Planeten, Sterne und Galaxien angezogen und ins kosmische Verderben gerissen werden. Doch was geschieht hinter dem Ereignishorizont? Was passiert mit der ganzen Materie? Wohin gelangt sie? Was geschieht im Kern? Welche Geheimnisse verbergen sich hinter diesem merkwürdigen kosmischen Phänomen? Das Standard-Latein in der Physik des 21. Jahrhunderts ist in der Erklärung dieses „gefrässigen" Verhaltens zuweilen etwas ratlos.

Einig ist man sich nur darüber, dass ein Schwarzes Loch eine starke Raumzeitkrümmung verursacht und dadurch alle Materie anzieht (wir erinnern uns: die Reichweite der Gravitation ist – nach gegenwärtigem Wissensstand –unendlich. Dies könnte sich mit der Entdeckung des „Gravitons", eines hypothetischen Übertragungsteilchens, möglicherweise ändern).

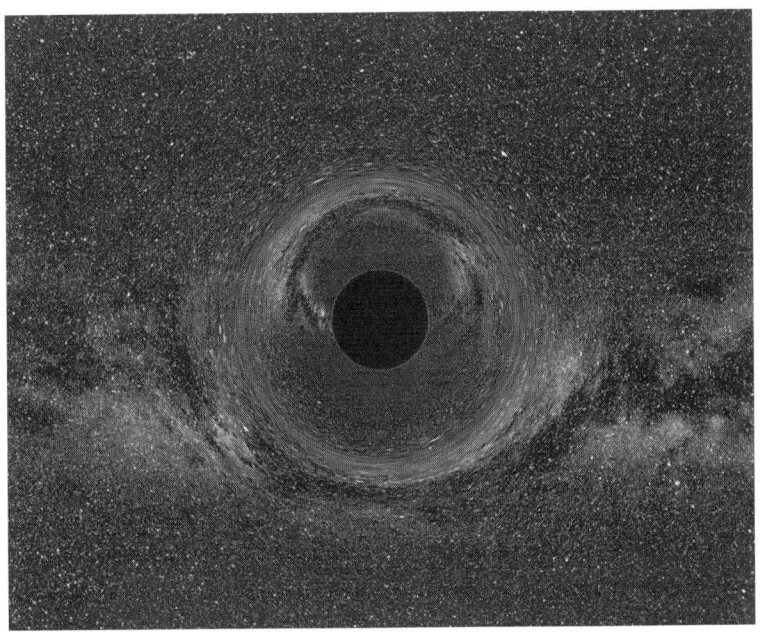

Abbildung 5   Ein Schwarzes Loch aus 600 km Entfernung

Um dem fiktiven Schwarzen Loch auf der Abbildung 5 zu entkommen, bräuchte man ein Raumschiff, welches mit über 400-millionenfacher Erdbeschleunigung in die entgegengesetzte Richtung steuert. Es bräuchte 400 Millionen unseren Planeten, um dieselbe Gravitationskraft zu verursachen wie das Schwarze Loch.

Einige eher konservative Wissenschaftler vertreten die Ansicht, dass die gesamte Masse, die ein Schwarzes Loch während seiner Lebenszeit aufsaugt, in einem einzigen unendlich kleinen Punkt konzentriert wird. In einer so genannten Singularität, die aus einer quasi unendlich starken Krümmung der Raumzeit entstehen soll. Dabei wird die Gültigkeit der uns bekannten Naturgesetze einmal mehr faktisch ausser Kraft gesetzt. Ebenso wie die rationale Erfassbarkeit. Die mathematische Vorhersage für die Vorgänge im Schwarzen Loch beschränkt sich auf die Konzentration einer beliebig grossen Masse in einem unendlich kleinen Punkt. Zustände, wie man sie zu Beginn des Universums vermutet.

Für gewöhnlich betrachten Physiker Unendlichkeiten im Formalismus als ein Anzeichen einer Unzulänglichkeit, zurückzuführen auf mangelndes Wissen oder einen Fehler in der Theorie. So auch in diesem Fall. Das Schwarze Loch ist ein Extremphänomen, das die Allgemeine Relativitätstheorie an die Grenzen ihrer Gültigkeit treibt. Die darin vermuteten Vorgänge überschneiden nämlich makroskopische und mikroskopische Effekte. Einerseits wirkt eine gewaltige Raumzeitkrümmung, die in das Hoheitsgebiet der Allgemeinen Relativitätstheorie fällt. Andererseits müssten im Kern, in der mutmasslichen Singularität, quantenmechanische Vorgänge ablaufen. Daraus lässt sich auch bereits die Problematik erkennen, mit der die Wissenschaftswelt hier zu kämpfen hat: Um Phänomene erklären zu können, in denen extreme Gravitationsphänomene auf mikroskopische, quantenmechanische Phänomene treffen, ist eine übergeordnete Theorie, eine Vereinigung von Allgemeiner Relativitätstheorie und Quantenphysik, wohl oder übel unabdingbar.

Nichtsdestotrotz lassen sich Theorien über das Innenleben Schwarzer Löcher aufstellen, ohne die Weltformel aus dem Hut zu zaubern. Wenn man den Horizont öffnet und bereit ist, in eine neue Sphäre vorzudringen, die möglicherweise das Weltbild von morgen revolutionieren wird wie Einstein das Weltbild von heute. Betrachten wir uns dazu noch einmal die Vorgänge, die zur Bildung eines Schwarzen Loches führen: Ein massereicher, ausgebrannter Stern stirbt. Der innere Strahlendruck versiegt. Die Gravitation übermannt alle anderen Grundkräfte und lässt den Stern kollabieren, in sich zusammenfallen. Die gesamte Masse konzentriert sich auf sehr kleinem Raum. Die daraus resultierende Dichte ist enorm und wächst mit zunehmender Komprimierung weiter an. Dieser Vorgang führt zu Extremzuständen, wie wir sie weder im Alltag noch experimentell bisher erfahren haben. Es ergeben sich nun drei Möglichkeiten, die sich anbieten, um die nun folgenden Ereignisse zu beschreiben. Vorneweg: Die dritte Möglichkeit ist ein Lösungsansatz, der sich aus der Stringtheorie ergibt, einer potentiellen Weltformel, die derzeit entwickelt wird. Dieser Lösungsansatz wird zu einem späteren Zeitpunkt gesondert erläutert. Die erste Möglichkeit führt uns zurück auf den Pfad, den der ambitionierte Pilot mit seinem Raumschiff beschritten hat. Er beschleunigte das Raumschiff immer weiter und schneller, bis er die Planck-Grenzen überschritten hatte. Dasselbe Prinzip könnte der Entstehung eines Schwarzen Lochs zu Grunde liegen. Die gewaltige Masse, die dabei unaufhaltsam in sich zusammenfällt, wird durch die dadurch zusätzlich verstärkte Raumzeitkrümmung immer weiter komprimiert. Der Vorgang schaukelt sich auf und erreicht schliesslich eine gefährliche Eigendynamik, da immer mehr Masse auf immer kleinerem Raum zusammengequetscht wird und dadurch eine immer extremere Krümmung der Raumzeit entsteht. Irgendwann erreicht die Raumzeitkrümmung ein kritisches Niveau und strebt schliesslich gegen unendlich. Dadurch ergeben sich Umstände, wie sie zur

Bildung einer Singularität oder allgemein im Kern eines Schwarzen Lochs angenommen werden. Die Masse des gesamten Sterns ist nun auf kleinstem Raum konzentriert. Die Planck-Dichte, also die maximale Dichte, die ein Körper annehmen darf, ohne die Stabilität der Raumzeit zu gefährden beziehungsweise die Gültigkeit der Naturgesetze in Frage zu stellen, wird überschritten. Dadurch entsteht ein Riss[31] im Raumzeitgefüge. Die Raumzeitkrümmung erreicht dabei ein Ausmass, dass der Ereignishorizont einige Kilometer Durchmesser annehmen kann. Dieser Interpretationsvariante zu Folge konzentriert sich die verschlungene Materie nicht in einem rätselhaften Punkt, der sich mit der modernen Physik nicht schlüssig erklären lässt, sondern wird wie in einem Sog aus der Raumzeit gerissen. Das kosmische Loch bleibt erhalten, solange ein Ereignishorizont besteht, die Gravitation also so stark ist, dass ab einer gewissen Distanz nicht einmal mehr das Licht entweichen kann. Die genaue Lebenszeit eines Schwarzen Loches kennt niemand. Stephen Hawking postulierte im Jahr 1974, dass Schwarze Löcher die so genannte „Hawking-Strahlung" abgeben. In einigen Fällen soll die abgegebene Strahlung grösser als die angezogene Masse sein, wodurch das Schwarze Loch über kurz oder lang „verdampft".

Diese Theorie könnte bereits in wenigen Jahren wesentlich zum Schicksal und der Zukunft der Menschheit beitragen. Nicht, dass das Schwarze Loch in der Milchstrasse zu einer dringenden Gefahr erwächst. Aber: Wissenschaftler führen derzeit am „LHC" Teil-

---

[31] Die Ausmasse eines solchen Risses wären wahrscheinlich nur klein. Die Quantenmechanik kann solche Ereignisse allerdings nicht hinreichend beschreiben. Dazu ist wahrscheinlich eine übergeordnete Theorie notwendig, die in Form der Stringtheorie möglicherweise gerade entdeckt wird.

chenbeschleuniger in Genf umstrittene Versuche durch, wobei schwere Bleiatome mit sehr schnellen Protonen beschossen werden. Die Physik erhofft sich daraus Zustände wie beim Urknall und die Entdeckung neuer, allenfalls bereits postulierter Teilchen. Diese Experimente sind sehr energieintensiv und könnten zur Entstehung Schwarzer Minilöcher oder seltsamer Materie auf der Erde führen. Dann nämlich, wenn die Stringtheorie, eine Anwärterin auf die Weltformel, ansatzweise stimmen und aufgewickelte Zusatzdimensionen tatsächlich existieren sollten. Nach Einschätzungen führender Experten sollten diese Minilöcher aufgrund ihrer geringen Grösse kurz nach der Entstehung wieder zerstrahlen. Behaupten zumindest die einen. Denn so genau weiss es eigentlich niemand. Experimente wie am LHC sind noch nie durchgeführt worden und die theoretischen Grundlagen zu ungenau, um das Verhalten eines Schwarzen Minilochs vorhersagen zu können. Richtig gefährlich wäre es erst, falls sich erweisen sollte, dass die Natur keine Hawking-Strahlung kennt. Dann bestünde zumindest langfristig eine ernsthafte Bedrohung. Die Schwarzen Minilöcher würden sich in der Masse der Erde festsetzen und langsam, Schätzungen differenzieren zwischen 50 Monaten und 50 Milliarden Jahren (!)[32], den gesamten Planeten verschlingen.

Falls die Stringtheorie Recht behält, müssten Schwarze Minilöcher zumindest einmal jährlich in der Atmosphäre der Erde durch den Aufprall kosmischer Strahlung entstehen. Diese kosmische Strahlung hat jedoch eine derart hohe Geschwindigkeit, dass die anfangs extrem kleinen Schwarzen Minilöcher durch die Erde hindurch in

---

[32] Diese Einschätzungen zeigen, wie wenig die Wissenschaft über Schwarze Löcher bisher weiss. Entsprechend unpräzis und vielfältig sind die Vorhersagen für das „Worst Case"-Szenario.

die Weiten des Universums rasen und dadurch keine Gefahr für unseren Planeten darstellen. Die Wissenschaft postuliert, dass im „LHC" Beschleuniger ein Schwarzes Miniloch pro Sekunde entstehen könnte. Zwei amerikanischen Bürgern wurde die Sache zu bunt. Sie haben gegen die Inbetriebnahme des „LHC" bei einem US-Gericht Klage eingereicht. Dieser Vorfall dokumentiert, wie umstritten und gefürchtet diese Teilchenexperimente teilweise sind. Obwohl auch aus universitärerer Seite vereinzelt mit scharfer Munition gegen die Versuche am „LHC" geschossen wird, dürften die Auswirkungen des Experiments nur halb so dramatisch sein. Eine kosmische Katastrophe lässt sich zwar nicht mit absoluter Sicherheit ausschliessen. Die Stimmungsmache einiger Wissenschaftler dient allerdings mehr der Dramaturgie und dem eigenen Bedürfnis, in den Schlagzeilen zu stehen, als einer objektiven Debatte. Klatschpresse und Hetzjagdmagazine sind gegenüber Weltuntergangsszenarien nur selten abgeneigt. Schon gar nicht, wenn das Schlagzeilenfutter aus mehr oder minder „verlässlichen" Quellen stammt. Bei aller gebotenen Vorsicht sollte man nicht vergessen, dass die Entstehung eines unmittelbar gefährlichen Schwarzen Loches ein kosmisches Extremphänomen darstellt, das alleine schon energietechnisch unmöglich reproduzierbar wäre. Kleine Minilöcher bräuchten möglicherweise einige Millionen Jahre, um auf bedrohliche Grösse zu wachsen. Eine unberechenbare Situation könnte allenfalls erwachsen, falls durch einen Prozess seltsame Materie entsteht, die normalerweise untrennbar in der gewöhnlichen Materie gebunden ist, wie wir gleich sehen werden.

Was geschieht nun mit der Materie, die in ein Schwarzes Loch stürzt? Der Riss in der Raumzeit wirkt sogähnlich, vergleichbar mit einer gefüllten Badewanne, bei der man den Stöpsel zieht. Das

Wasser in der Wanne strömt durch den Abfluss und entwickelt dabei einen spürbaren Sog. Ähnlich kann man sich die Vorgänge im Innern eines Schwarzen Loches vorstellen. Die Materie wird durch den Riss angesogen und durch diesen Riss aus der Raumzeit befördert. Interessant wird die Frage, wohin dieser Sog führt. Das Wasser in der Badewanne fliesst durch die Abwasserrohre des Gebäudes in die Kanalisation. Wohin aber gelangt die Materie im Schwarzen Loch? Möglicherweise führt diese kosmische Einbahnstrasse in den postulierten Hyperraum, das fünfdimensionale Universum, das unsere Raumzeit umgibt. Anders als bei einem einzigen Objekt (Beispiel des Steins oder Felsens), das einmalig die Raumzeit überlastet und diese schliesslich reissen lässt, wird bei einem Schwarzen Loch die kritische Grenze ständig oder sogar dauerhaft überschritten. Mindestens aber so lange, bis es verstrahlt oder sich anderweitig auflöst. Die unvorstellbar starke Gravitation zieht fortwährend neue Masse an, wodurch das Raumzeitgefüge ununterbrochen überlastet beziehungsweise sogar noch stärker beansprucht wird. Dadurch öffnet sich ein beständiger Tunnel ungekannter Grösse, der mit der angezogenen Masse gefüttert und erhalten wird. Der Sog in der Badewanne existiert so lange, bis der Stöpsel wieder eingesteckt wird (=sich der Raumzeitriss schliesst) oder die Badewanne (=Raumzeit) leer ist. Die Masse, die im Schwarzen Loch von der Bildfläche verschwindet, gelangt in ein anderes Universum oder in ein entlegenes Gebiet der Raumzeit. Entgegen der Theorie der Singularität, die eine Konzentration unvorstellbarer Massen in einem einzigen, eindimensionalen Punkt der Singularität vorsieht. Es wäre sogar denkbar, dass durch die Entstehung des Schwarzen Lochs eine neue Raumzeit, ein paralleles Universum, erzeugt und ausgedehnt wird. In diesem Zusammenhang erscheint das Schwarze Loch im neuen Universum als

Weisses Loch, welches Materie ausstösst und abstösst und damit eine anti-gravitative Wirkung entfaltet.

Je nach Interpretation kann das Schwarze Loch als ein Loch in der Kugel des Raumes oder auch als Tunnel und Fluchtweg in eine andere, fremde und unbekannte Welt verstanden werden. Als Trittbrett in den Hyperraum oder um zu schauen, was da wirklich geschieht, empfiehlt sich ein Schwarzes Loch allerdings nicht. Die Gravitation ist derart stark, dass jeder Mensch einfach zusammen-gestaucht und höchstens als winziges Körnchen im Hyperraum landen würde.

Eine interessante und immer wieder aufgeworfene Frage besteht im Ereignishorizont, im „Point of no return", dem Punkt, an dem es vor der Gravitation des Schwarzen Loches kein Entrinnen mehr gibt. In diesem Gebiet ist die Gravitation derart stark, dass die Zeit gemäss der gravitativen Zeitdilatation der Allgemeinen Relativitäts-theorie praktisch still steht (man könnte das Gravitationsfeld des Ereignishorizonts rein theoretisch als Zeitmaschine benutzen). Was aber geschieht jenseits dieses Horizonts? Überschreitet die Gravita-tion diese Maxime sogar noch? Bedeutet ein Überschreiten des Ereignishorizonts gar eine Negativbeschleunigung in der Zeit, ein negatives Verstreichen der Zeit, was mit einer Bewegung in die Vergangenheit gleichzusetzen wäre? Oder beschränkt sich der Er-eignishorizont darauf, den Riss des Raumzeitgefüges zu skizzieren? Und was geschieht mit der Masse, die in den Hyperraum strömt?

Fragen über Fragen, deren Antwort in den Sternen steht. Wir erin-nern daran, dass Phänomene wie das Schwarze Loch die Planck Konstanten überschreiten und daher prinzipiell mit unseren Natur-gesetzen nicht mehr erfasst werden können. Womöglich erscheint das Schwarze Loch im Hyperraum als Weisses Loch, aus dem Materie entspringt. Falls unser Universum ein mehrdimensionales raumgeometrisches Konstrukt ist, dass sich irgendwie ineinander schliesst (ähnlich dem Kugelbespiel mit der Ameise), wäre es sogar denkbar, dass ein Schwarzes Loch eine Verbindung zu einem anderen Punkt dieses Universums darstellt. Dadurch würde auch ein Problem geklärt, welches die Fachwelt bis heute spaltet. Ein Grundprinzip der Physik besagt nämlich, dass weder Energie noch Masse noch Information einfach verloren gehen kann. Wie lässt sich dieses Prinzip der Energieerhaltung mit dem gefrässigen Wesen des Schwarzen Lochs vereinbaren?

Einen Lösungsansatz liefert wie bereits angetönt die Hawking-Strahlung. Demnach strahlen Schwarze Löcher in ebendieser Strahlung Informationen und Energie wieder ab und stellen damit eine Möglichkeit dar, wie sich Materie wieder aus den Schlingen des Schwarzen Lochs entziehen kann. Andererseits kommt die Verbindung eines Schwarzen Lochs zu unserem oder einem anderem Universum als Erklärungsansatz in Frage. Wenn das Schwarze Loch die Informationen einsaugt und an einer anderen Stelle oder in einem anderen Universum wieder freigibt, würden diese lediglich von einer Raumkoordinate zu einer anderen, möglicherweise sehr weit entfernten Raumkoordinate befördert. Die Erklärung ist wiederum abhängig von der objektiven Struktur unseres Universums oder der Frage, wie unser Universum von „aussen" betrachtet ausschaut. Gibt es nur unser Universum oder existieren zahlreiche Paralleluniversen, in die unser Universum vielleicht als eines von vielen eingebettet ist? In diesem Fall wäre es auch denkbar, dass die Energieerhaltung nur universell gilt, das heisst über alle Universen betrachtet. Information, Materie und Energie würden damit nicht im Schwarzen Loch vernichtet, sondern lediglich räumlich verschoben. Etwa so, wie der Abfluss das Wasser der Badewanne verschwinden lässt, aber nicht vernichtet. Es fliesst einfach in die Kanalisation. Die Masseerhaltung in Ihrem Badezimmer mag dabei negativ sein, bereits über die Erde betrachtet geht aber natürlich keine Masse verloren. Gleiches könnte für das Schwarze Loch und unser Universum gelten, wenn wir davon ausgehen, dass die eingesaugte Materie nicht einfach verschwindet, sondern irgendwo wieder auftaucht. Auch wenn uns dieses Irgendwo vielleicht nicht zugänglich ist.

Eine zweite, eher spekulative Theorie vermutet im Kern des Schwarzen Loches nicht zwangsläufig einen Riss der Raumzeit. Viel mehr werden durch die starke Gravitation die Elementarteilchen in ihre nächsten Bestandteile zerlegt. Die Elementarteilchen setzen sich nämlich aus so genannten Quarks zusammen. Einem dieser Quarks gebührt spezielle Aufmerksamkeit: Dem Strange-Quark. Es wird als seltsam („strange") bezeichnet, weil es nicht durch dieselbe Kraft entsteht, wie es zerfällt. Ein Neutron enthält zwei „Down"- und ein „Up"-Quark. Einige Physiker gehen nun davon aus, dass in einem Neutronenstern Bedingungen herrschen, die Neutronen in ihre Bestandteile zerlegen und dabei ein „Down"-Quark zu einem „Strange"-Quark umwandeln. Was kryptisch und kompliziert klingt, ist äusserst bedeutsam. Das „Strange"-Quark unterscheidet sich nämlich in einer weiteren Eigenschaft entscheidend von den anderen Quarks: Falls es gelingen sollte, damit stabile seltsame Materie herzustellen, könnte daraus ein ähnlich anziehender Effekt wie bei einem Schwarzen Loch entstehen.

Seltsame Materie soll nämlich normale Materie anziehen[33] und absorbieren. Bereits ab einer Masse die äquivalent zu tausend Protonen ist, wäre seltsame Materie möglicherweise vollkommen stabil. Berechnungen zu Folge ist seltsame Materie kaum im Teilchenbeschleuniger zu erzeugen. Allerdings könnte in einem Neutronenstern oder in einem noch extremeren Schwarzen Loch stabile seltsame Materie existieren. Denn dort existieren Extremzustände, zu deren Erklärung Quantenphysik und Relativitätstheorie in einer umfassenderen Theorie aufgehen müssten. Es wäre sogar denkbar, dass im Kern eines Schwarzen Loches solche stabile seltsame Materie zur Absorption der angezogenen Materie führte. Oder sogar für einen Teil der Anziehungskraft verantwortlich wäre. Bei der Betrachtung von Schwarzen Löchern besteht nämlich bis heute das Problem, dass bereits am Ereignishorizont die Raumzeitkrümmung eine Beschleunigung (Gravitation) entwickelt, die stärker und prinzipiell schneller als das Licht ist (ansonsten könnte das Licht entweichen).Eine solche Gravitationswirkung geht aber prinzipiell in einer für die vier dimensionalen Raumzeiten unverträglich starken Raumzeitkrümmung auf. Eine Raumzeitkrümmung, die eine Senke mit einer annähernd unendlichen Steigung bewirkt und einhergeht mit einer räumlichen „Zerstörung" der Raumzeitstruktur. Denkbar wäre nun, dass die Gravitation sich zumindest ausserhalb des Zentrums auf ein verträgliches (aber dennoch extremes) Mass beschränkt. Das Phänomen, das selbst Licht dem Ereignishorizont nicht entfliehen kann, wäre dann nicht mehr nur auf die Gravitati-

---

[33] Diese Anziehungswirkung, die von seltsamer Materie ausgeht, ist mit den vier bekannten Grundkräften der Physik nicht zu erklären. Findet sich in der Seltsamen Materie der Schlüssel zu einer fünften Grundkraft, nach der einige Physiker aufgrund der Unvereinbarkeit von Relativitätstheorie und Quantenphysik bisher erfolglos gesucht haben?

onswirkung, sondern auf eine massgebliche bisher fünfte (hypothetische) Grundkraft der Physik zurückzuführen. Eine Grundkraft, die bisher unentdeckt geblieben ist, aber von einigen Wissenschaftlern zumindest nicht ausgeschlossen wird. Eine Grundkraft, die in stabiler seltsamer Materie zu suchen ist.

2.2.11 Antigravitation und dunkle Energie

In der Physik stehen bekanntlich viele Lücken offen, die es zu füllen gibt. So geht man davon aus, dass zu jeder physikalischen Existenz ein Gegenstück existiert. Zu jedem Plus gibt es ein Minus, zu jeder Kraft eine Gegenkraft, zu jedem Teilchen ein Antiteilchen.

In makroskopischen Sphären, in den Dimensionen des Sonnensystems und des Universums, ist es mit diesem Symmetrieprinzip bisher aber nicht weit her. Wenn es zu jeder physikalischen Existenz ein Gegenstück gibt, dann muss es doch auch zur Gravitation, Energie oder zum Schwarzen Loch ein Gegenstück geben. Zumindest dann, wenn die Natur konsistent ist und damit ein durch das Band gleiches Verhalten zeigt, egal ob wir uns in der Welt des Kleinen (Quantenphysik) oder in der Welt des Grossen (Relativitätstheorie) bewegen.

Wo aber sind die Gegenstücke in der Welt des Grossen? Wo finden wir die Gegenstücke zur Gravitation, zur Energie oder zum Schwarzen Loch? Und wie fundamental ist das Symmetrieprinzip wirklich? Gibt es zu allem in unserem Universum eine Symmetrie oder sogar zum Universum selber? Eine Art Spiegeluniversum? Und was ist mit den Dimensionen, dem Raum oder der Zeit?

Werfen wir einen Blick auf die Allgemeine Relativitätstheorie, können wir vermuten, dass es zur Gravitation ein Gegenstück gibt, die Antigravitation. Die Gravitation ist veranschaulicht gesprochen eine Senke in der Raumzeit, eine Art „Krater", in die Objekte hineinrutschen, wodurch das entsteht, was wir als Gravitation bezeichnen. Die Antigravitation kann man sich bildhaft als Hügel in der Raumzeit vorstellen. Alle Objekte, die sich auf diesem Hügel befinden, rutschen hinunter. Desto stärker die Antigravitation, desto höher und steiler der Hügel. Antigravitation wirkt immer als abstossende Kraft.

Die Millionenfrage[34] besteht nun darin, ob es eine solche Antigravitation in der Natur überhaupt gibt – schliesslich konnte sie noch nie beobachtet werden – und wie eine solche Antigravitation erzeugt werden kann. Die Allgemeine Relativitätstheorie ist in dieser Grundsatzfrage wenig visionär. Nach Einstein sollte zumindest die Abschirmung der Gravitation nicht möglich sein. Denn dadurch würde das Äquivalenzprinzip verletzt, wonach alle Energien und Massen dieselbe Fallkurve durchlaufen, wenn der Ausgangsort und die Geschwindigkeit übereinstimmen. Ein Ball, eine Feder und ein Hammer fallen im Vakuum genau gleich zu Boden. Die Fallkurve ist unabhängig von der Beschaffenheit der Materie. Wäre es allerdings möglich, die Gravitation abzuschirmen, könnten die Fallkurven manipuliert und das Äquivalenzprinzip dadurch verletzt werden. Dieses Prinzip ist allerdings bisher in allen Experimenten sehr gut bestätigt worden. Falls es mit einem Experiment gelingen sollte, das Äquivalenzprinzip zu widerlegen, wäre das ein Hinweis auf die

---

[34] Die „Göde"-Stiftung prämiert das erste reproduzierbare Experiment zur „Überwindung der Schwerkraft" mit einer Million Euro. Wenn es Ihnen gelingt, effektiv durch die Beeinflussung der Gravitation eine Masse eine Minute lang schweben zu lassen, sind Sie viel Geld und einen Nobelpreis reicher.

Unvollständigkeit der Allgemeinen Relativitätstheorie und damit ein starkes Argument für die Existenz einer übergeordneten Theorie, die von der Wissenschaft seit Jahrzehnten vermutet wird. Angesichts der experimentellen Belege scheint die Abschirmung der Gravitation ein Beinschuss in ein Kernprinzip der Relativitätstheorie zu sein. Wie sieht es aber grundsätzlich mit der Existenz von Antigravitation aus? Das Damokles-Schwert für Einstein oder doch nur Hirngespinst?

Antigravitation könnte sich durchaus mit der Relativitätstheorie vertragen. Zumindest würde sie das Äquivalenzprinzip nicht dahingehend verletzen, als dass bei gleichem Ort und Geschwindigkeit weiterhin alle Energien und Massen dieselbe Fallkurve durchlaufen würden – auch wenn die Fallkurve nicht zum Zentrum der Antigravitationsquelle hinführt, sondern die Gegenstände abstösst. Die Fallkurve wäre aber wie bei der Gravitation unabhängig von der Beschaffenheit der Objekte dieselbe. Andererseits könnte man natürlich argumentieren, Antigravitation könnte ebenfalls zur Abschottung beziehungsweise Abschwächung der Gravitation dienen, was aber wiederum kein Widerspruch sein muss, da innerhalb der resultierenden Gesamtgravitation wiederum alle Körper dieselben Fallkurven durchlaufen.

Aus unserer Erfahrung kennen wir nur die Gravitation, die uns auf der Erde hält und die Struktur des Universums massgeblich prägt. Damit Antigravitation entstehen kann, sich die Raumzeit folglich nicht krümmt, sondern gewissermassen „erhebt", ist ein Gegenstück zur Masse oder Energie notwendig. Hierbei sprechen wir nicht von Antimaterie, denn Antimaterie ist nur das Gegenstück zur Materie hinsichtlich der Teilchenladungen. Die Protonen, Elektronen und Neutronen der Antimaterie haben gerade die um-

166

gekehrte Ladung gegenüber den Protonen, Elektronen und Neutronen der Materie. Zudem ist Energie gemäss Einsteins berühmter Formel „e=mc²" äquivalent zur Masse. Treffen Materie und Antimaterie aufeinander, zerstrahlen sie in Energie. Jede Energie wiederum krümmt die Raumzeit. Da wir in der Raumzeit aber einen Hügel, und keine Senke, hervorrufen wollen, brauchen wir offensichtlich das Gegenstück zur Energie, um Antigravitation zu erzeugen.

Was aber ist das Gegenstück zur Energie?

Es handelt sich dabei um eine Materie mit negativer Energiedichte, die plakativ als exotische Materie bezeichnet wird. Exotisch, weil diese Materie nicht aus Protonen, Neutronen und Elektronen bestehen kann. Exotisch aber auch, weil Materie mit negativer Energiedichte unseren Verstand übersteigt und bisher nicht beobachtet werden konnte. Die konfuse Vorstellung von Antimaterie, die viele Menschen haben, die nicht genau wissen, was Antimaterie ist, trifft dementsprechend eher auf exotische Materie zu.

Mit exotischer Masse wäre es prinzipiell möglich, eine Antigravitationswirkung zu entfalten, in der der Raum nicht gekrümmt, sondern gewissermassen aufgebläht wird. Exotische Materie existiert bisher aber nur hypothetisch. Niemand weiss, ob es sie überhaupt gibt. Vielleicht sind in unserem Universum nur Raumzeitkrümmungen möglich, wodurch es nur eine anziehende Gravitation, die Schwerkraft, geben kann. Es wäre aber denkbar, dass in einem umgebenden Hyperraum oder einem Paralleluniversum die Raumzeitkrümmungen als Raumzeiterhebungen wirken und dadurch eine abstossende Kraft, eine Antigravitation, entfalten. Etwa so, wie ein Stein auf einer gespannten Alufolie von oben betrachtet eine Senke verursacht, von unten betrachtet aber einen Hügel. Ein weiteres

Indiz für die Existenz von Antigravitation ist das Postulat des Weissen Lochs, dem Gegenteil des Schwarzen Lochs. Ein Weisses Loch stösst Materie aus und ist damit gewissermassen die Verkörperung der Antigravitation schlechthin.

Eine Form der Antigravitation ist die hypothetische dunkle Energie, die nach gängiger Lehrmeinung ungefähr zwei Drittel des Universums ausfüllen muss. Die dunkle Energie wird als Erklärung herangezogen für die experimentell festgestellte beschleunigte Expansion des Universums. Aufgrund der Gravitationskräfte wäre eigentlich eine Abbremsung der Expansion zu vermuten gewesen. Ob die Ursache dieser beschleunigten Ausdehnung letztlich bei der dunklen Energie liegt – und was dunkle Energie überhaupt sein soll – ist Gegenstand aktueller Forschungen. Einerseits wird vermutet, die dunkle Energie könnte auf die Vakuumenergie zurückzuführen sein. Seit der Unschärferelation der Quantenmechanik wissen wir, dass sich nichts in absoluter Ruhe befinden darf. Auch im Vakuum müsste es folglich eine so genannte Quantenfluktuation geben, eine gewisse quantenmechanische Nullpunkt- oder Restenergie. Diese könnte als dunkle Energie interpretiert werden. Allerdings gibt es bisher keine quantentheoretische Herleitung, die diesen Zusammenhang überzeugend darlegen würde. Vielleicht lässt sich die dunkle Energie im Rahmen der aktuellen Physik überhaupt nicht schlüssig erklären. Es wäre sogar denkbar, dass die effektive Ursache auf ein Paralleluniversum zurückzuführen ist. Erinnern wir uns an die Hypothese, dass Raumzeitkrümmungen in unserem Universum eine Antigravitation in einem parallelen oder umgebenden Universum entfalten könnten. In diesem Fall könnte die beschleunigte Expansion unseres Universums auf anti-gravitative Kräfte eines anderen Universums zurückzuführen sein. Obwohl es sich stark nach Hirngespinst und weit hergeholter Erklärung anhören mag, ist es dennoch eine ernsthaft in Betracht zu ziehende Alternative. Insbesondere wenn wir uns vor Augen führen, dass die Gravitation aus bisher ungeklärten Gründen die mit Abstand schwächste der vier bekannten Grundkräfte der Natur ist. In einem Versuch, diesen Umstand zu erklären, schlug die amerikanische Physikprofessorin Lisa Randall eine fünfdimensionale Raumzeit vor. Unser Universum besteht demnach aus zwei Grenzwelten, die durch einen leeren Raum getrennt sind. In der einen Grenzwelt existieren die drei Grundkräfte elektromagnetische, schwache und starke Wechselwirkung. Das Licht und alle Elementarteilchen können sich nur in dieser Grenzwelt aufhalten, in der auch wir uns befinden, und nicht mit der zweiten Grenzwelt wechselwirken. Das Gravitation, ein hypothetisches Teilchen, das die Anziehungskraft überträgt, kann den Zwischenraum überwinden und die beiden Grenzwelten miteinander verbinden. Die Gravitation ist somit die einzige Grundkraft, die durch alle Dimensionen und Welten wirkt, und aus diesem Grund in unserer vierdimensionalen Raumzeit (einer der Grenzwelten) wesentlich schwächer ausfällt als die anderen drei Grundkräfte. Natürlich ist dieses Modell recht spekulativ. Im Vergleich zu den Weltformeltheorien ist dieses Modell aber eher bescheiden, was den Bedarf an Dimensionen und Komplexität betrifft.

Die beschleunigte Expansion unseres Universums, die dunkle Energie, könnte folglich auf eine Gravitationswirkung aus einer anderen Welt zurückzuführen sein, die in unserer Raumzeit als abstossende Kraft wirkt und dadurch die beschleunigte Expansion bewirkt. Auch diese Hypothese ist natürlich bloss eine Möglichkeit von vielen. Die Stossrichtung der aktuellen Forschung führt aber in die Richtung von Modellen, die eine Welt mit zahlreichen versteckten Dimensionen und Universen zumindest für möglich halten.

Eine alternative Erklärung für die dunkle Energie könnte auch in einer Unzulänglichkeit der Allgemeinen Relativitätstheorie zu suchen sein. Falls diese Theorie nämlich nur ein Grenzfall einer übergeordneten Theorie ist – und davon ist auszugehen – könnten die notwendigen Anpassungen allenfalls dazu führen, dass die dunkle Energie im Zuge eines angepassten Formalismus verschwindet. Schliesslich ist die dunkle Energie ja auch nur entstanden, um die Abweichungen zwischen der theoretischen Erwartung und der tatsächlichen Beobachtung der Expansion zu erklären.

Neben der dunklen Energie gibt es auch noch die dunkle Materie. Nach den Gesetzen der Physik müsste die Rotationsgeschwindigkeit in den äusseren Bereichen von Galaxien abnehmen. Etwa so, wie der Pluto wesentlich langsamer um die Sonne kreist als der sonnennächste Planet Merkur. Tatsächlich zeigen aber Beobachtungen, dass die die Rotationsgeschwindigkeit konstant bleibt oder sogar noch schneller wird. Eine höhere Rotationsgeschwindigkeit lässt die Vermutung von bisher nicht endeckten Massen zu, wodurch eine höhere Anziehungskraft entsteht, die zu einer schnelleren Umdrehung führt. Diese Massen existieren aber nicht in Form bekannter Materie wie Sternen, Planeten, Gasen oder kosmischem Schutt, weshalb sie als dunkle Materie bezeichnet werden. Neben der Existenz hypothetischer Teilchen wird als Erklärung auch eine Modifikation der allgemeinen Relativitätstheorie in Betracht gezogen. Demnach wird postuliert, dass die Äquivalenz zwischen träger und schwerer Masse bei sehr kleinen Beschleunigungen allenfalls nicht mehr gilt. Möglicherweise sind die dunkle Materie und dunkle Energie nur auf eine Unzulänglichkeit in unseren

Theorien zurückzuführen und nicht auf bisher unentdeckt geblie-
bene, rätselhafte Phänomene. In jedem Fall spricht es nicht gerade
für die Vollständigkeit einer Theorie zur Erklärung des Kosmos,
dass derzeit 95 Prozent des gesamten Universums bisher unent-
deckter, unbekannter dunkler Materie oder dunkler Energie zuge-
rechnet werden müssen[35].

Einmal mehr müssen wir nüchtern feststellen, dass die moderne
Physik nur einen Hauch des Universums erklären kann. Um unsere
Natur dereinst wirklich zu verstehen, steht uns noch eine lange und
abenteuerliche Reise bevor. Doch wagen wir uns als nächstes zuerst
einmal in die Welt des Kleinen, in die Welt der Quantenphysik.
Hier erwarten uns noch weitaus bizarrere, seltsamere und erklä-
rungsbedürftigere Phänomene als bei der Relativitätstheorie. Denn
die Quantenmechanik widerspricht unserer Alltagserfahrung in
vielerlei Hinsicht und verändert unser Weltbild grundlegend.

Doch lehnen Sie sich erst einmal zurück, gönnen Sie sich einen
Kaffee oder einen guten Tee und geniessen Sie die Ruhe, die zwischen Ihnen, diesem Buch und der Couch, auf der Sie sich hoffentlich gerade erholen, in diesem Moment noch herrscht. Denn sobald
Sie die Quantenphysik ins Haus lassen, kehrt das nackte Chaos ein
und Ihre Couch wird nie wieder so unverdächtig sein, wie sie es in
diesem Moment (hoffentlich) noch ist.

---

[35] Die moderne Kosmologie nimmt an, dass das Universum nur zu 4.6% aus
Atomen, 72% dunkler Energie und 23% dunkler Materie besteht. Die restlichen
0.4% beinhalten Neutrinos, kosmische Strahlung etc.

3 Quantenspuk

Die Quantenphysik beschreibt Phänomene und Vorgänge in der mikroskopischen Welt, der Welt des Kleinen. In diesem atomaren und subatomaren Bereich herrschen ganz andere Naturgesetze als wir sie aus dem Alltag kennen. Gesetze, die den als selbstverständlich und fundamental erachteten Prinzipien der klassischen Physik zuwiderlaufen. Die Teilchen tun und lassen, was ihnen gefällt. Sie verhalten sich wie ein störrisches Kind. Als Regelwerk gilt der Zufall. Jedenfalls – und das ist eines der grössten Rätsel der Natur – bis der Mensch einschreitet und versucht, das Verhalten der Teilchen in einem Experiment zu messen. Dann beugen sich die Quanten dem Regelwerk, das der Mensch der mikroskopischen Welt zuschreibt, und verhalten sich so, wie wir es aus unserer Erfahrung heraus erwarten würden.

Das Wesen der Quantenphysik ist sehr seltsam und unterscheidet sich in fundamentalster Weise von den Prinzipien der Relativitätstheorie oder der uns intuitiv geläufigen klassischen Mechanik. Bis zur Entdeckung der Quantenphysik galten alle Vorgänge in der Natur zumindest theoretisch als berechenbar. Ein sehr leistungsfähiger Computer, der auf sämtliche relevanten Informationen des Universums zugreifen kann, wäre demnach in der Lage gewesen, alle zukünftigen physikalischen Ereignisse präzis vorherzusagen. Mit der Quantenphysik zieht aber der Zufall in das Haus der Wissenschaft ein. Die kleinsten Teilchen verhalten sich widerspenstig und spukhaft. Sie sind überall, bewegen sich entlang mehrerer Pfade gleichzeitig und springen spontan in verbotene Zonen, in denen sie sich eigentlich nicht aufhalten können. Die Bewegung der Teilchen lässt sich nur mit Wahrscheinlichkeitsrechnungen schätzen.

Es ist wie bei einem Hütchenspiel: So lange niemand hinschaut, kann die Kugel überall sein. Die Elementarteilchen verlieren ihren bestimmten Charakter und damit die Physik den Anspruch, den Lauf der Dinge prinzipiell vorausberechnen zu können. Die Wahrscheinlichkeit verunmöglicht als eine Art innerer Schutzmechanismus der Natur die sichere Berechenbarkeit von Ereignissen, unabhängig von den experimentellen Informationen, die über ein System zur Verfügung stehen. Den Ort oder die Bewegung eines Teilchens genau zu bestimmen ist deshalb in der Quantenphysik unmöglich. Nicht etwa, weil unsere Geräte oder technischen Fähigkeiten nicht ausreichen, sondern weil es sich dabei um ein grundsätzliches Prinzip der Natur handelt, das rätselhafterweise allerdings nur in der Welt der kleinen Teilchen gilt. In der uns bekannten, alltäglichen Welt geht alles gewohnter Dinge. Berechenbare und konsistente Prozesse verdrängen den quantenmechanischen Spuk. Die Ursache für diesen fundamentalen Unterschied zwischen mikroskopischer und makroskopischer Welt ist bis heute nicht enträtselt und Gegenstand aktuellster Forschung.

Die Quantenphysik ist der Schlüssel zu den fundamentalsten Fragen des Universums. Sie wirft aber auch zahlreiche neue Fragen in den Raum. Beispielsweise nach der Vereinbarkeit mit der Relativitätstheorie, der Theorie des Makrokosmos, die aber auf ganz anderen Prinzipien zu beruhen scheint. Wie kann es sein, dass im Mikro- und Makrokosmos derart verschiedene Naturgesetze herrschen? Lassen sich diese Naturgesetze unter einem gemeinsamen Nenner zusammenfassen? Wie lassen sich die mysteriösen Phänomene der Quantenmechanik erklären? Was verbirgt sich hinter dem Zufall?

Auf diese und viele weitere spannende Fragen und verblüffende

Phänomene aus der Welt der Quanten wollen wir in den folgenden Kapiteln einige Antworten finden.

3.1 Quantisierung von Licht, Raum und Zeit

Zu Beginn des 20. Jahrhunderts erlebte die Quantenphysik ihre grosse Pionierzeit. Physiker wie Planck, Heisenberg, Schrödinger, Dirac oder Born erarbeiteten die Theorien der Quantenmechanik und damit neben der Relativitätstheorie die zweite Säule der modernen Physik. Albert Einstein leistete mit der Lichtquantenhypothese einen wichtigen Beitrag, wobei er sich zeitlebens nicht mit der spukhaften Gestalt der Quantenphysik anfreunden konnte. Einstein war ein Geselle, der sich gerne an der Schönheit der Natur erfreute. Ihm missfiel, was immer die Eleganz und Stabilität des Universums in Frage stellte. Dazu zählte vor allem die junge Quantenphysik, die den Zufall ins Haus von Mutter Natur einziehen liess. Ein unerwünschter Gast, befand Einstein. Doch er wusste, dass er es war, der das Wesen des Lichts mit seiner Lichtquantenhypothese umgekrempelt hatte. Und damit dem unerwünschten Gast sein Geleit erwiesen hatte.

Doch alles der Reihe nach. Was ist überhaupt dieser Quantenspuk und weshalb verändert er unser Weltbild so drastisch? Und wie um alles in der Welt können vernünftige Menschen auf die Idee kommen, eine solche Theorie zu ersinnen, die allem widerstrebt, was wir von der Natur kennen und wissen?

Um das Jahr 1900 hatte die Wissenschaft mit einigen seltsamen Ungereimtheiten zu kämpfen, die sich zwischen der Theorie und dem Experiment ergeben hatten. Ein Knackpunkt war der so genannte photoelektrische Effekt und damit verbunden die Jahrhundertfrage, was Licht eigentlich ist. Der englische Physiker Thomas Young hatte bereits im Jahr 1802 mit seinem berühmten Doppelspaltexperiment eine schlüssige Antwort auf diese Frage geliefert. Er hatte damals gezeigt, dass sich Licht wie Wellen überlagert. Folglich musste Licht eine Welle sein, da nur Wellen solche Überlagerungen (Interferenzen) bilden können. Im Jahr 1839 entdeckte Alexandre Edmond Becquerel den photoelektrischen Effekt: Bestrahlt man eine Metalloberfläche mit Licht, werden Elektronen aus dem Metall geschlagen (siehe Abbildung 6). Das Problem dabei: In der Theorie wurden gänzlich andere Ergebnisse erwartet als sie im Experiment reproduziert werden konnten. Aus dem Ofen der Physik kam keine Pizza Hawaii, obwohl der Koch einen Haufen Ananas mit Schinken und Käse reingesteckt hatte. Das Dilemma des photoelektrischen Effekts lässt sich anhand einer Mikrowelle veranschaulichen. In der damals vorherrschenden Annahme ist das Licht eine Welle. Wellen übertragen ihre Energie kontinuierlich, das heisst über eine „längere" Zeitspanne hinweg. Ein Paradebeispiel ist Ihre Mikrowelle. Wenn Sie Ihr Teigwarengericht in das Gerät stellen und dieses anschliessend einschalten, ist das Gericht nicht sofort warm. Es dauert eine gewisse Zeit, normalerweise zwei bis drei Minuten. Während dieser Zeit überträgt die Mikrowelle Energie auf Ihre Speise, wodurch diese erwärmt wird. Die Energie wird aber nicht sofort, sondern fortwährend – das heisst kontinuierlich – auf die Speise übertragen. Gleichermassen müsste sich das Licht beim photoelektrischen Effekt verhalten unter Youngs Annahme, dass Licht eine Welle ist. Wenn also eine Metallplatte mit Licht bestrahlt wird, sollte sich diese aufladen und nach etwa einer Sekunde über genügend Energie verfügen, um Elektronen aus dem Metall freizusetzen.

Soweit die Theorie. Zum Ungemach einiger Wissenschaftler sollte sich im Experiment zeigen, dass der photoelektrische Effekt sofort eintritt, wenn die Apparatur eingeschaltet wird. Die Elektronen werden unmittelbar aus dem Metall geschlagen und nicht erst nach wenigen Sekunden, wie es aufgrund der Wellennatur des Lichts zu erwarten gewesen wäre. Zudem vermutete man bisweilen, dass die Intensität des Lichts einen Einfluss auf die Geschwindigkeit hat, mit der die freigesetzten Elektronen aus dem Metall fliegen würden.

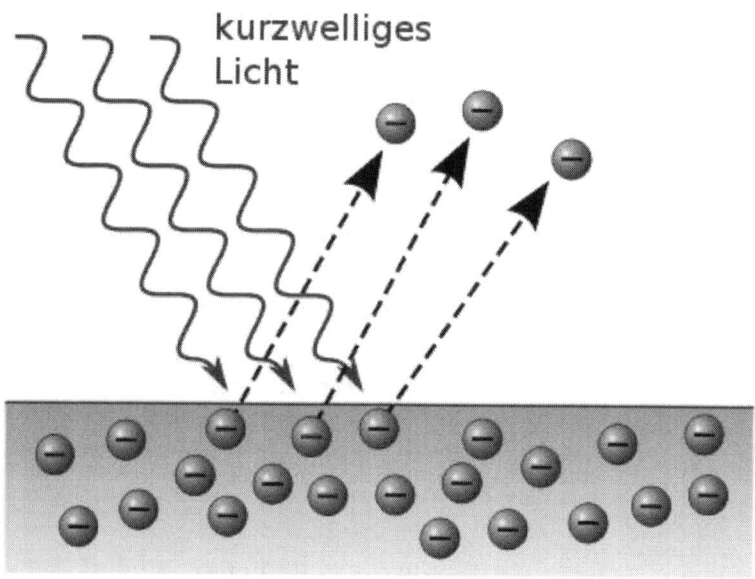

Abbildung 6   **Der photoelektrische Effekt**

Desto höher die Intensität, desto mehr Energie wird auf das Metall übertragen und desto heftiger müssten die Elektronen aus dem

Metall geschlagen werden. In der gleissenden Mittagssonne am Äquator bräunt es sich schliesslich auch wesentlich intensiver als am späten Winterabend vor der Alphütte (ausser der Bauer spritzt Gülle). Doch auch in diesem Punkt sollte das Experiment die Fachwelt eines Besseren belehren und damit allgemeine Verwunderung und Ratlosigkeit stiften. Noch ahnte niemand etwas von der weitreichenden Bedeutung, die dieses Experiment dereinst erlangen sollte. Der photoelektrische Effekt war einer der bemerkenswertesten Widersprüche der theoretischen Physik des 19. Jahrhunderts. Eine Sackgasse. Ein Dilemma.

Dann kam Albert Einstein. Er strickte ein neues Rezept. Er kam, sah und siegte. Einstein erklärte den photoelektrischen Effekt im Jahr 1905, in dem er sich einer wegweisenden Idee des deutschen Physikers Max Planck bediente. Einer Idee, die die Welt für immer verändern sollte.

Max Planck hatte im Jahr 1900 bei der Erforschung des Schwarzkörperproblems festgestellt, dass Energie nicht „am Stück" (kontinuierlich) auftritt, sondern nur in kleinen Paketen. Jede Energiemenge stellt ein Vielfaches dieser grundlegenden Pakete dar. Die Wissenschaft und allen voran Planck selber hielten diese Idee erst einmal für eine gekünstelte Vereinfachung, damit seine Formeln einen Sinn ergeben und sich mit den experimentellen Erkenntnissen decken. Einstein aber erkannte die Bedeutung dieser Idee und wandte sie konsequenterweise auf das Licht an. Daraus entstand seine Abhandlung zum photoelektrischen Effekt, für die er sechszehn Jahre später den Nobelpreis erhalten sollte. Aus der Theorie Plancks zu den Energiepaketen erwuchs durch Albert Einstein die Quantenmechanik. In der Quantenphysik geht es vereinfacht darum, physikalische Vorgänge zu quantisieren, also gewissermassen in Pakete einzuteilen. Das heisst: Bestimmte Eigenschaften in der Natur existieren nur als Vielfaches einer kleinsten Grundmenge oder Grundeigenschaft. Hierbei sagt man, diese Eigenschaften seien „quantisiert". Ein Paradebeispiel ist die elektrische Ladung. Anders als wir es im Alltag vermuten, kann die elektrische Ladung keine beliebigen Werte annehmen, sondern muss immer ein Vielfaches der Ladung eines einzelnen Elektrons sein. Daher sagt man, die elektrische Ladung sei quantisiert. Man kann sich diese kleinste elektrische Ladung[36] als Postpaket vorstellen, das man seinem Patenkind zu Weihnachten schickt. Dieses Paket kann weder zerschnitten noch zerteilt noch halbiert werden. Desto mehr Geschenke man verschicken möchte, desto mehr Pakete werden benötigt. Die gesamte Ladung kann folglich immer nur ganze (= diskrete) Werte annehmen. Beispielsweise 5, 10 oder 15 Pakete, nicht aber 5 ½ oder 8 ¾ Pakete. Das bedeutet: Jede Ladung, egal wie man es auch anstellt, ist immer ein Vielfaches der kleinsten Ladung. Eine elektrische Ladung kann 100 oder 1000 Pakete umfassen, aber niemals 3 ½ oder 10 ⅞ oder ähnliches. Ein Paket stellt die kleinste mögliche Einheit dar und kann daher niemals aufgeteilt werden. Etwa so, wie in einem Flugzeug 80, 100 oder 120 Passagiere mitfliegen können, aber nie eine gebrochene Anzahl, beispielsweise 80 ½.

Die erste wichtige Aussage der Quantenmechanik ist demzufolge, dass gewisse physikalische Dinge nur quantisiert existieren, also immer ein Vielfaches einer Grundeinheit sind. Etwa so, wie die kleinste Währungseinheit beim Euro die 1-Cent-Münze ist, die nicht gebrochen, aus der aber jeder höhere Barbetrag zusammenge-

---

[36] Die kleinste elektrische Ladung ist die Ladung eines Elektrons.

setzt werden kann.

Die Entdeckung der Quantisierung sollte von sehr weitreichender Bedeutung sein. Bevor Einstein seine Abhandlung zum photoelektrischen Effekt veröffentlichte, war das Licht eine Welle. Das Doppelspaltexperiment Youngs hatte die Wellennatur des Lichts bewiesen. Doch Einstein erklärte, dass sich das Licht auch wie ein Teilchen verhalten kann. Und tatsächlich. Betrachtet man das Licht als Teilchenstrom[37], ergeben sich genau die Abweichungen, die beim photoelektrischen Effekt zwischen der Theorie und dem Experiment beobachtet worden sind. Das Licht ist somit Welle und Teilchen zugleich. Im Experiment von Young zeigte das Licht eine Wellennatur, beim photoelektrischen Effekt hingegen verhielt es sich plötzlich wie ein Teilchen. Wie kann aber etwas gleichzeitig Teilchen und Welle sein? Und wie wissen wir, ob sich das Licht jetzt als Welle oder als Teilchen verhält?

Einstein erklärte den photoelektrischen Effekt, in dem er das Licht als Teilchen verstand. Demnach besteht das Licht aus sehr vielen kleinen Energiepaketen, so genannten Photonen. Diese Photonen sind masselos und bewegen sich immer mit Lichtgeschwindigkeit. Einstein zu Folge wird ein Elektron aus dem Metall geschlagen, sobald es von einem Photon („Lichtpaket") getroffen wird. Deshalb tritt der photoelektrische Effekt unmittelbar und nicht erst nach der erwarteten Sekunde ein. Um sich diesen Umstand zu veranschaulichen, denken Sie an einen Billardtisch. Wenn Sie mit Ih-

---

[37] Die „Teilchen" sind die Photonen, die einzelnen Energiepakete des Lichts respektive der elektromagnetischen Strahlungen. Photonen sind masselos und bewegen sich immer mit Lichtgeschwindigkeit. Newton vermutete keinen solchen Teilchenstrom, sondern einen mit massebehafteten Teilchen.

rem Spielstock (Queue) der weissen Kugel einen Stoss geben, um eine der farbigen Kugeln in einem der Löcher zu versenken, bewegt sich die weisse Kugel unmittelbar in die Stossrichtung und gibt ihre Bewegung an die getroffene Kugel weiter. Das gesamte Billardspiel geschieht unmittelbar. Man würde auch ziemlich irritiert aus der Wäsche gucken, wenn dem nicht so wäre (insofern kein Bierpaket im Spiel war). Wäre die weisse Kugel aber eine Welle, würde diese ihre Bewegung beim Zusammenstoss mit der anderen Kugel „kontinuierlich" übertragen. So, wie das Essen in der Mikrowelle einige Minuten braucht, um warm zu werden. Die weisse „Wellen"-Kugel versenkt die rote Kugel folglich nicht sofort nach der Kollision in einem Loch, sondern es vergehen einige spukhafte Momente, bis sich die rote Kugel in Bewegung setzt. Die Szene erweckte den Anschein, als wenn die Kugeln bei der Kollision eine Pause einlegten, bevor sie auf den Stoss reagieren. Da die Belichtung von Metall jeweils ohne Zeitverzögerung zum photoelektrischen Effekt führt, muss das einfallende Licht den Charakter einer Billardkugel haben. Das Licht verhält sich hierbei nicht als Welle, wie man fälschlicherweise glaubte, sondern als Teilchen. Als Teilchen, wie es Einstein postulierte.

Einstein konnte die Ungereimtheiten zwischen der Theorie und dem Experiment erklären, in dem er postulierte, dass sich das Licht auch wie ein Teilchen verhalten kann. Licht ist also Teilchen und Welle zugleich. Das Licht, und natürlich jede andere elektromagnetische Welle, können sich sowohl als Teilchen wie auch als Welle verhalten. Beim Doppelspaltexperiment von Young verhält sich das Licht wie eine Welle und beim photoelektrischen Effekt wie ein Teilchen. Dieses höchst seltsame Phänomen wird als Welle-

Teilchen-Dualismus bezeichnet. Weshalb Licht gleichzeitig[38] als Teilchen oder Welle auftreten kann und welcher Mechanismus dem Licht sagt, welches Verhalten es zu zeigen hat, ist bis heute nicht verstanden. Der Welle-Teilchen-Dualismus gehört zu den grössten Geheimnissen der modernen Physik - und er führt noch weiter, noch tiefer in den Dschungel der Quantenwelt. Führt man das Doppelspaltexperiment mit Materieteilchen durch, beispielsweise Elektronen, hängt das Ergebnis massgeblich davon ab, ob man die Elektronen beobachtet oder nicht. Je nachdem, treten sie als Wellen oder als Teilchen in Erscheinung. Sie sehen, in der Welt der Quanten spukt es. Und zwar gewaltig.

Einstein unterwarf die elektromagnetische Strahlung und damit auch das Licht dem Verdikt der Quantisierung. Dadurch vernichtete er die Vorstellung von der konsistenten Welt, die wir im Alltag erleben. Einen Lichtstrahl aus einem handelsüblichen Laserpointer erachten wir als eine durchgehend rote Linie. Ebenso haben wir das Gefühl, der elektrische Strom fliesse kontinuierlich aus der Steckdose. Wer einmal in unliebsamen Kontakt mit einem Viehhüterzaun gekommen ist, weiss, was ich meine. Dabei handelt es sich einmal mehr um Trugschlüsse, die im Alltag zwar richtig zu sein scheinen, tatsächlich aber nur Annäherungen an die Realität sind. Weder das Licht noch der elektrische Strom fliessen kontinuierlich, sondern quantisiert. Das Licht ist in kleine Energiepakete unterteilt, so genannte Photonen. Ein Lichtstrahl ist nichts anderes als die Aneinanderreihung von sehr vielen solchen Energiepaketen. Von der Lampe in Ihrem Zimmer strahlt nicht beständig Licht, sondern

---

[38] Tatsächlich verhält sich das Licht entweder wie ein Teilchen oder wie eine Welle – bis zur Messung überlagern sich die beiden Verhaltensweisen aber, weshalb hierbei das Licht gleichzeitig Teilchen und Welle ist.

Paket um Paket, Photon um Photon. Wenn Sie in einem Internetshop eine Bestellung tätigen, erhalten Sie die Lieferung auch „quantisiert". Der Briefträger übergibt Ihnen Paket für Paket. Jedes Paket stellt ein Quant dar, eine kleinste Einheit, die nicht gespalten oder halbiert oder sonst wie aufgeteilt werden kann. Wenn Sie die Lampe anschalten, wird Paket für Paket elektrische Energie aus der Steckdose gezogen und Paket für Paket Licht aus der Glühbirne abgestrahlt. Diese Pakete sind natürlich extrem klein, weshalb wir das Gefühl haben, dass der Strom kontinuierlich fliesst und von der Glühbirne kontinuierlich Licht abgestrahlt wird.

Könnten wir das Licht jedoch extrem verlangsamen und in Zeitlupe betrachten[39], könnten wir erkennen, dass das Licht kein zusammenhängender Strahl ist, sondern aus fast unzählig vielen, kleinen Energiepaketen (Photonen) besteht. Diese revolutionäre Erkenntnis zementierte das Fundament der Quantenmechanik[40]. Mit diesem vollkommen neuen Ansatz der Physik konnten zahlreiche Ungereimtheiten und Probleme erklärt werden. Wie bei jeder neuen Entdeckung sind daraus aber auch zahlreiche neue Unbekannte erwachsen.

---

[39] Das würde in der Praxis aufgrund der Konstanz der Lichtgeschwindigkeit zwar nicht funktionieren, soll aber der Veranschaulichung dienen.

[40] Beim photoelektrischen Effekt und der Entdeckung der Quantisierung von Planck im Jahr 1900 spricht man auch von der „klassischen Quantenmechanik", da die Erkenntnisse erst lückenhaft auf die Physik angewandt worden sind. Erst in den 20er Jahren erkannte man beispielsweise, dass sich auch Materieteilchen wie Wellen oder Teilchen verhalten können. Später begann man, alle Naturkräfte zu quantisieren, was bisher nur bei der Gravitation nicht gelungen ist.

3.2 Die unheimliche Welt der Quanten

Die Quantenphysik ist ein unheimliches Bergschloss mit vielen Falltüren, verschlossenen Zimmern und geisterhaften Fertigkeiten. Ein steiniger Pfad führt entlang der Klippe hinauf in die neblige Landschaft dieses Baus. Kein Wegweiser enträtselt die Abzweigungen. Niemand weiss, wohin der Weg führt. Alle kühnen Pioniere haben sich im Dickicht dieser Welt verlaufen. Zu dieser Einsicht gelangt man spätestens dann, wenn man den Schlossgraben überwindet, das Burgtor eintritt und einen Blick in die beängstigend faszinierenden Räume wirft. Im grossen Saal knistert der Kamin und ein Schatten beugt sich über das Gemäuer. Eine halbtote Katze umstreicht das Stuhlbein. Aus der Porzellanschale auf dem schweren Holztisch springt ein Apfel. Durch zwei dünne Spalten fällt ein Licht, das nie jemand sehen kann, weil es sofort verschwindet, wenn jemand hinschaut. Der Stuhl marschiert ins Feuer. Und plötzlich steht eine Ritterrüstung im Saal. Leer, versteht sich. Ein düsteres Szenario aus der Welt der Mythen und Legenden? Sind Sie sich da ganz sicher?

Leider muss ich Sie enttäuschen. Diese Szenerie ist ein authentisches Abbild der merkwürdigen Phänomene, welche die Quantenphysik des 21. Jahrhunderts derart unheimlich machen. Zumindest solange, bis jemand den geisterhaften Raum beobachtet. Dann geschieht seltsamerweise, was die Theorie (und jeder vernünftige Mensch) erwarten würde. Aber niemand weiss, woher die Räume wissen, dass Sie beobachtet werden – und das zu allem Überfluss auch noch, bevor man es tut. Die Räume verhalten sich nämlich nicht spontan korrekt, wie es Ihre Kinder vielleicht tun, wenn Sie zur kommandierten Schlafenszeit deren Zimmer betreten. Sollen

Ihre Kinder schlafen, lesen Sie unter der Decke womöglich einen Comic oder ein Büchlein. Sobald Sie die Türe öffnen, ist das Licht sofort aus und Ihr Kind bemüht den Schlaf. Als gewissenhafter Elternteil werden Sie das natürlich ahnen, da Sie Ihre Kinder kennen, und die heimliche Lektüre mit einem „Schlaf gut" durchgehen lassen. Schliesslich ist Lesen nicht unbedingt ein grobes Verdikt und manche Eltern pubertierender Kinder würden sich wünschen, es dabei belassen zu können. Die Räume der Quantenphysik, oder besser gesagt die mysteriösen Phänomene, die sich dort drin abspielen, treten aber erst gar nicht auf, wenn man sie beobachten wird. Die Phänomene stoppen also nicht, sobald man hinschaut, sondern bereits, wenn man hinschauen wird. Niemand kann heute sagen, woher die Räume wissen, dass man hineinschaut, bevor man es tatsächlich tut. Und nach dem Grund, weshalb sich gerade ein Sofa in die Küche zwängt und der Fernseher spurlos verschwindet, fragen wir nicht. Noch nicht. Fakt ist, und dessen sollten Sie sich bereits jetzt bewusst sein: Dieses quantenphysikalische Spukschloss ist kein Märchen. Es ist die nackte Realität. Es beherbergt all die unerklärlichen Phänomene, die die Welt des Kleinen beherrschen. Begeben wir uns auf die Spur dieser Phänomene und stellen wir uns die Frage, wie sich diese Phänomene der Alltagswahrnehmung entziehen.

Mit der Lichtquantenhypothese erklärte Einstein den photoelektrischen Effekt. Seither ist bekannt, dass Licht einem so genannten Wellen-Teilchen-Dualismus unterworfen ist. Licht kann sich als Teilchen verhalten oder als Welle. Je nach Situation liefert die eine oder die andere Anschauung das mit den experimentellen Ergebnissen übereinstimmende und damit korrekte Resultat. Im Jahr 1924 wagte sich der französische Physiker de Broglie einen entscheidenden Schritt weiter. Er postulierte, dass sich auch materielle Teilchen in bestimmten Fällen als Welle verhalten könnten. Ein Elektron tritt demnach nicht immer nur als punktförmiges Teilchen in Erscheinung, sondern abhängig von bestimmten, noch zu erläuternden Umständen auch wellenförmig. Eine gewöhnungsbedürftige Vorstellung, dass sich ein winziges Kügelchen plötzlich wie eine Welle verhalten soll. Oder besser gesagt: Dass jede Materie auch Wellencharakter hat. Oder haben Sie Ihr Auto schon einmal dabei beobachtet, wie es in der Garage fröhlich hin und her schwingt und dabei die halbe Karosserie verkratzt? Trägt die Gattin möglicherweise gar keine Schuld an den auffälligen Kratzern an der Stossstange? Haben Sie Ihr womöglich Unrecht getan? Gehört der Schuldspruch dem Quantenspuk?

Das Problem besteht in der Frage, wann die Teilchen als Teilchen oder Wellen betrachtet werden müssen. Tatsächlich tritt immer nur eines der beiden Phänomene gleichzeitig auf. Zumindest, sobald jemand hinsieht. Was sich vorerst nüchtern anhört, wurde spätestens im Jahr 1961 mit dem Doppelspaltexperiment des deutschen Physikers Claus Jönsson zu einem Pearl Harbor der Weltanschauung. Einem eher unerwarteten Sturmangriff auf den Hafen der Physik. Dabei hat auch die philosophische Flanke mehr oder weniger Schiffbruch erlitten. Mit dem Anbruch des 20. Jahrhunderts war bereits ein gewaltiger Kugelhagel über dem Weltbild niedergegangen. Und das, obwohl man dachte, in der Physik sei so gut wie alles erforscht. Der Münchner Professor Philipp von Jolly hatte Max Planck anno 1874 deswegen sogar von einem Physikstudium abgeraten: „In dieser Wissenschaft ist schon fast alles erforscht, und es gilt, nur noch einige unbedeutende Lücken zu schliessen." Ein sinnbildliches Zitat für die voreingenommenen Ansichten, die man damals teilte, um in den nächsten Jahrzehnten von einem Umbruch zum nächsten zu eilen. Gemessen an den offenen Fragen, die man sich damals und heutzutage stellt, wissen wir heute noch kaum etwas. Es fehlt in allen Belangen, um in der modernen Physik nur noch einige unbedeutende Lücken schliessen zu müssen. Mathematik. Philosophie. Physik. Denn die Umstürzung des klassischen Weltbilds hin zu einer relativistischen Anschauung sollte erst ein Dornenstich sein im Vergleich zum Sperrfeuer, das aus den Kanonen der Quantenphysik donnerte. Das Doppelspaltexperiment von Jönsson durchlöcherte auf experimenteller Basis alles, was bisher als kugelsicher gegolten hatte. Denn spätestens jetzt wurde die Quantenphysik so richtig unheimlich. Im Jahr 1961 gelang es Jönsson, die Materiewellenhypothese von de Broglie in einem sehr komplizierten Experiment zu überprüfen. Kompliziert deshalb, weil es sich in sehr kleinen Grössenordnungen bewegte. Es sollte das erste Doppelspaltexperiment werden, das erfolgreich mit klassischen Teilchen statt Licht (beziehungsweise elektromagnetischen Wellen) durchgeführt wurde. Dazu errichtete er einen Versuchsaufbau gemäss Abbildung 7. Eine Quelle (Q), aus der Elektronen auf einen Doppelspalt geschossen werden. Es gibt zwei Spalten, wodurch die Elektronen fliegen können. Schliesslich treffen die Elektronen, die es durch die Spalte geschafft haben (und nicht in die Wand geflogen sind), auf eine Fotoplatte, wo ihr Einschlag registriert wird.

Das Jönsson Doppelspaltexperiment bewies zwei Phänomene, die jedem naturwissenschaftlich gestandenen Zeitgenossen die Tränen in die Augen getrieben haben müssen. Aus Freude oder aus Frust. Denn die nun folgenden Beobachtungen waren nicht nur äusserst seltsam, sondern auch noch ziemlich unheimlich. Als erstes geht die klassische Lehrmeinung davon aus, dass Elektronen materielle Teilchen und keine Wellen sind. Wären die Bausteine der Materie, also Elektronen, Protonen und Neutronen, nämlich Wellen, sollten sich ja auch die daraus aufgebauten Gebilde entsprechend verhalten. Eine Billardkugel beispielsweise überträgt ihren Stoss unmittelbar auf eine andere Kugel und zeigt damit eindeutig ein Verhalten, das man einem Teilchen zuordnen würde. Ein Pistolenprojektil bohrt sich in eine Holzwand und hinterlässt ein eindeutiges Einschussloch. Ebenfalls ein Verhalten, das man von einem Teilchen erwartet, aber sicherlich nicht von einer Welle.

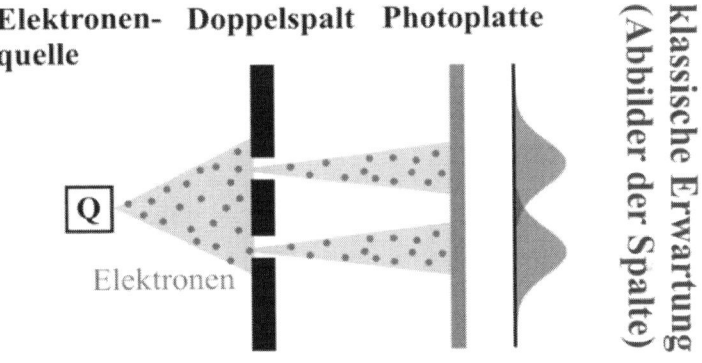

Abbildung 7   Doppelspalt Experiment – erwartetes Ergebnis

Die Elektronen kann man sich demzufolge wie Kugeln vorstellen, die aus der Quelle Q auf die Doppelspaltvorrichtung geschossen werden. Einige der Kugeln erwischen eine der beiden Spalten und fliegen durch die Öffnung hindurch. Hinter der Doppelspaltvorrichtung kollidieren sie mit der Fotoplatte. Diese Fotoplatte registriert den Einschlag.

Die beiden „Berge" ganz rechts in Abbildung 7 zeigen die ungefähr zu erwartende Verteilung der Elektroneneinschläge. Die Elektroneneinschläge sammeln sich hinter den beiden Öffnungen. Zur Seite hin werden es intuitiverweise immer weniger. Aufgrund dieser „Berge" könnte man ohne weiteres feststellen, wo sich die beiden Spalten befinden. Nämlich dort, wo die meisten Einschläge zu verzeichnen sind. Zur Seite hin werden es immer weniger, da die Wahrscheinlichkeit, dass ein Elektron durch die Öffnung dorthin gelangt, immer kleiner wird. An den äusseren Rand der Fotoplatte gelangt gar kein Elektron, da es dazu nach der Öffnung eine Kurve nach links oder nach rechts fliegen müsste. Würde nur ein Elektron auf die Fotoplatte treffen, könnte man durch den Einschlagpunkt ziemlich sicher feststellen, durch welche Spalte das Elektron geflogen ist. Ausser das Elektron fliegt schräg durch die Spalten und trifft gerade in der Mitte hinter den beiden Spalten auf der Fotoplatte ein (dort, wo sich die beiden „Berge" überscheiden). Dann könnte das Elektron durch die linke oder die rechte Spalte gelangt sein.

Soweit die klassische Erwartung. Soweit so gut.

Das Problem dabei: Die Quantenphysik ist keine Alltagstheorie und im Rahmen unserer Intuition im Allgemeinen nur schwer verständlich. Die Elektronen tun und lassen scheinbar, was ihnen gefällt. Das tatsächliche Ergebnis des Experiments entspricht in keiner Hinsicht der geschilderten Erwartung. Auf der Fotoplatte zeichnet sich ein Muster ab, das mit der alltäglichen Erwartung nicht zu vereinbaren ist. Ein Muster, das einmal mehr beweist, wie unvollständig unser Wissen von der Welt und deren Hintergründe eigentlich ist. Tatsächlich bildete das Experiment ein Interferenzmuster (wie in Abbildung 8 dargestellt). Das heisst: Direkt hinter den Spalten (dort, wo man die meisten Elektronen vermuten würde), treffen am wenigsten Elektronen auf die Fotoplatte. Dafür sammeln sich Elektronen in Bereichen, die eigentlich kaum oder mit viel geringerer Wahrscheinlichkeit zugänglich sind (zum Beispiel zwischen den Spalten oder neben den Spalten). Diese Häufigkeitsverteilung kann eigentlich nur entstehen, wenn Wellen auf die Doppelspaltvorrichtung geschossen werden. Denn Wellen überlagern sich, wodurch sie sich verstärken oder zerstören können.

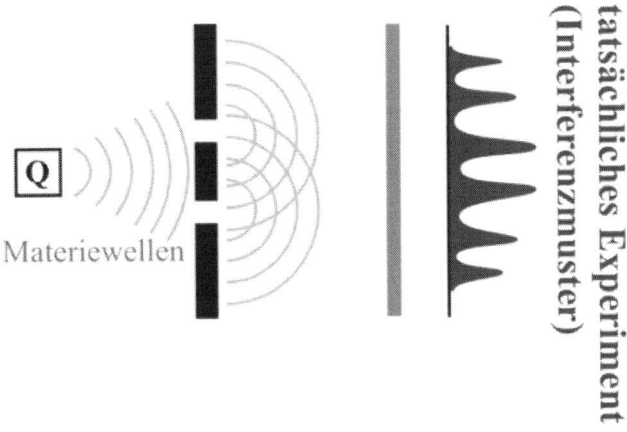

Abbildung 8   Doppelspalt Experiment – tatsächliches Ergebnis

Dabei entstehen die typischen Täler und Berge auf der Fotoplatte, ein so genanntes Interferenzmuster. Ein Elektron ist aber keine Welle, sondern ein Teilchen, das man sich wie eine Kugel vorstellen kann. Dachte man zumindest.

Das Experiment lieferte mit dem Interferenzmuster den Beweis für die Existenz der von de Broglie postulierten Materiewellen. Auch klassische Teilchen wie Elektronen oder Protonen können unter gewissen Umständen, zum Beispiel bei diesem Experiment, Wellencharakter annehmen. Elektronen verhalten sich dann als Wellen, obwohl sie nach klassischer Auffassung eigentlich Teilchen sind. Nur dadurch lässt sich das Interferenzmuster überhaupt erst schlüssig erklären. Schlüssig ist allerdings stark übertrieben. Das Experiment hat nämlich mindestens einen zünftigen Haken, der Physiker und Philosophen gleichermassen in faszinierende Verzweiflung stürzen lässt. Dieser Haken, ein am Meeresgrund verklemmter Anker der Physik, lässt sich in der Antwort zu folgender Frage finden: Was geschieht, wenn eine der beiden Spalten geschlossen wird?

Auf der Fotoplatte erscheint nun nicht mehr ein Interferenzmuster, sondern die klassische Abbildung der Spalten („Berge"), wie wir sie eigentlich bereits (in Abbildung 7) bei zwei geöffneten Spalten erwartet hätten. Die eigentliche Brisanz zeigt sich aber erst, wenn wir den Versuch noch einen Schritt weiter führen und uns fragen: Was geschieht, wenn beide Spalten offen sind und wir versuchen zu bestimmen, durch welche Spalte die Elektronen fliegen? Dann, sehr verehrte Leserinnen und Leser, entfaltet die Quantenphysik ihre unheimliche Faszination in ganzer Blüte. Auf der Fotoplatte entsteht nämlich wiederum das klassische Abbild der Spalten, also die Erscheinung, die wir unserer Alltagsvorstellung nach vermutet hätten. Wieso erscheint beim an und für sich gleichen Versuch einmal ein Interferenzmuster und einmal das klassische Abbild der Spalten? Und, ganz nebenbei gefragt, wieso verhalten sich die Elektronen einmal als Teilchen und einmal als Wellen? Und wie wissen sie und wir, wann welches Verhaltensmuster angewendet wird?

Der Ausgang des Experiments hängt offensichtlich davon ab, ob wir versuchen, den Weg des Teilchens zu bestimmen oder nicht. Oder anders ausgedrückt: Ob wir das Experiment beobachten oder nicht.

Den ersten Doppelspaltversuch haben wir durchgeführt, ohne die

Elektronen im Flug zu beobachten. Wir haben lediglich die Einschläge auf der Fotoplatte ausgewertet und dadurch festgestellt, dass ein Interferenzmuster entstanden ist. Beim zweiten Doppelspaltversuch haben wir versucht zu bestimmen, durch welche Spalte die Elektronen geflogen sind. Dabei haben wir festgestellt, dass auf der Fotoplatte ein klassisches Abbild der Spalten entstanden ist und kein Interferenzmuster.

Zwei identische Versuche, aber zwei konträre Resultate.

Damit ist ein grundlegendes Prinzip der klassischen Physik verletzt: Der Ausgang eines Experiments hängt nunmehr massgeblich von Messungen ab, obwohl diese Messungen das Experiment an und für sich nicht beeinflussen sollten. Die Messung selber hat nämlich keinen störenden Einfluss auf das Experiment.

In der klassischen Anschauung ist dieses Phänomen nicht erklärbar. Schlicht unmöglich. Stellen Sie sich vor, Sie feuern aus einer Pistole mehrere Schüsse auf eine Wand, und diese hat nichts Besseres zu tun, als die meisten Einschusslöcher an Stellen zu sammeln, die man mit der Pistole eigentlich kaum erreicht. Jetzt befestigen Sie an einem der beiden Spalten eine Vorrichtung, um zu schauen, durch welche Spalte hindurch Ihre Schüsse eigentlich auf die Fotoplatte gelangen. Und nun. Was geschieht nun? Genau. Nun sammeln sich alle Ihre Schüsse mehr oder weniger direkt hinter den beiden Spalten – das Experiment verhält sich so, wie wir es intuitiv erwarten würden. Wie ist es aber möglich, dass der Ausgang des Experiments davon abhängt, ob wir es messen oder nicht? Und wie ist es möglich, dass Teilchen ein Interferenzmuster bilden und sich auf der Fotoplatte an Stellen konzentrieren, die sie nach klassischer Auffassung kaum erreichen sollten? Oder anders gefragt: Wie ist die Wellennatur von materiellen Teilchen zu verstehen? Wie kann etwas eine Welle sein, das konsistente, feste Materie wie Steine, Häuser oder Autos formt?

Die Quantenphysik kennt dafür nur eine Erklärung:

Solange wir die Flugbahn des Elektrons nicht zu messen versuchen, fliegt das Elektron gleichzeitig durch beide Spalten und beschreitet dabei alle möglichen Wege. Es ist gewissermassen überall. Das Elektron verhält sich hierbei als Materiewelle und kann sich mit anderen Elektronen überlagern, wodurch das Interferenzmuster entsteht. Auch für Materieteilchen gilt also der Welle-Teilchen-Dualismus. Sobald wir das Teilchen beobachten oder mit einem Detektor zu bestimmen versuchen, durch welche Spalte es geflogen ist, verschwindet der Spuk der Quantenwelt. Das Teilchen verhält sich nunmehr so, wie wir es aus dem Alltag kennen. Als Teilchen nämlich. Es beschreitet eine einzige bestimmte Bahn, fliegt nur durch eine der beiden Spalten und hinterlässt auf der Fotoplatte einen einzigen klar definierten Einschlagspunkt.

Wie ist das zu verstehen? Hat das Experiment oder das Teilchen ein Eigenleben entwickelt und abhängig davon, ob ein bewusster Beobachter zuschaut oder nicht, verhält es sich anders?

Wie das Experiment genau zu verstehen ist, darüber streiten sich die Forscher auf der ganzen Welt. So lange das Teilchen nicht gemessen wird, befindet es sich in einem quantenmechanischen Überlagerungszustand. Seine Wahrscheinlichkeitswelle gibt dabei an, wo es sich befindet. Demzufolge ist es an mehreren Orten gleichzeitig. Erst wenn wir in das Quantensystem eingreifen und den Aufenthaltsort des Teilchens messen wollen, kollabiert die

Wahrscheinlichkeitswelle und das Teilchen entscheidet sich sofort für eine eindeutige Position.

Der Detektor kann dabei keinen Einfluss auf das Teilchen haben. Zumindest keinen Einfluss, der nicht das Kausalitätsprinzip verletzen und Kenntnisse über zukünftige Ereignisse voraussetzen würde. Es ist allerdings nicht so, dass der Detektor auf irgendeine unerfindliche physikalische Art und Weise den Weg des Teilchens beeinflussen oder die anderen Wege explizit zerstören würde. Denn, und jetzt wird es noch unheimlicher, der Detektor befindet sich hinter den Spalten (!). Das Teilchen wird erst nach der Durchquerung der Spalten beobachtet. Trotzdem scheint das Teilchen bereits vor der Spalte zu wissen, dass wir seinen Weg messen wollen. Denn sobald wir den Detektor aktivieren, folgt es wiederum der klassischen Annahme und fliegt nur durch die eine oder die andere Spalte – und zwar auf einem einzigen Weg, wie man es von einem anständigen Teilchen (das man sich als Kugel vorstellen kann) auch erwarten würde. Schalten wir den Detektor aber aus, folgt das Teilchen wieder dem Spuk der Quantenwelt und beschreitet unzählige Wege gleichzeitig. Das Teilchen ist eigentlich ganz schön frech. Es entzieht sich dem direkten Nachweis, dass es gleichzeitig durch beide Spalten fliegt und mysteriösen quantenmechanischen Gesetzen gehorcht. Nur indirekt, durch das Interferenzmuster auf der Fotoplatte, kann auf sein merkwürdiges Verhalten geschlossen werden.

Der Detektor misst das Teilchen in jedem Fall erst, wenn es durch die Spalte geflogen ist. Das Teilchen muss folglich schon gewusst haben, dass wir es messen wollen, bevor es durch die Spalten in den Detektor geflogen ist. Ansonsten würde der Detektor das Teilchen gleichzeitig bei beiden Spalten registrieren. Das Teilchen verfügt folglich über eine Art quantenmechanische Zukunftsvision. Es weiss schon, dass es sich wie ein klassisches Teilchen verhalten soll, weil es gemessen werden wird, bevor die Messung überhaupt stattgefunden hat. Die Wirkung – das Verhalten als klassisches Teilchen – setzt das Teilchen um, bevor es überhaupt zur Ursache – der Messung – gekommen ist. Ein sehr seltsames Phänomen.

Haben Teilchen eine Art Bewusstsein? Oder woher diese seltsame Abhängigkeit von zukünftigen Ereignissen auf den Ausgang des Experiments? Worin besteht die Erklärung für dieses schleierhafte Verhalten?

Das Doppelspaltexperiment war gewissermassen das Michelson-Morley-Experiment der Quantenphysik und auferlegt bis heute zahlreiche Rätsel.

3.3 Einstein, Schrödinger und die halbtote Katze

Der Quantenphysik mangelt es weniger an mathematischer Basis als vielmehr an der schlüssigen Interpretation. Mathematische Formulierungen und Ergebnisse sind bekannt. Aber niemand weiss, weshalb es so ist, wie es ist. Alle Physiker kennen die Architektur dieses spukhaften Gebäudes, aber niemand versteht sie.

Die Situation ist gut vergleichbar mit dem Dilemma Newtons. Er entwickelte zwar eine Gleichung, mit der sich die Wirkung der Gravitation im Alltag ziemlich genau beschreiben liess. Er musste jedoch eingestehen, dass er nicht wusste, was sich hinter der Gravitation als Grundkraft verbirgt. Die Ursache der Wirkung war ihm vollkommen fremd. Erst Albert Einstein entschleierte die Gravitation in der allgemeinen Relativitätstheorie, indem er sie auf fundamentale geometrische Prinzipien zurückführte, auf die Krümmung und Verzerrung der Raumzeit. Noch bevor die Kernspaltung erprobt und die ersten oberirdischen Atombomben in amerikanischen Wüsten gezündet worden sind, waren die Grundlagen der Quantenmechanik geschaffen. Mathematisch wie physikalisch. Aber es mangelt bis heute an einer wirklich umfassenden Interpretation, die den Quantenspuk in eine umfassende Erklärung kanalisiert und damit all die Fragezeichen beseitigt, die durch den Mikrokosmos geistern.

Die überraschende Erkenntnis, dass ein unbeobachtetes Teilchen zahlreiche Wege beschreitet, also vielerorts gleichzeitig ist, markiert erst den Anfang eines langen Pfades wissenschaftlicher Neuorientierung. Die Quantenphysik macht nämlich nicht Halt davor, so ziemlich alle grundsätzlichen Prinzipien der Physik zu zerstören. Die Tatsache, dass ein Teilchen, sobald wir es beobachten, den quantenchaotischen Charakter ablegt und unserer Alltagerwartung gehorcht, markiert erst den ersten Schritt einer langen Entdeckungsreise. Einer Entdeckungsreise, die zwangsläufig in einer übergeordneten Theorie münden dürfte. Insofern unser Verstand überhaupt fähig ist, dem Fluss der Wahrheit über all die Wasserfälle und Strudel bis zur Quelle zu folgen. Bis dahin ist es bestimmt noch ein weiter Weg. Denn als eine fundamentale Theorie müsste die Quantenphysik schlussendlich auf alle Grössenskalen (innerhalb der Planck-Grenzen) anwendbar sein beziehungsweise insbesondere eine Erklärung liefern, weshalb die Quantenphänomene im Alltag weitgehend unterdrückt werden. Im Kleinsten scheint die Welt augenblicklich ein unorganisiertes Chaos zu sein. Die Teilchen ein einziger wilder Haufen, der jeder klassischen Berechenbarkeit zuwiderläuft. Aus den wohlerzogenen Billardkugeln werden störrische Zufallselemente, die sich unserer Vorhersage entziehen und das Spiel mit ungewissem Ausgang wieder spannend machen. Sobald wir uns jedoch in die Stadt stürzen, in der Schule sitzen, Fernsehen schauen oder im Stadion unser Fussballteam anfeuern, verhält sich die Natur, wie wir es gewohnt sind. In unserer Alltagswelt verschwinden die Mysterien, die die Welt des Kleinen prägen.

Meistens jedenfalls.

Das Doppelspaltexperiment ist nur ein Schlüssel, um das seltsame Haus der Quantenphysik zu betreten. Aber es führen viele Wege nach Rom. Ein weiteres Paradebeispiel, das die mysteriösen Phänomene weiterführt und mitten in unseren makroskopischen Alltag portiert, ist die „Schrödinger Katze". Die schattenreiche Katze, die ums Stuhlbein streift.

Mitte der 30er Jahre stand die Quantenmechanik im Streitgespräch. Die Fachwelt lag sich in den Haaren. Es ging nicht unbedingt darum, ob die Theorie an und für sich richtig ist. Sondern vielmehr um deren Vollständigkeit. Einen Grund für die Skepsis fand Einstein in der Unschärferelation, die der deutsche Physiker Werner Heisenberg im Jahr 1927 aufgestellt hat. Die Heisenbergsche Unschärferelation ist ein Grundpfeiler der Quantenmechanik. Sie besagt, dass man zwei komplementäre Grössen nie gleichzeitig exakt messen kann. Sie können demnach den Aufenthaltsort und die Geschwindigkeit eines Teilchens niemals gleichzeitig präzis feststellen. Egal wie gut Ihre Messinstrumente auch sind. Diese Aussage ist von weitreichender Bedeutung für das Verständnis der Quantenmechanik. Ihre Interpretation besagt nämlich, dass beispielsweise die Bewegung eines Teilchens nicht vorhergesagt, sondern nur mit einer gewissen Wahrscheinlichkeit abgeschätzt werden kann. Da man den Impuls und den Aufenthaltsort eines mikroskopischen Balls nicht gleichzeitig bestimmen kann, ist es prinzipiell nicht möglich, dessen Flugbahn präzis vorherzusagen, sondern nur mit einer bestimmten Wahrscheinlichkeit. Die Natur verfügt damit über einen Verschleierungsmechanismus, der verhindert, dass wir ihr zu tief in die Karten schauen. Desto präziser wir nämlich den Impuls zu bestimmen versuchen, desto unschärfer wird der Aufenthaltsort. Und umgekehrt. Sie können sich diesen Umstand anhand eines Pokerspiels veranschaulichen. Stellen Sie sich vor, Sie sind bei einem Kollegen zum Poker spielen eingeladen. Stellen Sie sich weiter vor, Sie seien ziemlich vergesslich und können sich nur gerade die Karten einprägen, die Sie in den Händen halten. An alle Karten, die Sie sonst irgendwie sehen, erinnern Sie sich nur so lange, wie Sie Ihren Blick darauf richten. So lange Sie auf den Spieltisch schauen und die dort liegenden Karten sehen, können Sie aufgrund Ihrer Karten in den Händen und der aufliegenden Karten eine Entscheidung fällen. Sobald Sie Ihren Blick von den offenen Karten abwenden, vergessen Sie diese und Ihre Entscheidung hängt einzig und alleine von den Karten ab, die Sie in den Händen tragen. Jetzt könnten Sie natürlich clever sein und Ihrem Glück etwas auf die Sprünge helfen, indem Sie – ganz unauffällig - einen Blick auf die Karten des Nachbars werfen. Da Sie auch hier ziemlich vergesslich sind, können seine Karten nur einen Einfluss auf Ihre Spielentscheidung haben, so lange Sie hinsehen. Sie haben also entweder die Möglichkeit, die offen liegenden Karten zu betrachten und in ihre Entscheidung miteinzubeziehen oder die Karten des Gegenspielers (nehmen wir einmal an, Sie spielen nur zu zweit). Sie kennen somit immer nur Ihre eigenen Karten und die offen liegenden Karten oder die des Gegenspielers. Das entspricht der Unschärferelation der Quantenmechanik: Je genauer Sie die offen liegenden Karten anschauen, je weniger wissen Sie über die Karten des Gegenspielers und umgekehrt. Sie können die Karten, die Sie nicht anschauen, jeweils nur mit einer bestimmten Wahrscheinlichkeit bestimmen. Wenn Sie beispielsweise zwei Asse in den Händen halten und zwei Asse auf dem Tisch liegen, ist die Wahrscheinlichkeit, dass Ihr Mitspieler auch noch ein Ass hält, gleich null. Insofern er keine langen Ärmel trägt. Wenn Ihr Chef Ihnen einen Vortrag hält und Sie gleichzeitig einen wunderschönen Song durch das Headset trällern hören, können Sie die Grösse „Vortrag des Chefs verstehen" beeinflussen, in dem Sie die Lautstärke regulieren. Je lauter die Musik, je geringer die Wahrnehmung des Chefs und je höher die Aufmerksamkeit den musikalischen Freuden. Schalten Sie die Musik ganz aus, geniesst der Chef Ihre ungeteilte Aufmerksamkeit, wodurch Sie aber nicht wissen, welches Lied das Radio gerade spielt. Schalten Sie die Musik laut genug, hören Sie jedes Basszupfen ganz genau, verstehen aber vom Vortrag Ihres Chefs kein Wort. Die zwei Grössen „Chef verstehen" und „Musik hören" sind insofern komplementär. Je mehr Aufmerksamkeit Sie dem einen widmen, je weniger Aufmerksamkeit geniesst das andere. Das ist das so genannte Unschärfeprinzip der Quantenmechanik. Je genauer man den Impuls eines Teilchens bestimmt, je ungenauer werden die Aussagen, die man über seinen Aufenthaltsort machen kann. Die Unschärferelation ist prinzipieller Natur und nicht auf mangelnde Präzision der Messgeräte zurückzuführen. Fragen Sie sich auch gerade, ob Sie der Polizei ein Verfahren anhängen wollen, weil die Radargeräte Ihre Geschwindigkeit prinzipiell nicht präzis messen können?

Tatsächlich hätte es ein Gesetzeshüter in der Teilchenwelt nicht einfach. Nehmen wir einmal an, Rolf, ein Elektron im besten Alter, von Beruf Freund und Helfer, will eine Radarfalle aufstellen um sicherzustellen, dass seine Artgenossen nicht zu schnell durch den Atomorbit fliegen. Rolf hat die Qual der Wahl. Er kann seine Radarfalle sehr hochwertig fertigen lassen und erreicht dadurch eine präzise Bestimmung der Geschwindigkeit, mit der ein Elektron an ihm vorbei fliegt. Der Nachteil: Misst Rolf die Geschwindigkeit des vorbei fliegenden Elektrons Jenny mit einer Präzision von 99.999 Prozent, so wird Jennys Aufenthaltsort extrem unscharf. Rolf weiss zwar ziemlich genau, wie schnell Jenny unterwegs ist, hat aber keine Möglichkeit, ihre „Elektronennummer" zu fotografieren. Warum? Die Unschärferelation bedingt, dass durch die präzise Messung der Eigenschaft Impuls (oder in diesem Beispiel die Geschwindigkeit) die Kenntnis über den Aufenthaltsort sehr unscharf wird. Rolf weiss also, wie schnell Jenny fliegt, hat aber keine Ahnung, wo sich Jenny bei der Geschwindigkeitsmessung befindet. Da Jenny dem Quantenspuk gehorcht, fliegt sie nämlich nicht unbedingt geradeaus weiter, wie Sie es mit Ihrem Auto wahrscheinlich meistens fahrend (und mehr oder minder wild gestikulierend) tun werden, wenn Sie einen Blechkameraden um Aufmerksamkeit bemüht haben.

Eine Ursache für dieses Unschärfephänomen besteht darin, dass prinzipiell keine Messung möglich ist, ohne das quantenmechanische System zu beeinflussen. Um den Impuls eines Teilchens zu messen, kann man es durch ein Feld oder eine Lichtschranke fliegen lassen. Dadurch wird das Teilchen aber zwangsläufig beeinflusst und von seiner Flugbahn abgelenkt. Das entspricht etwa dem Versuch der Polizei, die Geschwindigkeit zu bestimmen, in dem sie eine Mauer auf die Strasse stellt und die Bremsspuren analysiert. Desto präziser man seinen Impuls messen will, desto intensiver müssen das Feld oder die Lichtschranke und damit einhergehend die Eingriffe in das System sein. Somit kennt man zwar den Impuls ziemlich genau, was mit einem starken Einfluss auf das Teilchen verbunden war, wodurch man jetzt nicht mehr weiss, wo sich das Teilchen befindet. Könnte man den Impuls unendlich präzis bestimmen, wäre der Aufenthaltsort entsprechend unendlich unscharf und man könnte rein gar nichts mehr über den Aufenthaltsort aussagen. Eine weitere Ursache für die Unschärferelation beruht auf dem Wellen-Teilchen-Dualismus, der Erkenntnis, dass jedes Teilchen auch eine Wellennatur hat. Desto grösser die maximale Auslenkung dieser Materiewelle ist, desto grösser wird auch der mögliche Aufenthaltsbereich, in dem sich das Teilchen befinden kann.

Die Heisenbergsche Unschärferelation führt die Wahrscheinlichkeit und damit einen ersten Ansatz von Zufall als fundamentales Prinzip der Quantenphysik ein. Sie zerstört damit die uns vertraute Vorstellung einer berechenbaren Welt. In der klassischen Physik konnte die Entwicklung jedes in sich geschlossenen Systems prinzipiell für alle Zeiten vorherberechnet werden. In der Quantenphysik ist aber der Ausgang jedes kleinsten Experimentes immer mit einer Unbestimmtheit verbunden. Demnach ist es unmöglich, die zeitliche Entwicklung eines Quantensystems exakt vorherzusagen. Eine Prognose ist nur auf Grund von Wahrscheinlichkeitsbetrachtungen möglich. Ähnlich, wie Sie den Ausgang eines Pokerspiels nicht im Voraus mit absoluter Sicherheit wissen können, ohne dem Glück etwas auf die Sprünge zu helfen. Sie können aber die Wahrscheinlichkeit bestimmen, mit der Sie das Spiel aufgrund der Ihnen bekannten Karten gewinnen.

Vorerst offen bleibt die Frage, ob quantenmechanische Systeme tatsächlich vom Zufall gesteuert sind oder ob ihr Verhalten auf unsere Unkenntnis zurückzuführen ist. Möglicherweise existieren verborgene Variablen, die uns überhaupt nicht oder noch nicht zugänglich sind. Das könnten beispielsweise zusätzliche Dimensionen sein, aus denen sich das Verhalten der Teilchen ableiten liesse. Ohne die vierdimensionale Raumzeit der Relativitätstheorie könnten zahlreiche Phänomene in der Hochenergiephysik, zum Beispiel in Teilchenbeschleuniger-Experimenten, auch nicht erklärt werden.

Die Zufälligkeit von quantenmechanischen Vorgängen hat weitreichende Folgen. Sitzen Sie gerade auf einer bequemen Couch und lesen dieses Buch, fühlen Sie sich wahrscheinlich relativ sicher, was die Beständigkeit Ihrer Sitzunterlage betrifft. Wahrscheinlich werden Sie bisher nie auf die Idee gekommen sein, das Wohlwollen Ihres Sofas zu hinterfragen. Das ist allerdings ein kapitaler Trugschluss. Zumindest in der Welt der Quanten. Ihre Couch ist nämlich nur mit einer gewissen Wahrscheinlichkeit stabil. Natürlich ist es sehr unwahrscheinlich, dass Ihr vertrauter Sitzplatz spontan verschwindet oder eine äusserst obskure Form annimmt. Aber es ist physikalisch durchaus möglich. Erinnern Sie sich daran, dass jede Materie aus Atomen besteht und diese Atome wiederum aus Elementarteilchen wie Elektronen, Neutronen und Protonen. Diese Teilchen befinden sich nur mit einer gewissen Wahrscheinlichkeit beständig unter Ihrem Allerwertesten. Kein Mensch kann aber präzis voraussagen, wo sich diese Quanten in der nächsten Sekunde, Minute oder im nächsten Schaltjahr befinden werden. Wir sind uns eine gewisse Konsistenz im Alltag gewohnt und wären wohl stark verunsichert, wenn ein Stuhl im Wohnzimmer Kapriolen schlagen oder der Fernseher davon laufen würde (was man angesichts gewisser Sendungen durchaus nachvollziehen könnte). Das alles sind aber Phänomene, die quantenmechanisch zumindest denkbar sind, wenn auch die Wahrscheinlichkeit dazu sehr klein ist. Die Konsistenz des Alltags ist kein Naturgesetz und kein fundamentales Prinzip. Die Couch bleibt nicht unter Ihnen sitzen, weil sie nicht anders kann, sondern weil es sehr unwahrscheinlich ist, dass alle Teilchen gleichzeitig eine sehr unwahrscheinliche Bahn einschlagen. Dass die Quantenphänomene den Weg in unseren Alltag bisher nicht fanden, liegt mitunter daran, dass alltägliche Objekte aus einigen Milliarden Teilchen bestehen. Entsprechend klein ist die Chance, dass ein Grossteil der Teilchen gleichzeitig eine sehr unwahrscheinliche Bahn einschlägt, wodurch ihre Couch zu einem Sessel mutiert oder einfach in die Küche marschiert. Noch einmal möchte ich verdeutlichen, dass die Möglichkeit zwar fast unendlich klein, aber prinzipiell dennoch vorhanden ist. So, wie die meisten Menschen niemals im Lotto gewinnen und gleichzeitig im Flugzeug abstürzen, werden die meisten Menschen niemals ihr Sofa in die Küche marschieren sehen.

Durch den Einzug der Wahrscheinlichkeit und der Unschärfe wird die Welt für uns unberechenbar. Allerdings nicht, weil unser Wissen zu beschränkt oder unsere Technologien unausgereift wären, sondern weil es sich dabei um ein fundamentales Prinzip handelt. Selbst mit astronomischen Computern könnte man die zukünftige Entwicklung nicht präzis berechnen, sondern nur mit einer gewissen Wahrscheinlichkeit abschätzen. Je mehr Prozesse dabei interagieren und je länger der betrachtete Zeitraum ist, je ungenauer werden die Prognosen.

Einige Zeitgenossen Einsteins waren vom Zufallsprinzip der Quantenphysik wenig begeistert. Sie führten dieses denn auch nicht auf ein fundamentales Prinzip der Natur, sondern lediglich auf eine unvollständige Theorie zurück. Bevor Newton die Gravitationsgleichung entwickelte, konnte schliesslich auch niemand den Fall eines Apfels präzis vorhersagen („er fällt gerade auf den Boden" ist nicht „präzis"). Der Quantenspuk missfiel auch Einstein und er präzisierte seinen Standpunkt mit der viel zitierten Aussage: „Der Alte (Gott) würfelt nicht".

Der österreichische Physiker Schrödinger schickte sich indessen an, der Fachwelt die Unvollständigkeit der Quantenphysik in einem Gedankenexperiment vor Augen zu führen. Eine Katze und ein instabiler Atomkern befinden sich in einem geschlossenen Raum, beispielsweise einer luftdicht verschlossenen Kiste, wie auf Abbildung 9 dargestellt. Es gibt keine Möglichkeit, die Vorgänge in der Kiste zu beobachten, ohne die Kiste zu öffnen. Zerfällt der Atomkern, wird eine Mechanik ausgelöst, die ein Giftgas freisetzt, wodurch die Katze stirbt. Die Wahrscheinlichkeit, dass der Atomkern innerhalb einer Stunde zerfällt, beträgt 50 Prozent und ebenso 50 Prozent, dass er nicht zerfällt. Ohne die Kiste zu öffnen, kann niemand sagen, ob der Atomkern bereits zerfallen ist oder nicht. Daher befindet sich der Atomkern in einem quantenmechanischen Überlagerungszustand[41]. Er ist gleichzeitig zerfallen und nicht zerfallen. Solange wir den Versuchsaufbau sich selber überlassen und nicht beobachten, überlagern sich die möglichen Zustände. Bereits im Doppelspaltexperiment haben wir gesehen, dass in der Quantenphysik Zustände erst einen bestimmten Wert annehmen, wenn wir sie messen oder ihre Isolierung von der Aussenwelt zerstören.

---

[41] Die Zustandsüberlagerung wird in der Quantenphysik auch als Superposition bezeichnet. Ein Teilchen befindet sich dabei in zwei Zuständen gleichzeitig, zum Beispiel zerstört und nicht zerstört. Sobald das Teilchen in Wechselwirkung mit der Umgebung tritt, wird die Superposition zerstört und das Teilchen entscheidet sich für einen Zustand.

Im Beispiel mit der Schrödinger Katze wird die Überlagerung zerstört und damit die uns vertraute Gestalt der Physik herbeigeführt, sobald wir die Kiste öffnen. In diesem Moment entscheidet sich der Atomkern spontan für einen Zustand (zerfallen oder nicht zerfallen), wodurch ebenso das Schicksal der Katze bestimmt wird. Das System lässt sich natürlich nicht überlisten, in dem wir beispielsweise eine funkgesteuerte Kamera im Innern der Kiste montieren. Spätestens wenn die Kamera ihre ersten Signale sendet, springt der Atomkern in einen eindeutigen Zustand.

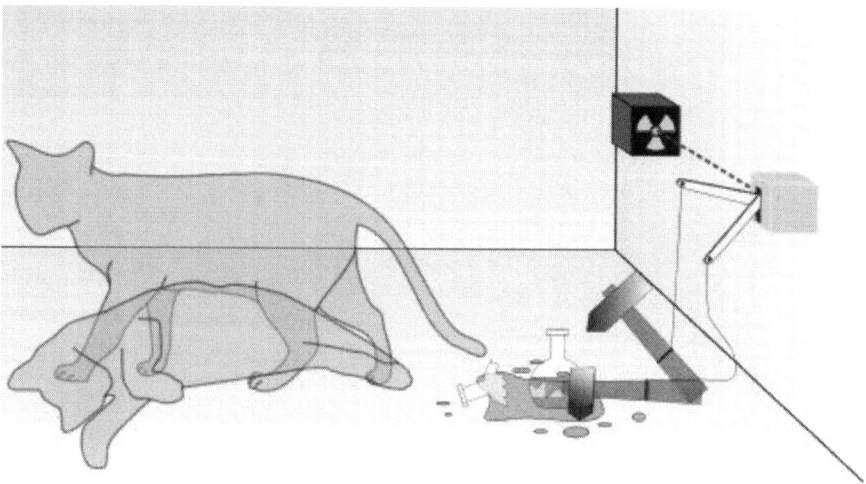

Abbildung 9   **Die Schrödinger Katze**

Schrödinger beabsichtigte mit seinem Gedankenexperiment auf das merkwürdige Paradoxon hinzuweisen, das entsteht, wenn die Quantenphysik auch in makroskopischen Sphären, in unserem Alltag, uneingeschränkt gilt. Denn dann befindet sich nicht nur der Atomkern in einem Überlagerungszustand, sondern auch die Katze. So lange die Kiste geschlossen bleibt, ist die Katze weder tot noch lebendig, sondern halbtot (oder halblebendig). Zumindest, wenn man die Prinzipien der Quantenphysik kompromisslos auf makroskopische Dimensionen überträgt. Ein solcher Überlagerungszustand ist mit unserer Alltagserfahrung nicht vereinbar. Nichts kann gleichzeitig tot und lebendig sein. Das eine schliesst das andere aus. Schrödinger hat mit diesem Ansatz gezeigt, dass die Quantentheorien noch unvollständig sind. Es fehlt eine schlüssige Erklärung, weshalb sich der Quantenspuk aus der makroskopischen Welt vornehm zurückhält.

Tatsächlich sind über die Jahre verschiedene Interpretationsansätze entstanden, um diesem Korrespondenzproblem beizukommen. Ansonsten wäre die Quantenmechanik zum Scheitern verurteilt gewesen. Wir erinnern uns an das Korrespondenzprinzip: Jede übergeordnete Theorie muss alle erwiesenen untergeordneten Theorien zumindest als Grenzfall einschliessen. Dazu zählt auch, dass im Alltag quantenmechanische Phänomene unterdrückt werden. Denn da herrscht (scheinbare) Ordnung vor quantenmechanischem Chaos.

Dem österreichischen Physiker gelang mit der Schrödinger Katze der Nachweis eines unvollständigen Aspekts der Quantenphysik. Die entscheidende Frage lautet, inwiefern die Katze der Zustandsüberlagerung unterworfen ist und wie sich das Paradoxon der halbtoten Katze verstehen lässt.

3.4 Die Kopenhagener Deutung

Unter das Dach der Quantenphysik sind hauptsächlich zwei ungelöste Probleme zu stellen. Einerseits die Quantisierung der Gravitation und damit die Vereinigung der Quantentheorien mit der allgemeinen Relativitätstheorie. Andererseits die Interpretation der merkwürdigen Phänomene, die aus experimentellen und theoretischen Erkenntnissen erwachsen sind. Bisher hat niemand wirklich verstanden, wie der Quantenspuk zu verstehen ist und was sich dahinter verbirgt. Dennoch haben sich in den letzten Jahrzehnten mit der Kopenhagener Deutung und der Viele-Welten-Theorie zwei Interpretationen durchgesetzt. Diese sind allerdings erst ein bescheidener Anfang im Bestreben, die Phänomene des Quantenspuks zu verstehen.

Die Kopenhagener Deutung wurde im Jahr 1927 von Niels Bohr und Werner Heisenberg entwickelt. Sie ist ein Versuch, das mathematische Gerüst der Quantenphysik zu interpretieren. Eine Kernaussage bezieht sich auf die Zufälligkeiten, also auf den Aspekt, an dem sich Einstein die Zähne ausgebissen hat. Gemäss der Kopenhagener Deutung ist der nicht vorherbestimmte Charakter der Quantenphysik prinzipieller Natur und nicht auf mangelndes Wissen oder unbekannte Mechanismen zurückzuführen. Es ist prinzipiell unmöglich, sichere Vorhersagen über mikroskopische Vorgänge zu treffen, egal, wie sehr wir uns auch bemühen, egal, wie gut wir uns in der Welt der Quanten auch auskennen. Gemäss dieser Interpretation befindet sich ein Teilchen in mehreren überlagerten Zuständen oder Bahnen gleichzeitig. Sobald es gemessen wird, kollabiert seine Wahrscheinlichkeitswelle und es springt augenblicklich in einen eindeutig definierten Zustand. Einen Zustand, wie wir ihn aus unserer Alltagserfahrung kennen. Beim Gedankenexperiment mit Schrödingers Katze kollabiert die Wahrscheinlichkeitswelle des Atomkerns, sobald ein bewusster Beobachter die Kiste öffnet. In diesem Moment entscheidet sich der Atomkern für einen der möglichen, zuvor überlagerten Zustände (zerfallen oder nicht zerfallen), wodurch die Zustandsüberlagerung dem Beobachter verschlossen bleibt. Solange die Kiste geschlossen bleibt, kann über den Zustand der Katze tatsächlich kein verlässliches Urteil gefällt werden. Dies gilt ebenso für die Teilchen, die im Doppelspaltexperiment auf die Spalten geschossen werden. Solange niemand misst, durch welche der beiden Spalten das Teilchen fliegt, bewegt sich das Teilchen auf mehreren Bahnen gleichzeitig. Dabei überlagern sich die verschiedenen Teilchenzustände. Erst wenn jemand feststellen will, durch welche Spalte sich das Teilchen bewegt, kollabiert seine Wahrscheinlichkeitswelle augenblicklich und es entscheidet sich für eine der beiden Spalten. Der Zustand des Teilchens wird erst eindeutig definiert, sobald jemand dem Teilchen auf die Schliche kommen will. Vorher befindet es sich einfach überall. Zumindest wenn man dieser unter Physikern gegenwärtig populärsten Interpretation folgt - und glauben Sie mir, diese Interpretation ist hinsichtlich der Erklärungsfantasie relativ bescheiden, verglichen mit anderen Theorien, die den Quantenspuk zu erklären versuchen.

Einer solchen Alternativtheorie zu Folge verschwinden Zustandsüberlagerungsphänomene bei makroskopischen Objekten bereits bei der kleinsten Interaktion des Systems mit der Umgebung. Eine Kiste würde nicht ausreichen, um die Katze von der Umgebung zu isolieren, weshalb die Wellenfunktion der Katze und damit die Zustandsüberlagerung von Anfang an kollabiert. Dadurch lässt sich die Schrödinger Katze und ganz allgemein das Fehlen von Überlagerungsphänomenen bei makroskopischen Objekten erklären. Eine Katze, die gleichzeitig lebendig und tot ist, entzieht sich unserer Vorstellung gänzlich.

Die Kopenhagener Deutung versucht übrigens gar nicht erst, das mathematische Konstrukt - zum Beispiel die Wellenfunktion, die das Verhalten eines Systems in der Quantenmechanik beschreibt -

einer realen Entsprechung zuzuordnen. Viel eher erachtet diese Interpretation diese mathematischen Eigenschaften einfach als notwendig, um das Phänomen an und für sich herleiten zu können.

Die Kopenhagener Deutung ist übrigens nicht der einzige Versuch, die Quantenphysik zu interpretieren. Zwei weitere Kandidaten werden als plausibel angesehen. So etwa die Viele-Welten-Interpretation. Diese nimmt an, dass jeder mögliche Ausgang einer Entscheidung in parallelen Welten tatsächlich realisiert wird. Die Realität spaltet sich demnach in jedem Moment auf in unzählige Universen, wobei jeder mögliche Weg verwirklicht wird. Die vermeintlichen Zustandsüberlagerungen wären demnach keine wirklichen Zustandsüberlagerungen, sondern jeder Zustand wird in einer parallelen Welt realisiert. Der Atomkern zerfällt in unserer Welt, während dem er in einer parallelen Welt stabil bleibt. Wie bereits ausgeführt, ist die Wahrscheinlichkeit, dass eine Couch in die Küche marschiert oder zum Sessel mutiert extrem gering, aber trotzdem grösser als null. Gemäss der Viele-Welten-Interpretation wird jeder auch noch so unwahrscheinliche Vorgang in einer Parallelwelt realisiert. Es gibt demnach ein Universum, in dem Sie jede Lottoziehung gewinnen und ein Universum, in dem Sie jeder Blitz trifft, der irgendwo niedergeht.

Die meisten Physiker können sich mit dem Gedanken, dass es unzählige parallele, aber nicht zugängliche Universen geben soll, nicht anfreunden. Warum sollte die Natur auch so verschwenderisch sein und jeden möglichen Zustand erzeugen? Welcher Sinn würde sich aus Entscheidungen ergeben, wenn ohnehin alles irgendwo passiert?

Denn solange eine, wenn auch geringe, Wahrscheinlichkeit für ein

Ereignis besteht, wird dieses Ereignis in einer Parallelwelt realisiert. Folglich könnten Menschen in einer Parallelwelt extrem alt werden. Jede Sekunde und Stunde wird die Wahrscheinlichkeit zu sterben grösser. So lange sie nie wirklich gleich null ist und somit ein Fünkchen Wahrscheinlichkeit bestehen bleibt, würde der Mensch in einer Parallelwelt prinzipiell weiter leben.

Eine dritte Interpretation der Quantenphysik, die auf den ersten Blick realistischer erscheint, führt den Quantenspuk auf verborgene Variablen zurück. Verborgene Variablen, die in höheren Dimensionen oder bisher unverstandenen Aspekten der modernen Physik anzusiedeln sind und die Unheimlichkeit der Quantenwelt letzten Endes auf die Unwissenheit des Menschen zurückführen. Zwar postuliert die Kopenhagener Deutung als wohl populärste Interpretation die Wahrscheinlichkeit und den Zufall als grundlegendes Naturprinzip quantenmechanischer Vorgänge. Allerdings war auch Newton seinerzeit überzeugt, jede beliebige Geschwindigkeit erreichen zu können, wenn er sich einfach immer schneller bewegt. Es dauerte dreihundert Jahre, bis Albert Einstein mit der Relativitätstheorie die kosmische Höchstgeschwindigkeit auf die Lichtgeschwindigkeit beschränkte. Oder wer hätte zu Zeiten Newtons gedacht, dass die Gravitation auf ein geometrisches Prinzip einer vierdimensionalen Raumzeit zurückzuführen ist.

Auch die Interpretation und damit das wirkliche Verständnis der Quantenphysik werden sich wohl erst aus einer umfassenderen Theorie ergeben. Erklären können wir die Quantenphysik auf jeden Fall noch nicht, auch wenn wir sie mittlerweile in ein solides, mathematisches Gerüst gezimmert haben.

3.5 Der Tunneleffekt

Einstein trug massgeblich zur Entwicklung und dem Erfolg der Quantenphysik bei. Dennoch wehrte er sich mit aller Kraft gegen die mysteriösen Phänomene, die spukhafte Gestalt, die die Theorie der Natur aufzuzwingen schien. Nicht nur, dass die mikroskopische Welt zu einem vom Zufall regierten Charakter neigte. Auch die Relativitätstheorie glich plötzlich dem Wank eines Betrunkenen, als Theorien und Beobachtungen Phänomene wie Schwarze Löcher, Zeitreisen mit einer Handvoll Paradoxa und die chronische Instabilität des Universums vorhersagten. Als Einstein im Patentamt in Bern die Umwälzung der Physikordnung erdachte, hatte er sich die Sache wohl etwas anders vorgestellt. Er sollte zeitlebens nicht zur Ruhe finden. Die Physik begann zu spuken. Was Einstein blieb war ein Arsenal treffsicherer ironischer Zitate, der einzigen Waffe im Kampf gegen diese ausufernde Wissenschaft.

Die Revolution frisst ihre eigenen Kinder. Das Konstrukt der Quantenphysik, dem massgeblich Einstein'sche Architektur zu Grunde liegt, war nicht mehr zu zerstören. Denn ihre mathematisch sehr präzise formulierten Aussagen schienen und scheinen sich bis heute experimentell sehr genau zu bestätigen. Das Doppelspaltexperiment wurde in zig-Variationen zig-Mal in zig-Labors durchgeführt, ohne einen Widerspruch zum Formalismus der Quantenphysik zu finden. Doch die Schrödinger Katze und das Doppelspaltexperiment sind erst der Anfang einer beeindruckenden Phänomenologie, die wir bis heute nicht erklären können. Einer Phänomenologie, die unser Weltbild in philosophischer und physikalischer Hinsicht in Frage stellt. Eine Phänomenologie, an deren Interpretation sich Wissenschaftler aller Kontinente die Zähne ausbeissen. Daran verzweifeln. Alle warten auf den Einstein des 21. Jahrhunderts, der still und artig in seinem Kämmerchen sitzt und eines nicht allzu fernen Tages die Weltformel auf den Tisch legt. Die Formel, die den Quantenspuk enträtselt.

Einstein verlor seine anfängliche Begeisterung gegenüber der Quantenphysik schnell, als ihm die Phänomene zu seltsam wurden. Er war denn auch wenig begeistert, als der Tunneleffekt und die „spukhafte" Fernwirkung die Physikwelt vollends schachmatt setzten. Der Tunneleffekt besagt grundsätzlich, dass Sie eine Haustür nur mit einer gewissen Wahrscheinlichkeit öffnen müssen, um nach draussen zu gelangen. Sie könnten nämlich, sehr gutes Timing vorausgesetzt, ebenso gut einfach durch die Wand marschieren. Ein Hindernis ist nämlich nicht immer ein Hindernis. In der Quantenphysik wird der Zustand eines Teilchens bekanntlich mit einer Wellenfunktion beschrieben. Diese gibt an, mit welcher Wahrscheinlichkeit sich das Teilchen gerade an einer bestimmten Stelle befindet. In der klassischen Physik nahm man an, dass der Aufenthaltsort genau vorhergesagt werden kann, wenn genug Daten und Parameter über die Umwelt vorhanden wären. Tatsächlich ist die Unbestimmtheit des Aufenthaltsort ein fundamentales Prinzip unseres Universums und damit nicht auf mangelndes Wissen zurückzuführen. Ein Teilchen befindet sich an einem Ort immer nur mit einer bestimmten Wahrscheinlichkeit. Ein Apfel kann die Obstschale, in der er sich befindet, nicht aus eigener Kraft verlassen. Die Schale stellt für ihn ein unüberwindbares Hindernis dar. Um den Apfel aus der Schale zu heben, muss man eine bestimmte Kraft aufwenden, den Apfel beispielsweise mit der Hand aus der Schale nehmen. Für die Sphären unseres Alltags gilt die klassische Physik fast ohne Einschränkungen. Tatsächlich würde ein Apfel, der plötzlich aus der

Schale springt, einen doch sehr spukhaften Eindruck erwecken. In der Welt des Kleinen sieht die Sache aber schon wieder etwas anders aus. Dort kann ein Apfel die Schale wie aus Geisterhand durchaus überwinden. Ein Teilchen, in der Analogie der Apfel, kann Barrieren überwinden, in dem es das Hindernis einfach durch tunnelt. Es fliegt gewissermassen durch die Wand hindurch. Dieser Effekt wird in der Quantenphysik als „Tunneleffekt" bezeichnet. Der Grund für dieses eigenartige Verhalten: Eine Wahrscheinlichkeitswelle beschreibt, wo sich das Teilchen befinden kann. Dabei geht diese Wahrscheinlichkeitswelle über das Hindernis hinaus in eine aus klassischer Sicht „verbotene Zone". Demnach existiert eine Wahrscheinlichkeit grösser als null, dass das Teilchen in dieser verbotenen Zone auftaucht. Somit kann sich der Apfel plötzlich ausserhalb der Schale befinden, ohne dass eine äussere Krafteinwirkung stattgefunden hätte. Somit ist es denkbar, dass ein Mensch durch eine Wand gehen kann. Dazu müssten bloss alle Teilchen, aus denen ein Mensch materialisiert ist, zur selben Zeit in der verbotenen Zone auftauchen, und schon hätte er das Haus zumindest vorübergehend verlassen, ohne durch die Türe gegangen zu sein. Die Wahrscheinlichkeit, dass sich alle Teilchen gleichzeitig derart abnormal verhalten, ist natürlich fast unendlich klein. Das bedeutet jedoch nur, dass es nicht unmöglich, aber eher unrealistisch ist. Legt man dem Phänomen die Viele-Welten-Theorie zu Grunde, wird jede Möglichkeit, auch wenn deren Wahrscheinlichkeit noch so gering ist, in einer Parallelwelt realisiert. Somit gäbe es eine Welt, in der Hans, wohl zu seinem eigenen Erstaunen, das Haus verlassen hat, ohne jemals die Tür zu öffnen. Die Welt würde uns ziemlich fremd vorkommen, wenn sich die Phänomene der Quantenphysik in unseren Alltag verirren würden.

Der Tunneleffekt ist ein sehr seltsames Phänomen. Rein mathematisch kann man es auf die Wahrscheinlichkeitswelle zurückführen. Was jedoch wirklich dahinter steckt, wie der Tunneleffekt in der Raumzeit funktioniert oder wie ein Teilchen die Obstschale verlässt, weiss niemand. Es wäre auf jeden Fall falsch zu denken, ein Teilchen durchquert ein Hindernis, weil es aufgrund seiner Grösse durch ein geeignetes Schlupfloch passt. Die Verhältnisse zwischen Hindernis und Teilchen kann man sich tatsächlich mit dem Apfel und der Obstschale veranschaulichen. Intuitiv ist es undenkbar, dass die Frucht den Behälter aus eigener Kraft und ohne äusseres Zutun verlässt. Ebenso unerklärlich ist es, dass Teilchen vermeintliche Hindernisse manchmal einfach überwinden. Wir kennen insofern das Phänomen und eine mathematische Beschreibung. Das tiefgründige Prinzip, das hinter dem Tunneleffekt oder den anderen quantenmechanischen Anomalien steht, haben wir aber bisher nicht verstanden.

Nicht selten bedeuten die vermeintlichen Anomalien der Quantenphysik auch einen Angriff auf die Säulen der Relativitätstheorie, insbesondere auf die Unüberwindbarkeit der Lichtgeschwindigkeit. Bis vor wenigen Jahren galt das Einstein'sche Dogma als gefestigt. Theorien über eine irdische Überwindung der kosmischen Höchstgeschwindigkeit waren verpönt. Nicht nur, weil dadurch Zeitreisen in die Vergangenheit möglich werden. Auch, weil die Relativitätstheorie experimentell sehr gut bestätigt worden ist.

Im Jahr 1992 ergab ein Experiment in Florenz, dass die Lichtgeschwindigkeit auch beim Tunneleffekt erwartungsgemäss nicht überschritten wird. Doch der deutsche Physikprofessor Günter Nimtz wollte sich damit nicht zufrieden geben. Er mobilisierte zum Gefecht. Mit seinem Assistent Achim Enders errichtete er einen

Versuchsaufbau, um dem Geheimnis des Tunneleffekts auf die Spur zu kommen. Dazu massen sie die Geschwindigkeit von Mikrowellenstrahlung in einem verengten Rohr (Hohlleiter). Die Ergebnisse waren verblüffend. Die Mikrowellen tunnelten die Engstelle, was nach klassischer Ansicht unmöglich ist. Damit war ein weiterer Beweis für den Tunneleffekt erbracht. Soweit so gut. Doch das Experiment ging noch einen entscheidenden Schritt weiter. Die Tunnelgeschwindigkeit der Mikrowellen war unendlich gross. Für die Durchquerung des Hindernisses brauchten die Mikrowellen keinerlei Zeit. Keine Sekunde. Keine Millisekunde. Überhaupt keine Zeit. Es sollte sich später zeigen, dass dies unabhängig von der Tunnellänge der Fall ist. Folglich durchdringen die Mikrowellen einen fiktiven Tunnel von der Erde zur Sonne sofort und ohne jede Zeitverzögerung, währenddessen das Licht über acht Minuten benötigt. Das Henkerurteil für das Lichtgeschwindigkeits-Dogma Einsteins?

Doch das war noch lange nicht alles. Beim Versuch war noch etwas sehr Merkwürdiges geschehen. Es sollte sich zeigen, dass die Mikrowellen vor dem Eintritt in die Engstelle immer eine kurze, konstante Zeit warten. Als wenn sie eine Bedenkpause einlegen würden, um den Tunnelgang zu planen. Spätestens jetzt hatte Professor Nimtz Lunte gerochen. Was nun folgte, war ein spektakuläres Experiment nach dem anderen. So übertrug er im Jahr 1994 die 40. Sinfonie Mozarts in Mikrowellenform durch den verengten Teil des Hohlleiters. Teile des verwendeten Lichts breiteten sich dabei mit 4.7-facher Lichtgeschwindigkeit aus. Sollten diese Versuche in die Geschichte eingehen als die ersten Experimente, die das Postulat der Speziellen Relativitätstheorie verletzten? Hatte Nimtz gefunden, wonach Jahrzehntelang erfolglos gesucht worden war? Sollte der erste unwiderlegbare Widerspruch zur Relativitätstheorie entdeckt worden sein?

Das Experiment wurde von verschiedenen Forschungsgruppen überprüft, unter anderem an der Universität Berkeley. Dort bestätigte sich der Verdacht, dass sich eine superluminare Geschwindigkeit (= Überlichtgeschwindigkeit) ergibt, wenn zwischen dem Quant und dem Detektor ein Hindernis, eine Barriere, besteht, die überwunden werden muss. Die Phänomene sind einmal mehr offensichtlich. Stellt sich die Frage nach der richtigen Interpretation. Wird der Tunneleffekt zum Fallbeil der Relativitätstheorie? Verbirgt sich hinter der Lichtgeschwindigkeit eine überwindbare, aber verbotene Schranke? Ähnlich der Geschwindigkeitsbeschränkung auf der Autobahn? Oder sind die merkwürdigen Ergebnisse der Tunnelexperimente auf Messfehler zurückzuführen?

Mittlerweile ist man sich einig, dass die Messungen korrekt sind. Messfehler werden ausgeschlossen. Die Quanten tunneln tatsächlich mit Überlichtgeschwindigkeit. Zumindest uns als aussenstehendem Betrachter erscheint es so. Die entscheidende Frage lautet aber, wie der Tunneleffekt zu verstehen ist. Einige Physiker wie Raymond Chiao, der Tunnelexperimente an der Universität Berkeley durchgeführt hat, vermuten einen noch nicht ganz verstandenen Mechanismus als Ursache der vermeintlichen Überlichtgeschwindigkeit. Ähnlich wie bei der spukhaften Fernwirkung, die zwei verschränkte Quanten über Lichtjahre ohne Zeitverlust „kommunizieren" lässt, basiert der Tunneleffekt wahrscheinlich auf einem quantenmechanischen Prinzip. Einem Prinzip, das mit unseren Theorien bisher nicht zu erklären ist. Einig ist man sich nur in dem Punkt, dass die Signalgeschwindigkeit eines Teilchens die Lichtgeschwindigkeit niemals übersteigen kann. Was im Tunnel oder im konstanten Zeitmoment vor dem Eintritt in den Tunnel genau passiert, weiss niemand. Auch nicht, wie die scheinbare Überlichtgeschwindigkeit zustande kommt. Mögliche Erklärungen wären eine Art kosmisches Hintergrundfeld, ein Hyperraum oder eine überdimensionale Kanalisierung des Universums.

Ob das Dogma Einsteins nun in Frage zu stellen ist oder nicht, weiss niemand so recht. Einige zeigen sich überzeugt, dass zumindest Informationen, wie es die Relativitätstheorie Einsteins vorhersagt, nur mit Lichtgeschwindigkeit übertragen werden können. Bisherige Experimente der Forschungsgruppe um Professor Chiao zeigten denn auch, dass beim überlichtschnellen Tunneln ein grosser Teil der Photonen verloren geht. Das wirft die Frage auf, inwiefern man gezielt Informationen superluminar übertragen und damit überhaupt von Kommunikation sprechen kann. Andere Physiker vertreten die Meinung, dass die angebliche Überlichtgeschwindigkeit nur eine Frage der Definition von Geschwindigkeit sei. Ein Artefakt der Theorie gewissermassen und damit kein Widerspruch zur Relativitätstheorie. Etwa so, wie sich zwei Autos auf der Autobahn in Gegenfahrtrichtung mit rund 300 Stundenkilometern auseinander bewegen, obwohl jedes einzelne Fahrzeug nur mit 150 Stundenkilometern fährt. Die Lichtgeschwindigkeit lässt sich aber durch zwei Teilchen, die sich mit jeweils 90 Prozent der Lichtgeschwindigkeit in entgegen gesetzte Entfernung bewegen, nicht überschreiten. Sie distanzieren sich nicht mit 180 Prozent der Lichtgeschwindigkeit, wie man dies nach klassischer Ansicht vermuten könnte. Aufgrund der hohen Geschwindigkeiten ist eine relativistische Berechnung erforderlich, wodurch die Geschwindigkeiten stets unter der Lichtgeschwindigkeit bleiben.

Noch gibt es keinen Beweis, dass die Relativitätstheorie revidiert werden müsste. Denn in den Tunneln kann die Relativitätstheorie nicht angewandt werden, da es sich dabei um kein gültiges Bezugssystem handelt. Viel mehr, so postulierte bereits der Nobelpreisträger Richard Feynman, werden virtuelle Teilchen übertragen, die sich am Ende des Übergangs wieder zu gewöhnlichen Teilchen materialisieren. Solche virtuelle Teilchen spielen im Zusammenhang mit dem Quantenspuk im Vakuum, dem scheinbar materieleeren Raum, eine wichtige Rolle.

Richard Feynman war einer der grossen Physiker des 20. Jahrhunderts, der einen wesentlichen Beitrag zur Quantenelektrodynamik lieferte. Feynman war auch der Mann, der frühzeitig das Wesen der Quantenphysik erkannte und auf den Punkt brachte: „Wer die Quantenphysik verstanden hat, hat sie nicht verstanden". Oder, um die Relativitätstheorie zumindest in der Rhetorik mit der Quantentheorie zu vereinen: "Es gab eine Zeit, als Zeitungen sagten, nur zwölf Menschen verständen die Relativitätstheorie. Ich glaube nicht, dass es jemals eine solche Zeit gab. Auf der anderen Seite denke ich, ist es sicher zu sagen, niemand versteht die Quantenmechanik."

Der Tunneleffekt sollte nicht das letzte Phänomen sein, an dem sich die Physiker die Zähne ausbeissen. Mindestens ebenso seltsam ist die spukhafte Fernwirkung, wie Einstein das folgende Phänomen abwertete, um seiner Kritik an der spukhaften Wesensentwicklung der Quantenphysik einmal mehr unmissverständlich Ausdruck zu verleihen.

3.6 Die spukhafte Fernwirkung

Für jedes Quantenphänomen gibt es eine Veranschaulichung in unserem Alltag, die den entsprechenden Effekt zwar unrealistisch[42], aber quantenmechanisch korrekt in unsere Alltagswelt portiert. Der Tunneleffekt lässt Menschen durch Wände laufen. Die Zustandsüberlagerung (Superpositionsprinzip) lässt eine Katze gleichzeitig tot und lebendig sein. Bei der spukhaften Fernwirkung versagen jedoch alle Analogien aus unserer Alltagswelt. Es gibt nur ein Wort, mit dem man die Wirkung dieses Phänomens einigermassen treffend umschreiben kann: Teleportation.

Zwei verschränkte Teilchen[43] werden voneinander entfernt. Teilchen Alpha bleibt auf der Erde. Teilchen Beta wird zum nächsten Stern gebracht. Die Teilchen können zwei mögliche Zustände annehmen, sagen wir „Up" und „Down". Sobald eines der beiden Teilchen gemessen wird, steigt das andere verschränkte Teilchen sofort in den gegenteiligen Zustand.

Solange wir Alpha einfach ruhen lassen, befindet sich das Teilchen in der Zustandsüberlagerung. Es kann sowohl „Up" als auch „Down" sein. Wenn wir den Zustand des Teilchens messen, kollabiert seine Wellenfunktion und es nimmt einen der beiden möglichen Zustände an. Im selben Moment springt das andere Teilchen in den gegenteiligen Zustand. Das Problem dabei: Das gemessene

---

[42] Unrealistisch bedeutet in diesem Zusammenhang, dass ein Quantenphänomen im Alltag stattfinden kann, die Wahrscheinlichkeit dazu aber sehr klein ist (und deshalb unrealistisch).

[43] Zwei Teilchen sind verschränkt, wenn sie am gleichen Ort zur gleichen Zeit entstanden sind. Diese Teilchen sind fortan miteinander verbunden. Der Mechanismus dahinter ist gänzlich unbekannt.

Teilchen entscheidet sich zufällig für einen der beiden Zustände. Das andere Teilchen nimmt aber in jedem Fall augenblicklich den gegenteiligen Zustand an. Wie weiss es aber, in welchen Zustand das gemessene Teilchen gesprungen ist? Wie weiss Beta auf dem weit entfernten Stern, welchen Zustand Alpha soeben auf der Erde angenommen hat?

Einige Physiker vermuten verborgene Variablen, in denen die Zustandsverteilung von Anfang an festgelegt ist. Demnach wäre die Zustandswahl nur scheinbar zufällig, da sich die verborgenen Variablen unserem Blick und Zugriff entziehen. Die Theorie verborgener Variablen steht aufgrund experimenteller Erkenntnisse der letzten Jahre aber auf wackligem Grund. Und selbst wenn diese Theorie stimmen sollte, lässt sich damit die spukhafte Fernwirkung nicht wirklich erklären. Denn der seltsamste Aspekt besteht darin, dass beide Teilchen, egal wie weit entfernt voneinander sie sich befinden, bei der Messung des einen Teilchens unverzüglich einen Zustand annehmen. Information darf aber gemäss der Relativitätstheorie maximal mit Lichtgeschwindigkeit übertragen werden. Ansonsten wäre die Kausalität verletzt, das heisst die Information erreichte den Empfänger in der Vergangenheit und damit bevor die Information überhaupt abgeschickt worden ist. Wie kann es also sein, dass Beta auf dem einige Lichtjahre entfernten Stern sofort von der Messung an Alpha auf der Erde erfährt? Ohne jede Zeitverzögerung?

Sofort wird eine mögliche Parallele zum Tunneleffekt klar. Wie beim Tunneleffekt wird auch hier die Lichtgeschwindigkeit in Frage gestellt. Es kommt scheinbar zu einer unmittelbaren Übertragung der Messung, wobei die Entfernung der beiden verschränkten Teilchen beliebig gross sein kann. Zwei verschränkte Teilchen sind durch einen unbekannten Mechanismus miteinander verbunden. Zustandswechsel werden wie durch Teleportation vom einen zum anderen Teilchen übertragen. Die Relativitätstheorie folgt dem Prinzip der Lokalität, das heisst, jedes Ereignis kann ein anderes Ereignis nur lokal beeinflussen. Oder anders ausgedrückt: Wenn ein Ereignis A auf der Erde stattfindet und ein Ereignis B auf Alpha Centauri, und beide Ereignisse nur ein Lichtjahr auseinander liegen, können sich die beiden Ereignisse nicht beeinflussen, da das Licht vier Jahre braucht, um von der Erde zu Alpha Centauri zu gelangen.

In der Quantenphysik befindet sich ein Teilchen nur mit einer gewissen Wahrscheinlichkeit an einem bestimmten Ort. Diese Wahrscheinlichkeit wird mit einer Wellenfunktion beschrieben. Ein Elektron, das auf der Erde um ein Atom kreist, hat die grösste Aufenthaltswahrscheinlichkeit in der Nähe des Atomkerns. Tatsächlich existiert die Wellenfunktion aber auch weit entfernt, beispielsweise auf Alpha Centauri. Dort ist die Aufenthaltswahrscheinlichkeit des Elektrons zwar sehr klein, aber dennoch ungleich null. Sobald das Teilchen gemessen wird, kollabiert die Wellenfunktion und sie entscheidet, wo das Teilchen auftauchen soll. Die Preisfrage lautet, ob dieser Kollaps der Wellenfunktion sofort und ohne Zeitverzögerung eintritt oder ob er sich nur mit Lichtgeschwindigkeit ausbreitet und Alpha Centauri somit erst nach vier Jahren erreicht.

Wie uns gewisse Fernsehsendungen lehren, ist es eine lohnenswerte Idee, den einen oder anderen Joker einzusetzen, wenn man die Millionenfrage nicht beantworten kann. Der Publikumsjoker bringt uns aufgrund der chronischen Absenz von Publikum beim Lesen dieser Zeilen nicht wirklich weiter. Der Fifty-Fifty-Joker würde das Sammelsurium an Antworten zwar halbieren, wobei wir leider noch nichts haben, das man halbieren könnte. Aber wir könnten natürlich jemanden anrufen, und das ist der Joker, den wir spielen, um eine Antwort auf unsere Frage zu erhalten. Wir rufen Herr und Frau Quantenphysik an. Die Quantenphysik hilft uns natürlich gerne weiter und antwortet, dass der Kollaps sofort erfolgt und damit schneller als das Licht übertragen wird. Genau genommen sogar mit unendlich hoher Geschwindigkeit, da überhaupt keine Zeit vergeht, bis der Kollaps des Teilchens Alpha auf der Erde bis zu Teilchen Beta auf Alpha Centauri übertragen worden ist. Diese Antwort ist natürlich korrekt. Wir bedanken uns bei der Quantenphysik und erfreuen uns dem Geldsegen, den solche Quizshows so mit sich bringen. Aber halt. Der Moderator bietet uns eine Bonusfrage an. Verdoppeln oder nichts. Das klingt fair, denken wir uns, und betrachten die alles entscheidende Frage: Wie überträgt das Teilchen Alpha die Information seines Kollaps in Echtzeit an das weit entfernte Teilchen Beta?

Jetzt wird klar, weshalb Albert Einstein dieses Phänomen als spukhafte Fernwirkung bezeichnet hat. Obwohl wir alle verbleibenden Joker ausspielen und den Moderator hilfesuchend anschauen, können wir diese Frage nicht beantworten. Quizshow leider verloren. Tatsächlich erhalten Sie ungefähr eine Million Euro, wenn Sie diese Frage beantworten. Dahinter verbirgt sich nämlich eines der grössten Rätsel der Quantenphysik. Ein Rätsel, dessen Lösung das Nobelpreis-Komitee nur zu gerne vergolden würde.

Obwohl der Kollaps der Wellenfunktion offenbar augenblicklich ins gesamte Universum übertragen wird, verletzt dieser nicht unbedingt das Lichtgeschwindigkeitsdogma der Relativitätstheorie. Verschiedene Experimente haben nämlich gezeigt, dass bei der spukhaften Fernwirkung keine echten Informationen übertragen werden, das heisst es ist nicht möglich, die spukhafte Fernwirkung als Teleporter zu instrumentalisieren. Denn nach der heutigen Interpretation der Quantenphysik erfolgt der Sprung des Teilchens in einen Zustand zufällig. Es lässt sich prinzipiell nicht vorhersagen, welches Teilchen welchen Zustand annehmen wird. Daher können auch keine Daten oder gar Menschen mittels der Fernwirkung teleportiert werden. Zumindest nicht nach heutigem Stand des Wissens.

Die Kopenhagener Deutung, die populärste Interpretation der Quantenphysik, kennt keine Erklärung oder Interpretation des Verschränkungsphänomens. Die Viele-Welten-Theorie ist fast genauso ratlos und schiebt die Ursache einem unbekannten Mechanismus einer Parallelwelt in die Schuhe. Es existieren weitere Theorien, die bisher von der Fachwelt jedoch eher unbeachtet geblieben sind. So vermutet eine Theorie ein Hintergrundfeld, welches die Teilchen ausserhalb der Raumzeit miteinander verbindet und dadurch die Übertragung des Messereignisses in Nullzeit erlaubt. Möglicherweise bietet diese Theorie auch Hand zur Erklärung des Tunneleffekts, wobei die Teilchen als virtuelle Teilchen über das Hintergrundfeld transportiert und nach dem Engpass zu einem gewöhnlichen Teilchen materialisiert werden. Vielleicht wird erst eine vereinheitlichende Theorie aller Grundkräfte und Elementarteilchen dieses Phänomen erklären können. Ein heisser Kandidat für eine solche Weltformel ist die Stringtheorie. Allerdings ist diese noch zu wenig weit entwickelt und zu wenig verstanden, um die rätselhaften Quantenphänomene wirklich erklären zu können. Klar ist bisweilen eigentlich nur, dass Feynman Recht zu behalten scheint. Die Quantenphysik ist eine Disziplin der Wissenschaft, die niemand wirklich versteht. Und das dürfte noch ein Weilchen so bleiben.

3.7 Der Quantenspuk im Vakuum

Im Jahr 1931 kurvt ein 75-jähriger Elektrotechniker während einer Woche in einem Pierce Arrow durch Buffalo und erreicht dabei Höchstgeschwindigkeiten von gegen 150 Stundenkilometer. Verschiedene amerikanische Magazine berichten darüber. Denn der Luxuswagen ist nicht irgendein Auto. Er fährt ohne Motor. Zumindest ohne Benziner.

Die Rede ist von Nikola Tesla, einem der bedeutendsten Erfinder des 20. Jahrhunderts. Er bereitete dem Wechselstrom den Weg in die Gesellschaft und forschte an der Möglichkeit, Energie kabellos zu übertragen. Allein in den USA meldete er 112 Patente an. Darunter Patent Nummer 685'958.

Tesla behauptete, in unserer Welt gäbe es eine unerschöpfliche, frei zugängliche und allgegenwärtige Energiequelle, deren Energie einfach aus dem uns umgebenden Raum bezogen werden kann. Um diese Energie zu nutzen, konstruierte er einen runden Elektromotor mit einem Durchmesser von etwa eineinhalb Meter, der in seinem Luxuswagen den Benzinmotor ersetzen sollte. Die Energie bezog dieser Elektromotor aus einem Strahlungsempfänger oder Schwerkraftfeldgenerator, der sich vor dem Armaturenbrett befand. Er bestand unter anderem aus zwölf Röhren und zwei starken Stäben, die hineingeschoben werden mussten, um die Energieaufnahme zu starten. Die genaue Konstruktion dieses Strahlungsempfängers kannte nur Tesla. Anfangs des 20. Jahrhunderts wurde die gleiche Erfindung oft von verschiedenen Personen fast gleichzeitig gemacht. Tesla wollte seine Ideen schützen, weshalb er in seinen Konzeptskizzen oft einen entscheidenden Teil wegliess. Dadurch konnte niemand seine wegweisenden Maschinen nachbauen, ohne seinen Plan zu kennen.

Heute stehen wir im 21. Jahrhundert. Die Welt kämpft mit einer massiven Energiekrise, ausgelöst durch das Verknappen und Versiegen der wichtigsten Rohstoffe. Die Ölgesellschaft neigt sich dem Ende zu. Technologie und Wirtschaft stehen am Rande einer nachhaltigen Veränderung. Doch noch immer hört man von Teslas freier Energie keinen Ton. Niemand spricht davon, die natürliche Strahlung oder Nullpunktenergie zu nutzen, mit der der Elektroingenieur seinen Wagen betrieb. Niemand will es anzapfen, das Perpetuum Mobile der Natur. Warum nicht? Die Gründe liegen auf der Hand.

Erstens verabscheut die Energieindustrie den Gedanken einer kostenlosen Energiequelle, die mit einer relativ primitiven Apparatur jedermann zugänglich gemacht werden kann. Energie ist ein Riesengeschäft. Billionen Dollar werden jährlich damit umgesetzt. Tendenz angesichts des Wirtschaftswachstums bevölkerungsreicher Staaten wie Indien und China und der explodierenden Rohstoffpreise stark steigend. Doch das wirtschaftliche Argument reicht natürlich nicht aus, um den Verzicht auf freie Energie zu erklären. Es stellt sich die Frage, ob es eine solche Energiequelle überhaupt gibt und ob es den Strahlungsempfänger, der den Wagen angetrieben haben soll, überhaupt gegeben hat. Entsprechende Patente, die eine solche Technologie grundlegend schützen, sind zwar in den USA angemeldet. Von der Apparatur, die Tesla anno 1931 in seinem Wagen eingesetzt haben soll, fehlt aber bis heute jede Spur. Wurde das Gerät aus der Welt geschafft, um die mächtige Energielobby zu schützen? Oder hat das Gerät gar nie existiert? Gibt es überhaupt eine freie Energie?

Fakt ist: Tesla hat das US-Patent Nr. 685'958 zur Nutzung von Strahlenenergie am 5. November 1901 angemeldet. Dieses und andere seltsam anmutende Patente existieren tatsächlich. Fakt ist auch: Tesla war ein äusserst begabter Tüftler, der Sphären beschritt, in die sich kaum ein anderer vorwagte. Er war beispielsweise überzeugt, dass Maschinen früher oder später keinen direkten Zugang zu Strom mehr benötigten, da die Energie kabellos über der Atmosphäre übertragen werden würde. Und tatsächlich. An angesehenen Universitäten und Forschungslabor wird derzeit erprobt, Akkus von portablen Computern ohne Kabel wieder aufzuladen. Allerdings aufgrund von durchschaubaren elektromagnetischen Prinzipien. Freie Energie – alles nur Hokuspokus oder steckt vielleicht doch ein Korn Wahrheit dahinter?

Besonders im Bezug zur Relativitätstheorie haben wir mehrfach hervorgehoben, dass die Lichtgeschwindigkeit im Vakuum die zulässige Höchstgeschwindigkeit unseres Universums darstellt. Doch was ist eigentlich ein Vakuum?[44] In Schulbüchern wird das Vakuum als materieleerer Raum ausgelegt, wie es in weiten Regionen des Universums zu finden oder in Labors künstlich zu erzeugen ist. Tatsächlich ist das Vakuum nicht ganz leer. Darin befinden sich im Idealfall lediglich keine Teilchen und Felder des Standardmodells. In einem Vakuum tummeln sich keine Elektronen, Protonen oder elektromagnetischen Felder. Das Vakuum ist jedoch auch nicht leer. Denn die Unschärferelation der Quantenphysik verbietet einen absolut leeren Raum und damit einen „scharf" bestimmbaren Energiezustand. Wir erinnern uns, dass bei einem Teilchen Ort und Impuls nicht gleichzeitig exakt gemessen werden können. Das Va-

---

[44] … und zur Vereinfachung gewisser Sachverhalte beispielsweise in vorhergehenden Kapiteln dieses Buchs…

kuum wird demnach nicht von einer gähnenden Leere beherrscht, sondern unterliegt der Nullpunktfluktuation. Handelt es sich bei dieser Nullpunktfluktuation etwa um die freie Energie, die Tesla zugänglich machen wollte? Gibt es diesen Quantenspuk im Vakuum überhaupt oder existiert er nur in der Theorie?

Der niederländische Physiker Hendrik Casimir postulierte im Jahr 1948 ein ziemlich merkwürdiges Phänomen, das als „Casimir-Effekt" in die Geschichte einging. Im Vakuum sollten zwei Platten, die ungeladen sind und parallel zueinander stehen, von einer unsichtbaren Kraft zusammengedrückt werden. Diese Kraft war nicht unmittelbar auf eine der vier Grundkräfte der Physik zurückzuführen, sondern viel mehr auf das Eigenleben des Vakuums. Oder besser gesagt: Auf die Nullpunktfluktuation. Dabei entstehen virtuelle Teilchen-Antiteilchen-Paare und vernichten sich augenblicklich wieder. Eigentlich ist es nicht möglich, sagt zumindest die klassische Physik, dass Energie aus dem Nichts entsteht. Doch da sich die Teilchenpaare augenblicklich wieder vernichten, wird der Energieerhaltungssatz nicht verletzt. Der Casimir-Effekt ist durch genau diese Nullpunktfluktuation erklärbar. Zwischen den Platten sind nämlich gewisse Zustände der virtuellen Teilchen verboten, die ausserhalb der Platten erlaubt sind. Da ausserhalb der Platten mehr erlaubte virtuelle Teilchen auf die Platten stossen, entsteht ein Druckunterschied, der sich im Casimir-Effekt bemerkbar macht und die Platten zusammendrückt. Desto kleiner der Abstand zwischen den Platten, desto weniger erlaubte virtuelle Teilchen befinden sich dazwischen. Dadurch wird der Druck immer stärker, je mehr sich die Platten annähern (was in Nanotechnologie-Anwendungen durchaus problematisch ist). Marcus Spaarnay hat den Casimir-Effekt im Jahr 1958 experimentell bewiesen. Es gibt ihn tatsächlich, den Quantenspuk im Vakuum. Doch besteht darin auch ein Beleg für die freie Energie? Tatsächlich ist die Energie, die in jedem Vakuum und selbst am absoluten Nullpunkt im Raum zu stecken scheint, kaum nutzbar als Energiequelle. Denn die virtuellen Teilchen entziehen sich unserem Zugriff. Sollte es dennoch gelingen, Antiteilchen aus der Nullpunktfluktuation zu ziehen und diese mit Materie zu nutzbarer Wärmestrahlung reagieren zu lassen, wäre der Energieerhaltungssatz wohl definitiv verletzt. In diesem Fall drängt sich die Frage auf, woher diese mysteriösen virtuellen Teilchen stammen. Falls darauf eine schlüssige Antwort gefunden wird, könnte der Energieerhaltungssatz dennoch gerettet werden. In der Badewanne haben wir nämlich auch das Gefühl, das Wasser geht verloren, wenn wir den Stöpsel ziehen und alles in einem Strudel abfliesst. Betrachten wir den gesamten Wasserkreislauf oder das Ökosystem, geht natürlich kein Wasser verloren. Es ändert höchstens seinen Aggregatzustand (gefriert oder wird gasförmig) oder reagiert mit einem anderen Stoff. Die Masse und die Energie bleiben im globalen System aber erhalten. Möglicherweise gilt ein ähnliches Prinzip auch für die virtuellen Teilchen. Sie erscheinen uns möglicherweise nur virtuell, sind für uns unsichtbar, weil sie aus einer höheren Dimension oder einem die Raumzeit umgebenden Hyperraum wechselwirken. Die freie Energie bleibt zumindest theoretisch durchaus denkbar. Der Casimir-Effekt zeigt, dass die Nullpunktfluktuation zwei Platten zusammendrückt und insofern eine Kraft wirken lässt. Vielleicht kann diese Kraft in Nanoanwendungen irgendwann einmal genutzt werden. Dadurch wäre es möglich, die Vakuumenergie anzuzapfen. Eine Energie, die praktisch überall und fast unbegrenzt verfügbar ist.

In diesem Zusammenhang interessant wäre natürlich auch die Diskussion allfälliger Alternativen. Vielleicht zielte Tesla gar nicht auf die quantenmechanische Nullpunktenergie ab, sondern eine andere frei zugängliche Energieform, die das Universum ausfüllt. Kandidaten sind Neutrinos, die dunkle Energie oder kosmische Strahlung. Jede Sekunde wird Ihre Hand von über einer Billion Neutrinos durchquert, die von der Sonne abgestrahlt werden. Die Neutrinos wären eine schier unerschöpfliche Energiequelle. Allerdings weiss man bis heute nicht, ob Neutrinos eine Masse haben und um auch nur die Hälfte der Neutrinos einzufangen, bräuchte man eine Bleiwand mit der astronomischen Dicke von einem Lichtjahr oder rund 10^{16} Metern (rund 100 Millionen Mal die Distanz Erde – Sonne). Neutrinos sind daher als Energielieferanten eher ungeeignet. Vielleicht könnte Tesla auch die dunkle Energie oder kosmische Strahlung gemeint haben, aus der er die Energie für seinen Wagen bezog. Astronomen gehen davon aus, dass unser Universum zu grossen Teilen von unsichtbarer dunkler Energie und dunkler Materie ausgefüllt ist. Ob man diese jedoch effektiv auf der Erde als Energie nutzen kann, bleibt offen. Ebenso ob die kosmische Strahlung stark genug wäre, um ein Fahrzeug zu betreiben. Tesla selbst war übrigens der Ansicht, dass noch Jahrzehnte oder Jahrhunderte vergehen würden, bis sich die Menschheit die Strahlungsenergie wirklich zu Nutze machen würde. Sei es aus technischen Gründen oder wirtschaftlichen Interessenkonflikten.

3.8 Die Antimaterie

Wir schreiben das Jahr 1928.

In den USA wartet die Weltwirtschaftskrise darauf, die ökonomische Aufbruchsstimmung im Schwarzen Freitag zu versenken. In

Deutschland bahnt sich der Weg aus einer schmerzhaften Vergangenheit in eine noch schmerzhaftere Zukunft. Zwischen Buenos Aires und Melbourne verschwindet ein Schiff mit 80 Besatzungsmitgliedern spurlos. In Grossbritannien erhalten Frauen das Stimmrecht.

Derweilen verändert sich im stillen Kämmerchen eines heranwachsenden Genies die Welt. Es ist ein junger britischer Forscher mit Schweizer Wurzeln, der sich auf das Fundament der modernen Physik stürzt. Er ist überzeugt, dass die beiden Säulen, die Quanten- und Relativitätstheorie, auf demselben Prinzip basieren. Dem Prinzip, das dem Weltenplan zu Grunde liegt.

Sein Name ist Paul Adrien Maurice Dirac. Er ist einer von vielen, die sich dieser schwierigen Aufgabe annehmen sollten. Und einer der wenigen, denen es gelingt, Licht ins Dunkel zu bringen. Bei seinen Bestrebungen, die Quantenphysik mit der Relativitätstheorie zu verbinden, stösst Dirac auf eine äusserst bedeutsame Erkenntnis. Möglicherweise auf eines der grössten Geheimnisse der Natur, das Fragen rückwirkend bis zum Urknall aufwirft: *Wir sind nicht allein.* Dirac sucht nach einer sauberen Lösung für ein Problem, das zwei Jahre zuvor entstanden ist. Damals hatte der österreichische Physiker Schrödinger seine „Schrödinger Gleichung" veröffentlicht und damit die Grundgleichung der Quantenphysik geliefert. Sie beschreibt, wie sich Teilchen, auch Quanten genannt, verhalten. Doch die Schrödinger Gleichung hatte einen entscheidenden Haken, der Dirac zutiefst beunruhigte. Seit der Relativitätstheorie Einsteins war es üblich, den dreidimensionalen Raum und die Zeit (die vierte Dimension) als gleichberechtigt anzusehen. Gemäss Einstein existieren Raum und Zeit untrennbar verwoben. Jede Bewegung im uns bekannten Raum bewirkt eine Bewegung in der Zeit.

Wenn Sie von Ihrem Haus zur Bushaltestelle gehen, bewegen Sie sich durch den Raum und die Zeit. In der Schrödinger Gleichung aber kam der Raum im Quadrat vor, die Zeit jedoch nur als Einer Potenz. Von Gleichberechtigung keine Spur. Oder wären Sie begeistert, wenn Sie als Versicherungskaufmann monatlich zweitausend Euro erwirtschafteten und Ihr Nachbar für die gleiche Arbeit vier Millionen Euro einsacken würde?

Vermutlich nicht.

So dachte auch Dirac. Die Schrödinger Gleichung war eine physikalische Diskriminierung der Zeit, gewissermassen. Diesen Umstand wollte Dirac beseitigen. Er versuchte, Einstein mit Schrödinger zu verbinden. Oder besser gesagt: Eine Brücke zwischen den beiden Eckpfeilern der modernen Physik zu schaffen. Und es sollte ihm gelingen, etwas Licht ins Dunkel zu bringen. Er „spielte" ein bisschen mit der Schrödinger Gleichung herum, wie er später sagte, und vereinte dabei die Grundgleichung der Quantenmechanik mit der speziellen Relativitätstheorie. Das Quadrat in der Formel verschwand. Zeit und Raum waren fortan gleichberechtigt. Auch für den Nachbarn gab es jetzt nur noch zweitausend Euro. Dafür war die Gleichung viel komplizierter, als sie es zuvor gewesen war. Doch das war nicht der einzige Tribut, den Dirac zollen musste. Die Rechnung sollte sehr viel höher ausfallen. Denn in seinem wissenschaftlichen Eifer hatte Dirac ein zweischneidiges Schwert geschmiedet. Einerseits vertrug sich die Dirac-Gleichung mit der speziellen Relativitätstheorie und beschrieb zudem erstmals eine weitere wichtige Eigenschaft von Elementarteilchen, den so genannten Spin. Der Spin ist eine Art Drehbewegung, die sich jedoch nicht klassisch (das heisst mit der Physik, die aus dem Alltag bekannt ist) erklären lässt. Das heisst: Für den Spin gibt es in der „normalen"

Welt keine realitätsgetreue Veranschaulichung. Andererseits erlaubte die Dirac-Gleichung nun aber auch sehr merkwürdige Ergebnisse, nämlich negative Energiezustände. Demnach kann ein Teilchen weniger Energie haben als gar keine Energie. Zugegebenermassen eine eigenartige Vorstellung.

Dirac liess sich davon nicht beirren. Er war überzeugt, dass jedes mathematische Ergebnis in der Natur einen Sinn ergibt. Er vertraute auf die Bedeutungskraft der Mathematik und akzeptierte das negative Ergebnis als negativen Energiezustand. Zunächst ohne zu wissen, was sich dahinter verbirgt. Sollte es Teilchen geben, die sich langsamer bewegen als gar nicht? Sollte es Teilchen geben, die weniger Energie haben als gar keine Energie? Sollte es Teilchen geben mit weniger Materie als gar keiner Materie? Wenn Dirac Recht behalten sollte und seine Gleichung stimmte, musste es etwas geben, das weniger als nichts wog. Eine Masse mit einem negativen Gewicht. Was, um alles in der Welt, sollte das schon wieder sein? Was kann weniger wiegen als gar nichts? Die Physiker langten sich an den Kopf. Beschleicht die Welt eine seltsame Form von Materie, die uns bisher nicht begegnet ist? Oder uns auf alle Fälle aus dem Alltag gänzlich unbekannt ist? Dirac gab sich überzeugt. Das negative Ergebnis unterscheidet sich trivialerweise nur durch das Vorzeichen vom positiven Ergebnis. Der Unterschied zwischen Schulden und einem Guthaben auf dem Bankkonto besteht mathematisch betrachtet auch nur in einem Vorzeichen. Deshalb steht es für nichts anderes als dessen Gegenteil. Das Gegenteil von Schulden ist Guthaben. Das negative Ergebnis der Dirac-Gleichung ist nichts anderes als das Gegenstück der Materie. Die Antimaterie. Unsere Welt ist nicht allein. Und plötzlich ergaben beide Resultate einen Sinn.

Die Wissenschaft wusste nicht so recht, was sie davon halten sollte. Da kam einer, Dirac, den man bisher für ganz seriös gehalten hatte, und postulierte aufgrund eines Vorzeichens die Existenz einer seltsamen Antimaterie, unter der sich kaum jemand etwas vorstellen konnte – und schon gar nicht wollte. Nicht überall stiess seine durchaus seltsame Theorie auf Gegenliebe. Da half es auch nicht viel, dass Dirac in den idyllischen Walliser Bergen aufgewachsen war oder zuletzt an der renommierten Cambridge Universität studiert hatte. Schliesslich basierte die Existenzgrundlage dieser fremdartigen Materie nur auf einem „Herumexperimentieren mit Gleichungen"[45] und war daher doch recht hypothetischer Natur. Die Physikwelt kränkelte vielleicht auch noch immer am Schlag, den ihr die wissenschaftliche Revolution um die Jahrhundertwende versetzt hatte. Die Vorhersage der Antimaterie wirkte nicht besonders beruhigend auf die alten Wunden und kaum einer wagte sich auszumalen, wie folgenreich der experimentelle Nachweis von Antimaterie für das Weltbild sein würde.

Die Vorhersage der Antimaterie war auf alle Fälle gewagt. Ein kühner Klimmzug gegen den reissenden Strom. Doch nur vier Jahre später lieferte der amerikanische Physiker Carl Anderson den entscheidenden Beweis. In einem Experiment stellte er fest, dass Höhenstrahlung fremdartige Teilchen freisetzt, so genannte Positronen, wenn sie Materie durchdringt. Positronen sind nichts anderes als Antielektronen, also gewissermassen die Elektronen der Anti-

---

[45] Antimaterie, Spiegelwelten, in die Vergangenheit fliegende Teilchen (Tachyonen) – die Vermutung zahlreicher seltsamer Phänomene der Physik ist auf die Interpretation verschiedener mathematischer Lösungen derselben Gleichung zurückzuführen. Bis zum experimentellen Beweis kann jedoch niemand mit Sicherheit sagen, ob diese Lösungen in der Natur eine Entsprechung haben.

materie. Damit war die Existenz der Antimaterie bewiesen. Antimaterie gibt es tatsächlich. Für diese sensationelle Entdeckung erhielt Anderson im Jahr 1936 den Nobelpreis. Auch Dirac erntete die Früchte seiner Arbeit. Er erhielt die begehrte Auszeichnung noch im selben Jahr. Dirac hatte nach einer relativistischen Formel gesucht und die Antimaterie gefunden. Eine der grössten Entdeckungen des 20. Jahrhunderts war damit Tatsache geworden. Eine Entdeckung, die allerdings erst in den letzten Jahren auf reges Interesse ausserhalb der Fachwelt gestossen ist.

Eine wesentliche Frage bleibt: Was ist Antimaterie?

Werfen wir einen Blick auf die Natur, auf die faszinierende Welt, in der wir leben, und ihren Motor, ihren Antrieb. Die Dinge in der Natur gehen nämlich nicht einfach ihren Weg, wie Sie in vielleicht gelegentlich in die nächste Kneipe gehen, wenn Ihnen nach einem Feierabendbier zu Mute ist. Die Bewegung der Natur in ihrer ganzen Vielfalt beruht auf dem Vorhandensein von Ungleichgewichten und einem natürlichen Drang nach Gleichgewicht. Wir brauchen keine physikalischen Theorien zu bemühen, um diese Aussage zu bestätigen. Ein kleiner Blick auf unser eigenes Leben reicht, um mindestens festzustellen, dass vorhergehende Annahme nicht ganz falsch sein kann. So essen wir, wenn wir Hunger haben. Oder balancieren so auf dem Fahrrad, dass wir nicht umfallen. Oder wir gehen ins Bett, wenn wir müde sind – oder die bessere Hälfte danach verlangt. Damit ein Ungleichgewicht in unserer Welt überhaupt erst entstehen kann, bedarf es zu jeder physikalischen Existenz eines passenden Gegenstücks. So egalisieren sich beispielsweise Protonen (positiv geladen) und Elektronen (negativ geladen). Oder die Erde gleicht die Anziehungskraft der Sonne durch eine (zumindest annähernd) elliptische Kreisbewegung aus, wodurch sie sich in einer mehr oder weniger konstanten Bahn halten kann[46]. Oder warme und kalte Meeresströmungen sorgen für ein einigermassen gleichmässiges Klima. In den letzten Jahren hat sich in der Physik der Gedanke der Symmetrie durchgesetzt, wonach zu allem ein Gegenstück existiert. Kalt und Warm. Plus und Minus. Anziehung und Abstossung. Insofern ist Antimaterie nichts anderes als das Gegenstück zur Materie. Die Elementarteilchen der Antimaterie sind genau umgekehrt geladen. Antielektronen (Positronen) besitzen eine positive Ladung und Antiprotonen eine negative Ladung. Die anderen Eigenschaften der Teilchen und ihrer Antiteilchen unterscheiden sich nicht. Antimaterie ist entgegen populärer Literatur keine weltfremde, unzugängliche Substanz, sondern das Konträr der Materie hinsichtlich der Teilchenladungen. Eines der grössten ungelösten Rätsel des Universums besteht in der Frage, weshalb die Erde, das Sonnensystem, die Galaxien und möglicherweise das gesamte Universum aus Materie bestehen und nicht aus Antimaterie. Weshalb konnten bisher keine Antimateriesonnen oder Antimateriegalaxien entdeckt werden?

Eine berechtigte Frage. Wenn Sie darauf eine abschliessende Antwort finden, haben Sie den Nobelpreis (der immerhin mit 10 Millionen Schwedischer Krone dotiert ist) und eine persönliche Gratulation meiner Wenigkeit in der Tasche. Wenn wir aus dem Fenster schauen, sehen wir in der Regel Bäume, Strassen, Autos und vielleicht einen See oder sogar das Meer. Egal, wohin wir schauen. Alles, was wir erblicken, besteht aus Materie. Wenn wir mit einem Teleskop in die Tiefen des Weltalls spähen, sehen wir Planeten, Sterne und vielleicht sogar Galaxien. Egal, wohin wir schauen. Al-

---

[46] Tatsächlich entfernt sich die Erde jährlich ungefähr 10 cm von der Sonne.

les, was wir erblicken, besteht aus Materie. Wir können suchen, wo wir wollen. Wir werden nirgends auch nur einen Klumpen Antimaterie finden. Die Antimaterie liefert sich ein kosmisches Versteckspiel. Wo bitte ist da ein Gleichgewicht, wenn es im Universum mehr Sterne als Sandkörner am Meer gibt, aber keinen einzigen Klumpen Antimaterie?

Nun, wir können durchaus erklären, weshalb es im Universum keine Antimaterie gibt, oder wir zumindest noch keine Antimaterie entdeckt haben. Antimaterie und Materie haben nämlich entgegengesetzte Teilchenladungen. Das Elektron der Antimaterie (Positron) ist positiv geladen, das Elektron der Materie negativ. Wie wir wissen, ziehen sich positive und negative Ladungen an. Wenn irgendwo auf der Erde ein Klümpchen Antimaterie auftaucht, reagiert es sofort mit der Materie und setzt dabei gewaltige Energiemengen frei, die so genannte Annihilationsstrahlung. Dass es in unserer Welt keine beständige Antimaterie gibt, liegt womöglich an einem Überschuss an Materie. Beim kleinsten Kontakt zerstrahlen Antimaterie und Materie in reine Energie. Antimaterie kann zwar im Höhenstrahlenexperiment oder in Teilchenbeschleunigern kurzfristig entstehen, wird aber bei der Reaktion mit Materie sofort wieder vernichtet.

Weshalb hält die Natur Antimaterie derart unter Verschluss? Weshalb gibt es schier unzählige Planeten und Sterne, aber offenbar keine beständige Antimaterie in unserem Universum? Hat die Natur einen Vorzug gegenüber der Materie? Alles nur eine Frage des Horizontes oder vielmehr eines tiefsinnigeren Prinzips? Gibt es einen guten Grund, weshalb wir in einer Materiewelt leben? Was ist die Ursache des Symmetriebruchs zwischen Materie und Antimaterie?

Es kann nicht ausgeschlossen werden, dass Antimateriegalaxien oder komplette Universen ausserhalb unseres Beobachtungsspektrums existieren. In einer anderen Dimension, in einer Spiegelwelt. Oder Milliarden Lichtjahre entfernt von der Milchstrasse. Wir wissen heute, dass sich das Universum tendenziell ausdehnt. Vielleicht liegt das daran, dass irgendwo in den Tiefen des Weltalls Antimateriegalaxien existieren und sich langsam mit den Materiegalaxien verbinden. Wenn vor einigen tausend Jahren 99 Prozent des uns bekannten Universums mit ähnlich vielen Antimateriegalaxien kollidiert wären, könnten wir dieses kosmische Schauspiel erst in einigen tausend Jahren überhaupt erahnen. Frühestens.

Alle Informationen, die wir aus den Tiefen des Weltalls erhalten, basieren auf Strahlungen, die vor unglaublich langer Zeit ausgesandt worden sind, aber erst jetzt auf der Erde eintreffen. Das Licht und jede Information im Universum kann sich maximal mit Lichtgeschwindigkeit fortbewegen. Wenn in diesem Moment auf Alpha Centauri, dem nächst gelegenen Sternensystem, ein Lichtblitz zur Erde abgefeuert wird, erreicht uns dieses Licht erst in rund vier Jahren. Wenn Wissenschaftler davon sprechen, dass keine Antimateriegalaxien existieren können, weil bisher keine Annihilationsstrahlung beobachtet worden ist, dann heisst das, dass es bis vor einigen Millionen oder Milliarden Jahren keine Kollision von Antimaterie- und Materiegalaxien gegeben hat. Was genau in diesem Moment in den Tiefen des Universums vor sich geht, erfahren wir erst, wenn uns die Zeugen dieser Ereignisse erreichen. Bis das Licht der erdnächsten Galaxie (Andromeda Nebel) bei uns eingetroffen ist, vergehen rund 2,5 Millionen Jahre. Ergo wäre es möglich, dass der Andromeda Nebel vor zwei Millionen Jahren in ein Schwarzes Loch gestürzt ist - und wir würden es erst in 500'000 Jahren erfahren. Der Blick in den Abendhimmel ist nichts anderes als ein Blick in die Vergangenheit. Aber kein Mensch weiss, was in diesem Moment in den Tiefen des Weltalls wirklich geschieht.

Die aktuellen Weltformelkandidaten vermuten in unserem Universum mindestens zehn Dimensionen. Gut möglich, dass auch die Antimaterie ihren Platz im Kosmos gefunden hat. Irgendwo in einer Dimension, die uns nicht zugänglich ist. Einer Dimension, in der Materie fremdartig und selten ist. In einer Spiegelwelt oder einem unzugänglichen Teil des Universums. Möglicherweise wurde die gesamte Antimaterie zur Geburtsstunde des Universums vernichtet und dabei vollständig in Energie zerstrahlt. Dadurch liesse sich vielleicht erklären, weshalb es selbst in den fernsten Gebieten des Universums nie kälter wird als ungefähr drei Grad über dem absoluten Nullpunkt (- 273.15 °C). Andererseits folgt aus dieser Theorie, dass die Natur einen Vorzug für die Materie haben muss, ansonsten wäre das Universum gar nicht entstanden.

Einige Forscher vertreten die Ansicht, dass die rätselhaften Gammablitze, gewaltige Energieausbrüche im Universum, auf die Kollision von Materie mit Antimaterieresten zurückzuführen sind. Allerdings wären gigantische $1.1 * 10^{28}$ Kilogramm Antimaterie notwendig, um beispielsweise den Gammablitz GRB-990123 zu erzeugen, den Weltraumteleskope im Januar 1999 registriert haben. Das entspricht dem Gewicht von rund 1674 Erdmassen, einer kleinen Antimateriesonne. Andererseits gibt es bisher keine schlüssigere Erklärung für dieses gewaltige Phänomen.

Vielleicht schütteln Sie gerade den Kopf und fragen sich, wie die Wissenschaft behaupten kann, Antimaterie entdeckt zu haben, wenn sie doch höchstens irgendwo jenseits unseres Horizonts existiert – in spekulativen Spiegelwelten oder unzugänglichen Gebieten des Universums - wenn überhaupt. Nun, insofern haben Sie natürlich recht. Allerdings haben wir bisher nur über das Vorkommen von beständiger Antimaterie in der Natur gesprochen. In der Natur mag Antimaterie nur in der Vergangenheit, in bisher unzugänglichen Dimensionen oder Milliarden Lichtjahre von der Erde entfernt existieren[47]. Sprich: Jenseits unseres Horizonts. Einer Forschungsgruppe um Professor Walter Oelert ist es im Jahr 1995 allerdings gelungen, Antiwasserstoff im Teilchenbeschleuniger am CERN in Genf künstlich herzustellen. Hierbei ergaben sich erste experimentelle Hinweise auf eine so genannte CP-Verletzung. Dieser Effekt besagt vereinfacht dargestellt, dass Sie nicht immer gleich aussehen wie Ihr eigenes Spiegelbild. Oder, um es in der Welt der Physik auszudrücken: Die Natur kann einen Vorzug für die Materie oder die Antimaterie haben. Die Frage ist bloss, wie und warum dieses Ungleichgewicht entstehen kann. Warum besteht das Universum aus Materie und nicht aus Antimaterie?

Die chinesisch stämmigen Physiker Tsung Dao Lee und Chen Ning Yang postulierten bereits im Jahr 1956, dass das Spiegelbild eines Teilchens und seines Antiteilchens nicht immer identisch sein müssen. Ein Jahr später gelang der Physikerin Wu der experimentelle Beweis für so genannte Paritätsverletzungen, die bei der schwachen Wechselwirkung auftreten. Sie zerstörte damit die vorherrschende Vorstellung, dass alle Naturgesetze symmetrisch sind, also gespiegelt werden können, ohne dass sich das Original vom Spiegelbild unterscheidet. CP-Verletzungen (in irgendeiner Form) waren wahr-

---

[47] Abgesehen natürlich von unbeständiger Antimaterie wie sie in der Höhenstrahlung nachgewiesen werden konnte. Dabei zerstrahlen Antimaterie und Materie aber sofort zu reiner Energie.

scheinlich unabdingbar, damit die materielle Welt, in der wir leben, entstehen konnte. Ohne dieses rätselhafte Phänomen, dessen Ursache und Ausprägung weitgehend unbekannt sind, hätte sich das Universum nach einem allfälligen Urknall sofort wieder vernichtet.

Die Lebenszeit der 1995 künstlich erzeugten Antiwasserstoffatome war von sehr kurzer Dauer, so dass sie nicht näher untersucht werden konnten. Erst sieben Jahre später gelang es Forschern ungefähr 50'000 Antiwasserstoffatome herzustellen. Immer noch recht wenig, wenn man bedenkt, dass ein einziger Wasserstropfen aus mehreren Milliarden Atomen besteht. Bei diesem Experiment im Jahr 2002 sollte die Antimaterie gespeichert und auf annäherde Nullpunkttemperatur gekühlt werden. Dadurch erhoffte man sich herauszufinden, ob die Antimaterie mit dem „CPT-Theorem", einem fundamentalen Gesetz der Physik, übereinstimmt. Das „CPT-Theorem" besagt, dass wenn man einen Vorgang spiegelbildlich und zeitlich umgekehrt betrachtet und zudem Materie und Antimaterie vertauscht, die physikalischen Naturgesetze für diesen Vorgang weiterhin unverändert gelten und ein solcher Vorgang somit möglich ist. Die Kernfrage lag verbildlicht gesprochen darin, ob ein Anti-Auto genauso fährt wie ein Auto und sich ein Anti-Meteorit wirklich genauso verhält wie ein Meteorit. Unterscheiden sich Antimaterie und Materie wirklich nur durch die Ladung ihrer Elementarteilchen? Genau das wäre die Aussage des „CPT-Theorems".

Soweit kam das Experiment allerdings nicht. Bis heute ist es keinem Forscher gelungen, Antimaterie zu speichern, das heisst länger als einige Sekundenbruchteile zu erhalten. Sobald Antimaterie und Materie in Berührung geraten, lösen sich die entgegen geladenen Teilchen in der heftigsten bekannten Reaktion in reiner Energie auf. Dieser Vorgang wird als „Annihilation" bezeichnet. Die gesamten aufeinander treffenden Massen werden dabei gemäss der berühmten Einstein'schen Gleichung $E=mc^2$ in eine unvorstellbare Energiemenge umgewandelt. Zum Vergleich: Die im August 1945 über Japan abgeworfenen Atombomben wandelten einen relativ kleinen Teil des Sprengmaterials (Uran und Plutonium) in Energie um. Im Umkreis von zwei Kilometern wurde alles dem Erdboden gleich gemacht. Hätten die Amerikaner ihre Bomben gar mit Antimaterie bestückt, hätte die Detonation totale Verwüstungen und Zerstörungen bis nach Südafrika hinterlassen. Mindestens.

Es ist übrigens ein weit verbreiteter Irrglaube, dass die Formel $e=mc^2$ zum Bau der Atombombe geführt hätte. Die Formel gibt nämlich lediglich an, wie viel Energie eine bestimmte Masse enthält beziehungsweise. wie viel Masse aus einer bestimmten Energiemenge gewonnen werden könnte. Wir wissen daher, dass die Masse unseres Autos mehr Energie besitzt als jede Atombombe. Allerdings liefert uns die Formel keinerlei Hinweise, wie wir das Auto tatsächlich in Energie umwandeln könnten. Insofern kann Einstein kein Verschulden angehaftet werden. Newton, der die Gesetzmässigkeit entdeckt hat, mit der ein Apfel zu Boden fällt, kann schliesslich auch nichts dafür, dass ein Flugzeug vom Himmel fällt, wenn die Triebwerke streiken. Andererseits war Einstein, was wiederum viele nicht wissen, einer der massgeblichen Mitinitiatoren des amerikanischen Atombombenprogramms. Er unterzeichnete im August 1939 einen Brief an den amtierenden US-Präsidenten Roosevelt mit der dringlichen Aufforderung, ein amerikanisches Nuklearprogramm zu starten. Das Dritte Reich sollte auf keinen Fall vor den Alliierten in den Besitz der Bombe gelangen.

Die Sprengkraft einer Antimateriebombe wäre ungleich stärker als die der Hiroshima und Nagasaki Bombe zusammen. Dennoch wird die Gefahr eines nuklearen Holocausts die Wahrscheinlichkeit einer apokalyptischen Vernichtungsschlacht mit Antimateriewaffen noch lange überschatten. Antimaterie ist nämlich nicht in der Natur abbaubar und bereits die künstliche Herstellung kleinster Mengen stellt beim gegenwärtigen Stand der Technik ein äusserst aufwändiges und energieintensives Unterfangen dar. Die Speicherung und Erhaltung von Antimaterie ist noch sehr unausgereift und nur beschränkt möglich. Die Antimaterie muss dazu mit starken elektromagnetischen Feldern in einer Art elektromagnetischen Flasche von der Materie abgehalten werden, um eine unverzügliche Reaktion zu verhindern. Eine andere Möglichkeit zur Konservierung von Antimaterie ist bisher nicht bekannt. Diese Methode funktioniert prinzipiell nur bei Positronen (Antielektronen) und Antiprotonen, da diese eine elektrische Ladung besitzen und entsprechend von einem elektromagnetischen Feld beeinflusst werden können. Zudem klappt die Methode nur, solange sich die Anzahl der Antiteilchen in bescheidenen Grenzen hält. Sobald eine kritische Anzahl erreicht ist, werden die wechselwirkungsbedingten Abstossungskräfte unter den gleich geladenen Teilchen so stark, dass das elektromagnetische Feld nicht mehr ausreicht, um sie in Schach zu halten.

Antiatome wie zum Beispiel Antiwasserstoff oder Antineutronen[48] sind über elektromagnetische Felder bislang überhaupt nicht speicherbar, da diese Antiteilchen keine beziehungsweise eine neutrale

---

[48] Generell unterscheiden sich Antiteilchen durch die umgekehrte elektrische Ladung von ihrem Teilchen. Das Neutron und Antineutron haben die gleiche Ladung. Trotzdem handelt es sich um zwei verschiedene Teilchen, da das freie (das heisst. in keinem Atom gebundene) Antineutron in ein Positron (Antielektron) und ein Antiproton zerfällt, das freie Neutron aber in ein Proton und ein Elektron.

elektrische Ladung besitzen und daher auf elektromagnetische Felder nicht reagieren.

Die Freisetzung von Energie aus Antimaterie und Materie stellt im Prinzip nichts anderes als eine optimale Kernfusion mit maximalem Energieumsatz dar - und durchaus eine der saubersten Möglichkeiten der Energiegewinnung. Knapp 2500 Kilogramm Antimaterie (und 2500 Kilogramm Materie) würden ausreichen, um die ganze Welt ein Jahr lang mit Energie zu versorgen. So lange die künstliche Herstellung von Antimaterie jedoch das Energiepotenzial der Reaktion mit Materie übersteigt, sind entsprechende Kraftwerke oder Reaktoren natürlich sinnlos. Eine natürliche Antimaterie-Quelle, die mit relativ wenig Aufwand ausgebeutet werden könnte wie ein herkömmliches Kohle- oder Ölvorkommen, wäre die ultimative Lösung für die expandierenden Energieprobleme der Welt. Denn bereits ein Kilogramm Antiwasserstoff kombiniert mit einem Kilogramm Materie liefert mehr Energie als fünfhundert Atomkraftwerke in einem Jahr. Antimaterie ist allerdings mit Sicherheit in keinem Berg und unter keinem Meer zu finden. Auch besteht wenig Hoffnung, Antimaterie auf einem fremden Planeten abzubauen. Denn bereits beim kleinsten Kontakt mit der aufgeschichteten Materie wäre es zu einer wuchtigen Reaktion gekommen. Sollte es aber eines Tages möglich sein, Antimaterie aus einem natürlichen Element oder Prozess zu gewinnen, stünde der zivilen und militärischen Nutzung nichts mehr im Wege. Je nachdem würde sogar eine Technologie zur Speicherung der Antimaterie überflüssig, da die Antimaterie direkt in einem Reaktor produziert und in Energie umgewandelt werden könnte.

3.9 Das Antimaterie-Zeitalter

Die utopischsten Pläne in den Schubladen und Archiven der amerikanischen Weltraumbehörde NASA könnten mit dem gewaltigen Energiepotential der Antimaterie verwirklicht werden. Die Eroberung des Sonnensystems. Die Besiedlung anderer Planeten. Intergalaktische Missionen oder die Erzeugung kosmischer Extremerscheinungen wie Wurmlöcher im Labor.

In der Antimaterie verbirgt sich das Sprungbrett in die Zukunft, ins 22. Jahrhundert, in die Technologie des dritten Jahrtausends. Ihr Energiepotenzial hält die Lösung bereit, um eine ganze Reihe irdischer Blockaden zu durchbrechen. Blockaden, die den Fortschritt der Technik in völlig neue räumliche und zeitliche Sphären bisher verhindert haben.

Antimaterie ist eine extrem kompakte Energiequelle. Ein Gramm Antimaterie (das entspricht etwa dem Gewicht einer Haarsträhne) enthält so viel Energie wie 23 voll betankte Space Shuttles. Raumschiffe mit einem Antimaterieantrieb gelangten in wenigen Wochen zum Mars oder zu den entferntesten Planeten des Sonnensystems. Es wäre sogar denkbar, Menschen erstmals über den Horizont unbemannter Sonden hinaus in die unbekannten Tiefen des Weltalls vorstossen zu lassen. Fremde Sterne und Galaxien rückten dadurch in Reichweite. Mit der Beherrschung der Antimaterie würden Grenzen überwunden, die die Menschheit in ein neues Zeitalter, in eine neue Epoche beförderten. Antimaterie könnte gar das Öl des dritten Jahrtausends werden. Der Motor der vierten industriellen Revolution. Der Revolution, die uns den Weltraum bevölkern lässt.

Das Potenzial der Antimaterie ist längst kein Geheimnis mehr und

schon gar kein Hirngespinst, das nur in den Köpfen von Zukunfts-
forschern und Gutmenschen existiert. Der Ernst der Lage zeigt
sich am Beispiel von Kenneth Edwards, dem Direktor der Englin
Air Force Base in Florida. Edwards liess im März 2004 aufhorchen,
als er neben zahlreichen Vorträgen ein interessantes Dokument[49]
über die Arbeit der US Air Force veröffentlichte. Darin fanden sich
unter anderem Konzeptskizzen und Pläne für Antimaterie-
Triebwerke und neuartige Militärflugzeuge, die Exkursionen zum
Mars ermöglichen sollten. Edwards bezifferte die Kosten für einen
Prototyp eines mit Antimaterie betriebenen Raumschiffantriebs auf
zwei Milliarden US Dollar. Zwei Milliarden US Dollar. Ein verhältnismässig geringer Betrag, wenn man bedenkt, dass der für Radar
unsichtbare Tarnkappenbomber einen Stückpreis von rund
2.2 Milliarden US-Dollar veranschlagt. Oder die Apollomissionen,
die in den 60er Jahren die amerikanischen Bürger rund 20 Milliarden Dollar gekostet haben.

Der erste Prototyp sollte um das Jahr 2020 verfügbar sein[50]. Ein
kühner Plan. Was auf dem Papier nach den Sternen greifen lässt,
fällt unmittelbar auf den Boden der Tatsachen zurück, wenn man
Edwards Antrieb betanken will. Die gegenwärtige Situation ist etwa
vergleichbar mit einem Szenario im Jahr 2100, wenn sämtliche Öl-
reserven der Welt mehr oder minder erschöpft sein werden. Zwar
weiss jeder Ingenieur, wie man aus den alten Bauplänen einen
schmutzigen Dieselwagen schrauben kann. Bloss der Diesel, der
fehlt. Die begabtesten Forscher der Welt können mit den modernsten Apparaturen der Welt den Treibstoff der nächsten Generation

---

[49] www.niac.usra.edu/files/library/meetings/fellows/mar04/Edwards_Kenneth.pdf

[50] Das Dokument stammt aus dem Jahr 2004.

nur sehr schwer und in extrem kleinen Mengen herstellen. Hinzu kommt, dass sich Antimaterie bisher kaum über längere Zeit speichern lässt, wodurch es unweigerlich zu einer unkontrollierbaren Reaktion kommt. Wie sich das Öl erst mit Bohrstationen und Bohrtürmen in riesigen Mengen aus der Erde pumpen liess, wird die nächste Epoche erst anbrechen, wenn ein Weg zur effizienten Gewinnung von Antimaterie gefunden ist. Eine Möglichkeit, um den Stoff in ausreichendem Mass zu erzeugen und gegebenenfalls eine Möglichkeit, um den Stoff zu speichern. Wie das Öl im Fass.

Wie jedoch sollte ein Antimaterietriebwerk bereits im Jahr 2020 funktionieren, wenn die heutige Technik noch nicht einmal ausreicht, um Antimaterie aus dem Teilchenbeschleuniger zu bringen? Wo sollte der Treibstoff, die Energie, die Antimaterie, besorgt werden, um ein solches Triebwerk überhaupt betreiben zu können?

Vielleicht hat sich Edwards im Zeitplan verschätzt, wie wir es von seinen Artgenossen schon fast gewohnt sind. Die Vergangenheit liefert nur allzu viele Beispiele von Technologien und revolutionären Vorhaben, die auch nur mit heissem Wasser gekocht worden sind. So ist das zweite Jahrtausend verstrichen, ohne dass die NASA eine bemannte Marsmission unternommen hätte. Oder die Kernfusion, die alle Atomkraftwerke ersetzen sollte, und deren Marktreife seit fünfzig Jahren jeweils in fünfzig Jahren erwartet wird.

Möglicherweise weiss Edwards auch mehr, als er in seinem Dokument zu verstehen gibt. Darauf lässt ein zunächst unauffälliger Hinweis auf der zweitletzten Seite schliessen. Dort fasst er zusammen, dass die amerikanische Luftwaffe bereits an revolutionären Technologien zur Deckung des zukünftigen Energiebedarfs forscht. Dazu seien Experimente im Gange, die dazu dienten, die aufgestellten Theorien zu untermauern.

Was lässt sich daraus schliessen?

Ein harmloser Hinweis, dass das amerikanische Militär die Klimaprobleme nach dem Abschuss des Kjoto-Protokolls doch noch mit sauberen Energiequellen bekämpfen will? Sucht die US Air Force etwa nach einem umweltverträglichen Ersatz für zur Neige gehende Treibstoffe wie Benzin und Diesel?

Gewiss nicht. Oder höchstens zweckdienlich, um auch linksgrüne Politiker von der Notwendigkeit der Rüstungsausgaben überzeugen zu können. Dieser Hinweis lässt eher darauf schliessen, dass die US Air Force mit Antimaterie-Technologie wirklich ernst macht und ihre Bemühungen nicht nur auf Konzeptskizzen beschränkt. Ohne es verschreien zu wollen, könnte ein Verfahren zur Freisetzung von Antimaterie aus einem irdisch zugänglichen Stoff die Grundlage der Industrie und Technologie der nächsten Jahrzehnte und Jahrhunderte darstellen. Dazu müsste ein physikalisches Verfahren entdeckt werden, welches die Erzeugung von Antimaterie aus irdisch verfügbaren Elementen oder Prozessen ermöglicht. Das Periodensystem der Elemente besteht derzeit aus 118 Elementen, die zwar nicht unbedingt natürlich vorkommen, aber im Teilchenbeschleuniger nachgewiesen werden konnten. Alle bekannten Elemente mit einer Ordnungszahl[51] höher als 94 können nur im Teilchenbeschleuniger hergestellt werden. Ihr Nachweis war in der Natur aufgrund der sehr kurzen Zerfallszeit bisher nicht möglich. Über die

---

[51] Die Ordnungszahl gibt an, wie viele Protonen sich im Atomkern des Elements befinden.

Elemente jenseits des 118. Elements wissen wir bisher nicht viel. Theoretische Überlegungen zeigen, dass es zahlreiche weitere, extrem schwere Elemente geben müsste. Mit zunehmender Ordnungszahl wären die Elemente aber zunehmend instabiler und damit schwerer nachzuweisen und zu erzeugen. Es ist denkbar, dass Elemente mit einer Ordnungszahl grösser als 118 bei Kernfusionen entstehen, wo sehr hohe Energien und Temperaturen mit einigen Millionen Grad auftreten oder in Supernovas oder Neutronensternen existieren. Über diese Elemente lässt sich bisher aber nicht generalisierend sagen, ob sie radioaktiv und damit instabil sind oder ob es bestimmte Inseln der Stabilität gibt, also gewisse Ordnungszahlanomalien, bei denen sich auch sehr schwere Elemente als stabil herausstellen. Solche Elemente mit einer Zerfallszeit von mehr als einer Sekunde wären die Voraussetzung, um sie in praktischen Anwendungen nutzen zu können.

Über Anomalien bei sehr hohen Ordnungszahlen können wir bisher keine Aussage machen. Wir wissen nicht, ob bei Elementen mit Ordnungszahlen jenseits von 500 relativistische oder quantenmechanische Effekte allenfalls eine bisher nicht vermutete Stabilität oder andere Eigentümlichkeiten bewirken. In Elementen jenseits des gegenwärtig bekannten Periodensystems wäre es vielleicht möglich, Elemente zu finden, die verhältnismässig stabil sind und beim Zerfall oder in Kombination mit anderen Elementen Antimaterie freisetzen. Falls wir einen solchen Prozess nachweisen könnten, wäre es zumindest auf dem Papier möglich, Antimaterie energieeffizient herzustellen. Die Speicherung könnte dabei entfallen, wenn die Antimaterie direkt in einem Triebwerk oder Generator erzeugt und eingesetzt wird. Wenig Materie dieser superschweren Elemente könnte ausreichend Antimaterie erzeugen, um Raumschiffe mit vergleichsweise leichtem Tank zu fernen Planeten zu bewegen. Damit eröffneten sich der Weltraumforschung neue Möglichkeiten, die mit den etablierten Feststoffraketen undenkbar sind.

Bis heute wissen wir aber nicht, welche Eigenschaften Elemente mit sehr hohen Ordnungszahlen entwickeln und ob es überhaupt möglich ist, in irgendeiner Form Antimaterie aus uns zugänglichen Materialien zu raffinieren. Das heisst aber nicht, dass es unmöglich ist.

3.10 Der absolute Nullpunkt

Hitze führt zu Dürren und Trockenheit, lässt die Wüste besiedelte Gebiete erobern und Ernten versiegen. Kälte erfriert das Leben im Eis und konserviert die Vergangenheit als geologisches Museum. Wärme und Kälte begleiten die Menschheit wie der Mond, der als treuer Begleiter seine Bahnen um die Erde zieht.

Die Wissenschaft der Wärme und Kälte, die Thermodynamik, zog bereits im auslaufenden Mittelalter Gelehrte in ihren Bann.

Als die Scheiterhaufen brannten, rätselte die akademische Elite über das Wesen der Temperatur. Auch der französische Physiker Guillaume Amontons, der am 31. August 1663 in der Stadt der Liebe geboren worden war, fühlte sich zur Thermodynamik hingezogen. Als er im Jahr 1699 das Volumen eines Gases mit dessen Temperatur in Verbindung brachte, setzte er einen Stein ins Rollen, dessen Faszination bis tief in die Gegenwart geschleift ist. Amontons hatte entdeckt, dass ein Gas immer mehr Platz beansprucht, je wärmer es wird. Die Temperatur musste auf irgendeine Weise mit dem Volumen eines Gases zusammenhängen.

Tatsächlich mussten spätestens die ersten Eisenbahnbauer feststellen, dass sich alle Materialien ausdehnen, sobald sie erhitzt werden. So verrenken sich Schienen und Brücken drücken ins Profil, wenn die gleissende Sonne erbarmungslos brennt. Oder der LHC-Teilchenbeschleuniger am CERN, der sich um einige Meter zusammenzieht, wenn er auf Betriebstemperatur (ca. minus 271 °C) gebracht wird. Hitze und Kälte können zu schweren Schäden führen, wenn die Konstrukteure diese Phänomene nicht ausreichend berücksichtigt haben. Das ist auch der Grund, weshalb moderne Betonbrücken an den beiden Enden stets einen Spielraum lassen, in den sich die Brücke ausdehnen kann. Beispielsweise im Sommer.

Amontons Erkenntnis veranlasste die Regenten dieser Zeit allerdings nicht, einen Notfallstab an Architekten, Technikern und vorzeitlichen Ingenieuren quer durch Europa zu jagen, um alle Brücken und Bauten zu sanieren. Schienen kannte man höchstens aus Goldminen und bis James Watt seine Dampfmaschine vorstellen würde, sollten noch einige Jahre vergehen. Die zeitgenössischen Brücken waren zudem hölzerner Natur und daher weniger starr und anfällig auf thermische Unterschiede, zumindest was die Ausdehnung betrifft.

Wesentlich rätselhafter gestaltete sich die Angelegenheit, als sich Amontons und seine Zeitgenossen fragten, wie dieses thermodynamische Phänomen denn umgekehrt zu verstehen sei. Was geschieht mit einem Material, das immer weiter abgekühlt wird? Was wird aus Ihrer Tiefkühlkost, wenn Sie Ihre Kühltruhe beliebig abkühlen lassen könnten?

Es kamen zwei Erklärungsansätze in Betracht. Es gibt einen absoluten Nullpunkt der Temperatur, eine „Kälte", die man niemals unterschreiten kann. Einen Temperaturpunkt, an dem das Volumen des Gases Null ist, Ihre Pizza Hawaii im Kühlfach jede Ausdehnung verliert. Oder aber, und das war Erklärungsansatz Nummer Zwei, der Zusammenhang von Volumen und Temperatur gilt nur für Gase und nicht für flüssige oder gar feste Stoffe.

Erst als die Französische Revolution die monarchische Gesellschaftsordnung geköpft, James Watt seine Dampfmaschine vorgestellt und die Textilindustrie zu maschineller Fertigung mobilisiert hat, findet William Thomson die Antwort. Im Jahr 1848, als in Kalifornien gerade zum Goldrausch geblasen wird, erklärt Thomson, dass der Energieverlust des Materials zur Klärung dieser Frage entscheidend sei, nicht etwa die Volumenverkleinerung. Desto kälter eine Materie, desto weniger Energie besitzt sie. Mit heissem Wasser kann man kochen, Spaghetti zubereiten oder sich die Finger verbrennen. Heisses Wasser ist energiereich, währenddessen kaltes Wasser vergleichsweise an Energie verloren hat. Am absoluten Nullpunkt ist das Volumen eines Materials nicht unendlich klein, sondern vielmehr das Material „energielos". Thomson schlug daher eine neue Temperaturskala vor, das Kelvin.

Das Kelvin kennt keine negativen Werte, da es bei null Kelvin beziehungsweise minus 273.15 Grad Celsius beginnt. Dies ist der kälteste in unserem Universum mögliche Temperaturwert. In keinem Experiment der Welt konnte diese eisige Schranke jemals unterschritten werden. Kein Stoff und keine Materie können kälter als diese frostige Naturkonstante werden. Der absolute Nullpunkt ist eine Schranke, die niemanden passieren lässt. Ein Bahnübergang, der uns für immer verschlossen bleibt. Eine Grenze der Erreichbarkeit, wie die Lichtgeschwindigkeit es ist. Kein massebehaftetes Teilchen kann schneller fliegen als das Licht, auch wenn dazu beliebig viel Energie aufgewendet wird. Ebenso kann kein Teilchen den absoluten Nullpunkt unterschreiten. Null Kelvin ist die absolute Grenze der Kälte.

Die Ursache führt in die verschleierte Welt der Quantenphysik. Wärme und Kälte sind eigentlich nichts anderes als Aussagen über die Bewegungsenergie von Atomen. Die glühende Herdplatte oder die Oberfläche der Sonne empfinden wir für gewöhnlich als heiss. Das arktische Eis oder das Klima auf der Spitze des Mount Everest dagegen eher als kalt. Die Natur versteht unter Wärme und Kälte aber lediglich Bewegungsenergie. Desto wärmer ein Atom ist, desto schneller bewegen sich seine Teilchen und umgekehrt.

Diesen Umstand kann man sich mit einem Sprinter verdeutlichen, der im Winter am Rand einer Rennbahn sitzt und im gefrorenen Rasen auf den Start des Rennens wartet. Er friert und sein Körper zieht sich zusammen. Sobald der Startschuss fällt, rennt er los. Sein Körper wird stark beansprucht und benötigt viel Energie, um die schnelle Gangart umsetzen zu können. Solange er rennt, ist ihm warm, er beginnt vielleicht sogar zu schwitzen. Sobald er aber wieder stillsteht und damit keine Bewegungsenergie mehr hat, kühlt sich sein Körper wieder ab und das Frösteln beginnt von neuem.

Wird ein Stoff auf den absoluten Nullpunkt gekühlt, verliert er seine gesamte Energie. Die Teilchen stehen in diesem Extremfall still. Soweit die Annahme zu der der man intuitiv gelangten könnte. Die Realität erweist sich allerdings als etwas komplizierter. Denn der absolute Nullpunkt ist eine der merkwürdigen Schranken des Universums, die nicht überwunden oder erreicht werden können. Jenseits dieser Schranke wäre eine Welt mit den uns bekannten Naturgesetzen nur sehr widersprüchlich und seltsam zu beschreiben. Der absolute Nullpunkt ist eine weitere Grenzerscheinung am Horizont der Erklärbarkeit.

Die Quantenphysik und Relativitätstheorie spielen eine Vorreiterrolle, wenn es darum geht, derartige Phänomene zu erklären. Um diese Randerscheinungen aber wirklich in vollem Umfang verstehen zu können, müssten wir wahrscheinlich auf eine bis heute unbekannte Theorie zurückgreifen.

Tatsächlich können die Teilchen eines Materials nie einem vollkommenen Stillstand unterworfen sein. Die Natur lässt sich nämlich nicht in die Karten schauen. Die Quantenphysik verbietet, dass sich etwas in absoluter Ruhe befinden darf. Selbst am absoluten Nullpunkt bewegen sich die Teilchen eines auf null Kelvin gekühlten Stoffes immer noch mit einer Restenergie. Einer Restenergie, die mit keinem Thermometer der Welt gemessen werden kann, aber nach den Gesetzen der Quantenmechanik existieren muss. Dieses Phänomen wird oft auch als „Nullpunktenergie" bezeichnet und ist auf die Heisenbergsche Unschärferelation zurückzuführen. Ein wichtiges Prinzip der Quantenphysik, demzufolge der Ort und der Impuls[52] eines Teilchens niemals gleichzeitig messbar sind. Nicht etwa, weil die Geräte oder die Messtechnik dazu nicht im Stande wären, sondern weil die Natur so „gebaut" ist, wie sie ist. Befinden sich die Teilchen eines Materials aber in absoluter Ruhe, wären der Ort und der Impuls gleichzeitig messbar, wodurch die Heisenbergsche Unschärferelation und damit ein wichtiges Prinzip der Quantenmechanik verletzt werden würde.

---

[52] Der Impuls ist definiert als das Produkt aus Masse und Geschwindigkeit.

Es ist aber durchaus möglich, eine Materie auf fast null Kelvin zu kühlen. Ähnlich, wie es zumindest theoretisch denkbar ist, ein Raumschiff beliebig nahe an die Lichtgeschwindigkeit zu beschleunigen. Forschern aus aller Welt ist es bereits gelungen, auf Milliardstel Grade an den Kältetiefpunkt heran zu kommen[53] und dabei allerhand eigenartige Phänomene zu beobachten. Phänomene, wie sie immer wieder auftreten, wenn man einen Blick hinter die Schranken der Natur zu erhaschen versucht.

Wir erinnern uns: Desto näher ein Raumschiff der Lichtgeschwindigkeit kommt, desto seltsamer werden die dabei auftretenden Effekte. Effekte wie Zeitdilatation oder Längenkontraktion. Effekte, die uns im Alltag völlig fremd sind. Auch der Nullpunkt scheint in einem Gebiet der Anomalie zu liegen, wobei Anomalie die merkwürdigen Eigenschaften bezeichnet, die Materialien in dieser Temperaturregion annehmen können. Beispielsweise Supraleitfähigkeit.

Die Supraleitfähigkeit ist ein physikalischer Effekt, dessen Nutzung der Menschheit in Zukunft gewaltige Fortschritte im Energie- und Technologiebereich ermöglichen könnte. Bei extremer Kälte können Supraleiter elektrischen Strom ohne Energieverlust transportieren und speichern, da der elektrische Widerstand (der beispielsweise zur Wärmeentwicklung führt) ab einer kritischen Temperatur auf einmal verschwindet. Der Traum jedes Energiekonzerns, Umweltschützers und Anhängers portabler Multimediageräte. Denn bisher war es unmöglich, Strom verlustfrei durch die Hochspannungslei-

---

[53] Allerdings ist der Nullpunkt immer noch unerreichbar weit entfernt, denn jede weitere Annäherung an den Nullpunkt benötigt immer mehr Aufwand, ähnlich wie jede Beschleunigung hin zur Lichtgeschwindigkeit immer mehr Energie benötigt.

tungen zu leiten oder gar zu speichern. Akkus und Batterien liefern Notebooks und MP3-Playern zwar elektrischen Strom. Dieser entsteht allerdings aus chemischen Reaktionen und ist nicht als „elektrischer Strom" gespeichert. Die Erforschung der Supraleitfähigkeit könnte den Traum einer echten „Strombatterie" oder verlustfreien Stromtransports dereinst Realität werden lassen.

Das Problem besteht darin, dass die Stoffe erst bei sehr tiefen Temperaturen supraleitend werden. Blei oder Wolfram (aus dem etwa die Drähte herkömmlicher Glühbirnen bestehen) entwickeln Supraleiteigenschaften sehr sprunghaft nahe am absoluten Nullpunkt. Die Sprungtemperatur[54] von Blei liegt bei rund 7 Kelvin, jene von Wolfram bei deutlich unter einem Kelvin. Das ist auch der Grund, weshalb Supraleiter im Alltag bisher ein eher zurückhaltendes Dasein fristen. Eine hundert Kilometer lange Hochspannungsleitung auf über minus 270 Grad Celsius zu kühlen ist keine einfache Angelegenheit. Dafür erfreuen sich Supraleiter in der Forschung regen Interessens. Sie eignen sich hervorragend zur Erzeugung starker Magnetfelder und werden beispielsweise im LHC-Teilchenbeschleuniger am CERN in Genf eingesetzt. In den letzten Jahren wurden vermehrt Hochtemperatursupraleiter entdeckt, also Supraleiter, die auch bei relativ geringer Kühlung den inneren elektrischen Widerstand verlieren. Deren Temperatur lag zwar immer noch bei rund minus 155 Grad Celsius. Es besteht aber durchaus Hoffnung, dass dereinst Supraleiter entdeckt werden, die allenfalls sogar bei Zimmertemperatur ihre Wirkung entfalten. Das wäre ein gewaltiger technischer Fortschritt. Fortan könnte elektrischer

---

[54] Man spricht von „Sprungtemperatur", da die Stoffe ab einer bestimmten Temperatur plötzlich den elektrischen Widerstand verlieren und dadurch supraleitend werden.

Strom quasi verlustfrei transportiert und gespeichert werden. Ob es aber Materialien gibt, die in diesen hohen Temperaturbereichen supraleitend werden, weiss niemand. Die Theorie ist in der Erklärung dieses Phänomens noch recht unschlüssig, weshalb sich gegenwärtig keine mögliche Höchstgrenze für Supraleitereigenschaften bestimmten lässt.

In den letzten Jahren sind immer wieder spektakuläre Berichte aufgetaucht, in denen Supraleitern eine anti-gravitative Wirkung nachgesagt wurde. Mit Supraleitern soll es demnach möglich sein, die Gravitation abzuschotten und damit Anziehungskraft und Raumzeitkrümmungen ein Schnippchen zu schlagen. Falls sich diese nicht unumstrittenen Berichte bestätigen sollten und die Experimente tatsächlich reproduziert werden könnten, wäre dies eine absolute Sensation. Bisher ist kein Mechanismus bekannt, der die Gravitation abschotten könnte. Die Gravitation ist die einzige der vier bekannten Grundkräfte der Natur, die sich nicht abschotten lässt. Weder mit einer beliebig dicken Stahlplatte noch mit einem ganzen Stern (durch dessen Masse würde das Gravitationsfeld zusätzlich verstärkt). Die Gravitation ist in der vierdimensionalen Raumzeit nicht zu bändigen. Ausser mit schnell rotierenden Supraleitern, wie einige Forscher behaupten. Der Beweis dafür steht allerdings ebenso aus wie eine schlüssige physikalische Erklärung.

Bei Experimenten sehr gut bestätigt hat sich andererseits das bereits in den 20er Jahren vorhergesagte „Bose-Einstein-Kondensat". Bei Temperaturen nahe dem absoluten Nullpunkt fallen einige Teilchen in einen extremen Aggregatzustand, in dem sie nicht mehr voneinander zu unterscheiden sind. Die Teilchen verlieren dabei ihre charakteristischen Eigenschaften und treten gewissermassen als vereintes „Superatom" auf. Es kommt zu einer Entartung der

Materie. Etwa so, wie der einzelne Mensch im Trubel der Fankurve untergeht, wenn die Fussballmannschaft im heimischen Stadion ein Tor schiesst. Das „Bose-Einstein-Kondensat" ist aber nur bei „Bosonen" zu beobachten, einer ganz bestimmten Ausprägung und Sorte von Teilchen.

Die Natur kennt übrigens nicht nur eine untere Temperaturschranke. Rein theoretisch existiert auch eine maximale Wärme beziehungsweise eher Hitze, die Materie erreichen kann. Diese ergibt sich aus der Planck-Temperatur und beträgt exorbitante $1.4 * 10^{32}$ Kelvin (ausgeschrieben: die Zahl 14 mit 31 Nullen). Ohne wissen zu müssen, wie man diesen Wert berechnet, gelangt man aus einfachen Überlegungen zum Schluss, dass es eine obere Temperaturschranke geben muss. Temperatur ist bekanntlich nichts anderes als Bewegungsenergie. Die Teilchen können sich aber nicht schneller als das Licht bewegen. Folglich ist prinzipiell keine Temperatur höher des Wertes möglich, ab dem sich die Teilchen mit Lichtgeschwindigkeit bewegen (massebehaftete Teilchen können diese nie exakt erreichen). Das nur als kleines Gedankenspiel und ohne Berücksichtigung weiterer relativistischer oder quantenmechanischer Effekte.

Auch in den entferntesten Gebieten des Universums liegt die Temperatur übrigens bei ungefähr drei Kelvin und damit relativ deutlich über dem absoluten Nullpunkt. Diese Grundtemperatur des Universums ist wahrscheinlich auf die Hintergrundstrahlung zurückzuführen, die beim Geburtsmoment des Universums entstanden ist. Ungeklärt bleibt die Frage, wie sich die Temperatur derart gleichmässig verteilen konnte - auch in Raumgebieten, die zu weit entfernt sind, um genügend Zeit gehabt zu haben, Informationen mit den anderen Gebieten auszutauschen. Das Alter des Universums wird auf ungefähr 13.7 Milliarden Jahren geschätzt. Wenn eine Galaxie A sieben Milliarden Lichtjahre von der Erde entfernt ist und eine Galaxie B ebenfalls sieben Milliarden Lichtjahre in die entgegengesetzte Richtung, so reicht die gesamte seit dem Urknall vergangene Zeit nicht aus, um eine Kommunikation oder einen Informationsaustausch zwischen den beiden Galaxien zu ermöglichen. Alle Informationen können sich höchstens mit Lichtgeschwindigkeit ausbreiten, weshalb das Licht sieben Milliarden Jahre braucht, um von der sieben Milliarden Lichtjahren entfernten Galaxie A ins Auge des Betrachters auf der Erde zu gelangen. Dennoch scheinen im gesamten beobachtbaren Universum die praktisch gleichen physikalischen Eigenschaften zu herrschen, was alleine durch Zufall kaum zu erklären ist. Diese Ungereimtheit im kosmischen Standardmodell wird als Horizontproblem bezeichnet und liefert ein Indiz für die Unvollständigkeit der Allgemeinen Relativitätstheorie. Ein Lösungsansatz bietet die Theorie der kosmischen Inflation, wonach sich das Universum kurz nach dem Urknall mit mehrfacher Überlichtgeschwindigkeit[55] ausgedehnt und dabei das Licht quasi im Sog dieser Expansion mitgerissen hat. Die Hintergrundstrahlung hat sich dadurch im Universum gleichmässig verteilt, wodurch die heute beobachtbaren, kleinen lokalen Unterschiede zu erklären sind. Eine andere Theorie ersannen der Portugiese Magueijo und der US-Amerikaner Andreas Albrecht im Jahr 1999, in der sie das Horizontproblem mit einer veränderlichen Lichtgeschwindigkeit erklären. Demnach ist die Lichtgeschwindigkeit im Vakuum über kosmische Zeiträume betrachtet veränderlich

---

[55] Die Relativitätstheorie Einsteins verbietet Informationen die Ausbreitung mit Überlichtgeschwindigkeit. Es ist aber denkbar, dass sich die Raumzeit als Struktur des Universums mit (aus unserer Perspektive betrachtet) Überlichtgeschwindigkeit ausgedehnt hat, ohne das Postulat Einsteins zu verletzen.

und hat in der frühen Phase des Universums das rund 60-fache der heutigen Messung betragen. Dadurch war es möglich, dass auch die entferntesten Regionen im Universum miteinander kommunizieren konnten, wodurch sich die Hintergrundstrahlung gleichmässig verteilt hat. Die Fachwelt beäugt diese These allerdings eher kritisch, da sie die Konstanz der Lichtgeschwindigkeit als Grundpostulat der Relativitätstheorie in Frage stellt.

Ob sich die Naturkonstanten in der Geschichte des Universums verändert haben, kann vielleicht durch die Stringtheorie, eine Weltformelkandidatin, dereinst beantwortet werden. Dann nämlich, wenn es uns gelingt, die Naturkonstanten nicht alleine durch Messungen zu bestimmen, sondern auf ein übergeordnetes Prinzip zurückzuführen, aus dem sie sich herleiten lassen. Dann hätten wir die Naturkonstanten verstanden und könnten wohl auch erklären, ob, weshalb und wie häufig sich beispielsweise die Lichtgeschwindigkeit in der Vergangenheit verändert hat[56].

3.11 Das Higgs-Teilchen

In den 60er und 70er Jahren ist es der Wissenschaft gelungen, eine Theorie zu formulieren, in der drei der vier Grundkräfte der Natur und die spezielle Relativitätstheorie berücksichtigt sind. Diese Theorie wird als das Standardmodell bezeichnet und umfasst so ziemlich alles wesentliche, was wir über den Mikrokosmos in der Physik zu wissen brauchen.

---

[56] In diesem Fall wären die Naturkonstanten wie die Lichtgeschwindigkeit nur in einem kleinen Zeitrahmen konstant, nicht aber in kosmischen Abständen betrachtet, und in diesem Sinne keine universellen Konstanten. Noch weiss aber niemand, ob sich die Lichtgeschwindigkeit überhaupt verändert hat.

Das Standardmodell ist aber keine Weltformel. Dazu müsste mindestens noch die allgemeine Relativitätstheorie und damit die Gravitation irgendwie in den Formalismus gebracht werden. Doch das scheint ausserhalb eines Universums mit zehn, elf oder sogar sechsundzwanzig Dimensionen ein Ding der Unmöglichkeit zu sein. Das Standardmodell beschreibt die Vorgänge im Mikrokosmos zwar sehr präzis, es reicht aber nicht aus, um alle Aspekte der Physik zu beschreiben und zu verstehen. Insbesondere basiert das Standardmodell auf achtzehn Parametern, die experimentell ermittelt und der Theorie eingeimpft werden mussten. Diese Werte lassen sich nicht aus dem Modell herleiten oder erklären. Ähnlich, wie auch in der Relativitätstheorie gewisse Naturkonstanten wie die Lichtgeschwindigkeit bisher nur experimentell bestimmt sind und nicht aus der Theorie berechnet werden können. Dadurch wird das Standardmodell flexibel und dehnbar und lässt sich relativ gut auf die Experimente anpassen. Das ist auf die Dauer ein wissenschaftlich unbefriedigender Zustand und könnte der Theorie den Ruf einbringen, aus experimentellen Daten und mathematischer Spitzfindigkeit zusammengewürfelt worden zu sein. Doch vorerst müssen wir uns damit abfinden, diese Naturkonstante nicht herleiten zu können. Es ist aber denkbar, dass sich diese Naturkonstanten zwingend aus dem Formalismus einer Weltformeltheorie ergeben.

Das Standardmodell quantisiert die Kraftübertragung. Das heisst, die Wechselwirkung des Elektromagnetismus, der schwachen und der starken Kraft wird nur in ganzen (diskreten) Paketen übertragen. Das Standardmodell kennt weiter drei verschiedene Sorten von Teilchen: Kraftteilchen, Materieteilchen und das ominöse Higgs-Teilchen.

Kraftteilchen übertragen die drei nicht-gravitativen Grundkräfte.

Das Photon beispielsweise ist das Kraftteilchen des Elektromagnetismus und überträgt die anziehende Wirkung, die zwei ungleich geladene Pole aufeinander ausüben. Es wird vermutet, dass auch die Gravitation durch ein Kraftteilchen, das Graviton, übertragen wird. Das Graviton konnte bisher nicht nachgewiesen werden. Unlösbare Widersprüche haben die Einbindung der Gravitation ins Standardmodell bisher hartnäckig verhindert. Im Mikrokosmos ist der Einfluss der Gravitation äusserst schwach und kann deshalb vernachlässigt werden. Etwa so, wie die Effekte der Relativitätstheorie oder der Quantenmechanik im Alltag kaum zu beobachten sind.

Materieteilchen stellen die uns geläufigen Elementarteilchen wie Protonen, Neutronen, Elektronen oder auch das Myon dar. Zu jedem Materie- und Kraftteilchen gibt es ein Antiteilchen, das aus Antimaterie besteht. Bisher haben Forscher alle vorhergesagten Teilchen des Standardmodells nachweisen können – ausser dem Higgs-Teilchen.

Das Higgs-Teilchen entstammt dem kühnen Versuch zu erklären, woher Teilchen ihre Masse haben und warum die Teilchen derart unterschiedliche Massen besitzen. Ein Elektron ist rund zweitausend Mal schwerer als ein Proton, obwohl beide über die exakt gleiche elektrische Ladung verfügen. Das Photon wiederum ist masselos und beim Neutrino ist man sich noch nicht sicher, ob es vielleicht doch eine verschwindend geringe Masse besitzt. Was sich plump anhört, ist so etwas wie der heilige Gral des Standardmodells. Denn das Standardmodell setzt masselose, punktförmige Teilchen voraus. Mit massebehafteten Elementarteilchen würde sein Formalismus in sich zusammen brechen.

Um diesem Dilemma entgegen zu wirken, sind im Jahr 1964 verschiedene Wissenschaftler unabhängig voneinander auf die Idee gekommen, einen Mechanismus einzuführen, der Elementarteilchen durch ein Kraftfeld ihre Masse überhaupt erst verleiht. Der britische Physiker Peter Higgs veröffentlichte seine Theorie als erster, weshalb das Teilchen nach ihm benannt wurde. Noch war ihm die Bedeutung seiner Publikation nicht bewusst. So schrieb er an einen Studenten selbstkritisch: „Ich habe etwas völlig Nutzloses entdeckt".

Ganz so nutzlos ist der so genannte Higgs-Mechanismus allerdings nicht. Im Higgs-Mechanismus beschrieb er, wie die Teilchen zu ihrer Masse kommen. Dazu führte er ein Hintergrundfeld ein, das Higgs-Feld, welches sich über die gesamte Raumzeit erstreckt und das Vakuum ausfüllt wie eine zähe Flüssigkeit. Die Teilchen werden durch die Wechselwirkung mit diesem Higgs-Feld gebremst, wodurch die Masse oder Trägheit entsteht. Etwa so, wie ein Schnellboot gebremst wird, wenn es durch einen Sumpf fährt. Bereits in der Newtonschen Mechanik wurde die Trägheit, der Widerstand eines Teilchens gegenüber einer Bewegungsänderung, mit der Masse gleichgesetzt. Einstein hat diese Grundannahme im Äquivalenzprinzip erweitert, in dem er Beschleunigung und Gravitation auf dasselbe Wesen zurückgeführt hat. Dabei setzt er die Gültigkeit des Äquivalenzprinzips voraus, ohne jedoch die Gleichheit von Trägheit und Masse erklären zu können. Entstehen zwei so fundamentale Eigenschaften der Physik wie Trägheit und Masse durch das Higgs-Feld? Sollte es damit erstmals möglich sein, eine derart fundamentale Teilcheneigenschaft zu entschlüsseln?

Anhand einer Regierungsparty, die ausnahmsweise nicht dem Verschleudern von Steuergeldern dient, lässt sich schön veranschaulichen, wie der Higgs-Mechanismus funktioniert. In einem grossen Festsaal tummeln sich zahlreiche Repräsentanten einer Regierungspartei. Wenn die Präsidentin der eigenen Partei den Saal betritt, bildet sich um sie herum eine Ansammlung von Menschen, die sie alle begrüssen oder mit ihr sprechen wollen. Die Präsidentin kommt dementsprechend nur langsam voran. Betritt nun ein Vertreter der Opposition den Saal, entfernen sich alle Anwesenden, da sich niemand um den politischen Gegner scheren will. Der Oppositionelle kann sich daher ungebremst und frei im Saal bewegen. Die Präsidentin entspricht in diesem Beispiel einem Proton. Das Proton wird vom Higgs-Feld stark gebremst und erhält dadurch eine grosse Masse. Der Oppositionelle ist das Photon. Das Higgs-Feld übt auf das Photon keine Bremswirkung aus, weshalb es masselos bleibt. Das Elektron könnte man sich als Kellner vorstellen, der mit einer Platte feinem Gebäck den Raum betritt. Er zieht natürlich weniger Aufmerksamkeit auf sich als die Präsidentin, wird aber dennoch von einigen hungrigen Politikern belagert. Er wird dadurch in seiner Bewegung gebremst und erhält auf diese Weise seine Masse. Ein Elektron ist also wesentlich leichter als ein Proton, weil es weniger begehrt ist beziehungsweise im Higgs-Feld weniger stark gebremst wird. Diese Bremswirkung ist es, woraus Teilchen ihre Masse erhalten.

Mit dem Higgs-Mechanismus ist das Dilemma der masselosen Teilchen zu bändigen. Der Ball liegt nun bei den Experimentalphysikern, die erst einmal herausfinden müssen, ob dieser Mechanismus in der Natur überhaupt existiert, beispielsweise in dem das Higgs-Teilchen in einem Teilchenbeschleuniger nachgewiesen wird. Derzeit läuft im CERN das LHC-Experiment, wobei die Detektoren „Atlas" und „CMS" Hinweise auf die Existenz des Teilchens liefern könnten. Tatsächlich zeigt sich nach ersten Erkenntnissen eine ungewöhnliche Häufigkeit von Teilchen in einem bestimmten Energiebereich, in den das Higgs-Teilchen passen könnte. Sollte sich herausstellen, dass das Higgs-Teilchen nicht existiert, wäre dies ein schwerer Schlag für das Standardmodell. Dann müsste die Frage nach der Herkunft der Masse neu aufgegleist werden. Aber auch wenn das Higgs-Teilchen existiert, hat das Standardmodell mit vielen offenen Fragen zu kämpfen. So ist nach wie vor ungeklärt, weshalb die fundamentalen Grundkräfte derart unterschiedlich stark sind. Oder wie sich das Standardmodell mit der Theorie verbinden lässt. Oder ob und wie sich die achtzehn freien Parameter aus einer allgemeinen Theorie vorhersagen lassen. Oder wie die unterschiedlichen Massen der Teilchen zu erklären sind.

Der Higgs-Mechanismus erklärt zwar, wie Teilchen zu ihren Massen kommen, aber nicht, weshalb ein Proton massereicher ist als ein Elektron. Wir wissen nur, dass das Proton im Regierungssaal begehrter ist als das Elektron, aber nicht warum. Ebenso ist die Bedeutung des Higgs-Mechanismus noch nicht ganz klar. Beim Higgs-Teilchen handelt es sich gewissermassen um das einzige Wechselwirkungsteilchen, das zu keiner Naturkraft gehört. Wie ist diese Sonderrolle zu verstehen? Ist der Higgs-Mechanismus so etwas wie die fünfte Grundkraft der Natur? Oder verschmelzen Raumzeit und Higgs-Feld miteinander, so dass die Masse eine Folge der Raumzeit wird? Wäre es denkbar, dass das Higgs-Feld nichts anderes ist als eine Eigenschaft der Raumzeit, die dieser nur nicht als solche verstanden oder erkannt worden ist? Wäre es in diesem Fall denkbar, dass sich die Gravitation nur nicht mit dem Standardmodell vereinbaren lässt, weil sie auf eine Art und Weise durch das Higgs-Feld bereits im Standardmodell enthalten ist? Wäre Gravitation demnach nichts anderes als eine Krümmung des Higgs-Felds und die Ruhemasse gewissermassen die Grundbeschleunigung oder der Grundwiderstand, der einem unbeschleunigten Teilchen durch das Higgs-Feld beziehungsweise die Raumzeit entgegengesetzt wird?

Aus dem Äquivalenzprinzip wissen wir, dass Gravitation und Beschleunigung von ihrer Wirkung her äquivalent sind und aus dem Bezugssystem heraus nicht unterschieden werden können. Wäre es denkbar, sich Gravitation und Beschleunigung als einen Bodyguard zu visualisieren, der die Präsidentin durch den Saal schiebt? Dadurch wird sie beschleunigt, die sie umgebenden Politiker geben aber nicht freiwillig nach und wirken damit der Beschleunigung entgegen. Das visualisiert in etwa den Effekt, den wir in der Physik als Trägheit bezeichnen. Anstelle des Bodyguards könnte man sich auch eine Schieflage des Festsaals vorstellen, um die Gravitation zu visualisieren. Dabei rutschen die Präsidentin und die sie umgebenden Politiker entlang der Gravitation nach „unten". Die Trägheit oder Masse bleibt dieselbe, da die Politiker mit der Präsidentin mitrutschen.

Möglicherweise liegt der Schlüssel zur Vereinheitlichung des Standardmodells mit der allgemeinen Relativitätstheorie im Verständnis der Raumzeit. Vielleicht ist das Higgs-Feld tatsächlich nichts anderes als eine bisher unverstandene Konsequenz der Struktur von Raum und Zeit. Demnach wäre das fehlende Puzzleteil möglicherweise in dieser Struktur verborgen und eine Quantisierung dieser Struktur, der Raumzeit, vielleicht der Ansatz, um die Theorie weiterzubringen. Doch überlassen wir diese Spekulationen den Weltformelkandidaten. Die Stringtheorie und die Quantenschleifengravitation bemühen sich mit allen Kräften, die vier Grundkräfte zu vereinen. Gespannt sein dürfen wir auch auf die Auswertung der Daten des LHC-Experiments. Dann erfahren wir vielleicht, ob der Higgs-Mechanismus in der Natur existiert. Damit wird über Sein und Nichtsein des Higgs-Mechanismus entschieden.

4 Die Weltformel

4.1 Die Suche nach dem Bauplan

Die Physiker vereint ein gemeinsamer Traum: Eine Formel zu finden, aus der sich alle Naturgesetze herleiten lassen. Eine Formel, die das Hebelgesetz ebenso erklärt wie die spukhafte Fernwirkung. Bereits Albert Einstein widmete einen beträchtlichen Teil seines Lebens der Suche nach einem solchen Bauplan, auf dem alle Gesetze und Kräfte basieren. Doch auch Einstein scheiterte an diesem kühnen Vorhaben.

Das Problem dabei: Die Quanten- und Relativitätsphysik vertragen sich in einigen Situationen überhaupt nicht. Mit den Quantentheorien kann das Verhalten von Teilchen und Kräften im Kleinen sehr gut beschrieben werden. Die Relativitätstheorie ihrerseits erklärt die Gravitation und die Natur von Raum und Zeit. Nun gibt es aber einige störrische kosmische Phänomene, bei denen sowohl Gravitations- als auch Quanteneffekte massgeblich beteiligt sind. So zum Beispiel im Innern eines Schwarzen Lochs. Wenn wir versuchen, dieses Phänomen mit der heutigen Physik zu beschreiben, erhalten wir Brüche, bei denen im Nenner eine Null steht. Ein Ergebnis, das in jeder pragmatischen Mathematik verboten ist. Oder anders ausgedrückt: Ein Ergebnis, das unendlich ist, was in den allermeisten Fällen auf die Unvollständigkeit der zugrundeliegenden Theorie hindeutet.

Die grundsätzliche Frage ist natürlich, ob die Gravitation überhaupt mit der Quantenphysik in einer einzigen Theorie vereint werden kann. Tatsächlich sind sich die beiden Theorien ziemlich fremd. So erklärt die Relativitätstheorie die Gravitation mit einer sanft gekrümmten, konsistenten Raumzeit, währenddessen in der Quantenmechanik wildes und chaotisches Treiben herrscht. Desto genauer man hinschaut, desto unschärfer und verworrener wird der Quantenschaum. Wie kann die ruhige, elegante Relativitätstheorie mit dem wilden Quantenspuk in Harmonie gebracht werden? Und warum sind die Physiker überhaupt so erpicht darauf, die Theorien in eine übergeordnete Erklärung zu wursten?

Widmen wir uns zuerst der letzten Frage, der grundlegenden Motivation, die Physiker aus aller Welt dazu bewegt, ihr Leben der Entwicklung einer Theorie zu widmen, ohne sicher sein zu können, jemals fündig zu werden. Die Physiker verfügen mit dem Standardmodell über eine Theorie, mit der sie die meisten Vorgänge in der Quantenwelt ziemlich genau berechnen können. Im Laufe der Jahrzehnte ist es ihnen sogar gelungen, drei der vier Grundkräfte der Natur (die schwache, starke und elektromagnetische Kraft) mit der speziellen Relativitätstheorie zu verknüpfen. Vermutlich vereinen sich diese Kräfte bei sehr hohen Energien zu einer einzigen Superkraft und stehen damit objektiv betrachtet auf einem gemeinsamen naturwissenschaftlichen Fundament. Trotz aller Bemühungen ist es bisher aber nicht gelungen, die Gravitation ins Standardmodell zu integrieren, oder anders ausgedrückt: Die Gravitation zu quantisieren, also eine kleinste „Menge" Gravitation zu finden. Die Wissenschaftler vermuten zwar das Graviton als hypothetisches, masseloses Teilchen, das die Schwerkraft überträgt, konnten es bisher aber nicht nachweisen. Das Graviton wäre demnach das Übertragungsteilchen der Gravitation, wie es das Photon von Licht respektive elektromagnetischen Wellen ist. Aber nicht nur die Quantisierung der Gravitation stellt ein ungelöstes Problem dar. Im gegenwärtigen Standardmodell befinden sich achtzehn Parameter, deren Werte in Experimenten bestimmt worden sind und nicht aus der Theorie folgen. Für diese achtzehn Naturkonstanten haben wir bis heute keine Erklärung gefunden. Wir kennen zwar deren experimentelle Werte, wie beispielsweise die Geschwindigkeit des Lichts oder die Gravitationskonstante, können aber nicht erklären, weshalb sie genau diesen und nicht irgendeinen beliebigen anderen Wert annehmen. Daraus folgt, dass es eine höhere Theorie geben muss, die zumindest einige der Naturkonstanten auf ein tieferes Prinzip zurückführt und damit die Frage nach dem Warum beantwortet. Diese Theorie zu entdecken und damit einige der grundlegendsten Fragezeichen der heutigen Physik zu lösen, ist der Ansporn und die Motivation vieler Forscher, sich mit Weltformel-Theorien zu beschäftigen.

Die Geschichte der Wissenschaft lehrt uns, dass oft ein neues Kapitel der Physik geschrieben wird, wenn die Menschen glauben, die letzten Geheimnisse der Natur entschlüsselt zu haben. Tatsächlich sind es eigentlich nur wenige Fragen, die keine Antwort im gegenwärtigen Standardmodell finden. Aber diese Fragen sind dermassen fundamental, dass ihre Antworten nur in einer Theorie jenseits des Standardmodells zu vermuten sind. Einer Theorie, die die moderne Physik als Grenzfall enthält. Etwa so, wie die Newton Mechanik als Grenzfall für kleine Geschwindigkeiten in der modernen Physik aufgegangen ist, wird die moderne Physik möglicherweise dereinst in der Weltformel aufgehen.

Doch was ist diese Weltformel? Wie sieht die Theorie aus, die über den Säulen der modernen Physik steht? Und was erzählt uns die Weltformel über die Beschaffenheit der Welt, der Materie, der Energie und der Kräfte?

Die so genannte Weltformel wird in Fachkreisen oft auch als der Versuch einer Quantengravitation oder vereinheitlichenden Theorie bezeichnet. In den letzten zwei Jahrzehnten haben sich zwei vielversprechende Weltformel-Kandidaten aus den Forschungsansätzen herauskristallisiert. Einerseits die Stringtheorie, die vibrierende Fäden als Grundbausteine der Elementarteilchen und ein Universum mit mindestens zehn Dimensionen postuliert. Andererseits die Loop-Quantengravitation, die den Raum, die Zeit und das gesamte Universum als ein riesiges Netz kleiner Quantums betrachtet. Wir konzentrieren uns im Folgenden auf die Stringtheorie.

Bevor wir uns aber in die Tiefen der Stringtheorie stürzen, wollen wir zu allererst die Frage beantworten, was die Weltformel überhaupt ist. Die Weltformel ist eine derzeit hypothetische Theorie, die alle bekannten physikalischen Phänomene erklärt und verknüpft. Hypothetisch deshalb, weil sie bisher nicht bewiesen (aber auch nicht widerlegt) ist. Dazu zählt unter anderem die Zusammenführung der Gravitation und Quantentheorien unter einem Dach. Die Weltformel muss nicht zwingend eine einzige Formel sein, aber ein einziger Satz von Formeln, der alle physikalischen Phänomene beschreibt. Damit liesse sich dann auch das Innenleben Schwarzer Löcher verstehen und berechnen.

Die Weltformel ist allerdings weder der Weisheit letzter Schluss noch ein Sammelsurium universellen Wissens. Die Weltformel soll viel mehr einige heute unerklärbare Phänomene ans Licht führen. Beispielsweise beantworten, was dunkle Materie ist, warum die Elementarteilchen ihre bestimmte Masse haben und weshalb die Gravitation viel schwächer ist als alle anderen Grundkräfte der Natur. Es ist aber falsch zu denken, dass die Weltformel gewissermassen den Plan, der unserem Dasein zugrunde liegt, eröffnen würde.

Die Weltformel erklärt zwar alle physikalischen Phänomene in einer einzigen Theorie, sie sagt aber nichts aus über Vorgänge der Psychologie, des Denkens oder des Fühlens. Alleine schon die Komplexität dieser Prozesse ist derart hoch, dass wir sie unmöglich berechnen können, selbst wenn wir alle notwendigen Formeln dazu kennen. So können wir zwar heute Aussagen über das Verhalten der Planeten oder der Teilchen treffen. Diese Voraussagen sind aber oftmals nur Annäherungen oder auf ein isoliertes System beschränkt. Sobald auch nur eine kleine Zahl an Systemen wechselwirkt, beispielsweise vier oder fünf Himmelskörper, werden die Berechnungen bereits kompliziert. In komplexen Systemen wie dem menschlichen Körper stehen aber Millionen und Milliarden von Teilchen in Wechselwirkung, weshalb es unmöglich ist, den Organismus präzis zu berechnen. Hinzu kommt, dass die Weltformel die Unschärferelation der Quantenmechanik im Sinne des Korrespondenzprinzips berücksichtigen muss. Daraus folgt, dass ein System prinzipiell nie exakt berechnet werden kann. Die Messung einer Eigenschaft mit einer bestimmten Genauigkeit führt immer dazu, dass eine andere Eigenschaft um genau diese Genauigkeit unschärfer wird.

Fassen wir also zusammen: Die Weltformel ist eine übergeordnete Theorie, die alle Grundkräfte der Natur zusammenfasst und alle bekannten physikalischen Phänomene aus einem einzigen Formelsatz heraus erklärt. Die Weltformel erklärt aber nicht, weshalb wir denken, fühlen oder kreativ sein können. Ebenso wenig lässt sich mit der Weltformel die Zukunft vorhersagen oder komplexe Systeme wie der menschliche Organismus berechnen. Der Grund dafür liegt einerseits in der Zufälligkeit mikroskopischer Systeme, andererseits in der Komplexität der anfallenden Berechnungen.

Einstein war nicht der einzige Wissenschaftler, der am Weltformel-problem gescheitert ist. Auch renommierte Physiker wie Werner Heisenberg, Theodor Kaluza oder Oskar Klein haben sich mit der Suche nach der begehrten Formel beschäftigt. Doch keiner von ihnen ist fündig geworden. Zumindest nicht vollständig. Kaluza und Klein gelang in den 30er Jahren des letzten Jahrhunderts aber ein bedeutender Fortschritt. Sie fanden nämlich einen originellen Ansatz, die Elektrodynamik mit der Gravitation zu vereinen. Dazu erweiterten sie die Raumzeit um eine fünfte Dimension. Zur gleichen Zeit entwickelte sich die Quantenmechanik sehr rasant und überführte ihrerseits die Elektrodynamik in die Quantenelektrodynamik, also in eine Quantentheorie. Die Kaluza-Klein-Theorie aber liess sich nicht quantisieren, weshalb sie schnell wieder in Vergessenheit geriet. Und das, obwohl Einstein persönlich ihre Schönheit und Kühnheit lobte. Fast ein halbes Jahrhundert dauerte es, bis die Kaluza-Klein-Theorie wiederentdeckt wurde. Oder zumindest die geniale Idee, Grundkräfte der Natur auf zusätzliche Dimensionen zurückzuführen. Bereits die Relativitätstheorie hatte diesen Ansatz verfolgt, in dem sie die Gravitation einer Krümmung der vierdimensionalen Raumzeit zuschrieb. Das revolutionäre an der Kaluza-Klein-Theorie war die Idee, dass es Dimensionen ausserhalb unserer Wahrnehmung geben könnte. Die Dimensionen der Raumzeit kennen wir aus unserem alltäglichen Leben. Wir haben einerseits drei Raumdimensionen (oben / unten, rechts / links, vorne / hinten) und andererseits eine Zeitdimension. Kaluza und Klein vermuteten nun, dass die fünfte Dimension wie ein extrem kleines Schnurbündel aufgewickelt ist. So klein, dass sie für uns unsichtbar bleibt. Dieser Umstand lässt sich mit einem Beispiel verdeutlichen: Wenn Sie einen Gartenschlauch in der Hand halten, nehmen sie diesen in drei Dimensionen wahr. Der Schlauch hat für Sie eine

Breite, eine Länge und eine Höhe. Aus grosser Distanz erscheint Ihnen der Schlauch jedoch nur noch als eine eindimensionale Linie. Dieselbe optische Täuschung beobachten Sie in der Nacht, wenn Sie die Sterne am Himmel betrachten. Die Sterne erscheinen Ihnen als viele kleine, leuchtende Punkte. Würden Sie zu einem dieser Sterne fliegen, würden Sie erkennen, dass es sich um riesige Himmelskörper handelt. Eine aufgewickelte Dimension ist für uns unsichtbar, weil sie in der Grössenordnung der Planck-Länge kompaktifiziert ist. Die Planck-Länge ist die kleinste Längeneinheit, für die unsere Naturgesetze gerade noch gelten. Alles unterhalb dieser Längeneinheit würde augenblicklich zu einem Schwarzen Loch kollabieren. Wir haben nicht annähernd die technischen Voraussetzungen, um eine solche Dimension direkt beobachten zu können. Nicht einmal mit den modernsten Teilchenbeschleunigern. Es ist aber dennoch ein faszinierender Gedanke, dass unsere Welt im Innern ganz anders tickt, als wir es täglich erleben. Damit verbunden sind nämlich nicht nur naturwissenschaftliche, sondern auch philosophische Fragen. Wenn Sie eine Standuhr betrachten und den Zeigern folgen, werden Sie sicherlich zustimmen, dass der kleine Zeiger die Minuten und der grosse Zeiger die Stunden anzeigt. Also das, was wir als Zeit kennen. Sie wissen aus Ihrer eigenen Erfahrung, dass eine Uhr die Zeit anzeigt. Was aber, wenn es nur ein riesiger Zufall ist, dass die Uhr die Zeit anzeigt, in Wahrheit aber einem ganz anderen Zweck dient? Wenn die Welt aus zahlreichen Dimensionen besteht, die wir nicht kennen, können unsere Erfahrungen aus dem Alltag dann überhaupt etwas über die Beschaffenheit der Welt aussagen? Im Alltag erfahren wir die Welt als konsistent. Die Zeit vergeht kontinuierlich und unaufhaltsam. Wenn Sie Ihren Aktenkoffer fallen lassen, fällt er zu Boden. Auch wenn Sie ihn tausend Mal fallen lassen, er wird immer noch zu Boden fallen.

Im Mikrokosmos aber erleben wir eine ganz andere „unruhige" Welt. Seit die Quantenmechanik ihren Einstand gefeiert hat, wissen wir, dass Wahrscheinlichkeiten, Zufälligkeiten und unvorhersehbare Ereignisse diesen Teil der Welt prägen. Wir haben einerseits unsere Alltagswelt, die wir kennen, und andererseits eine wilde und zufällige Mikrokosmos-Welt, aus der der Kosmos und das Universum aufgebaut sind. Was also ist die Wirklichkeit? Oder anders gefragt: Was wäre, wenn die wilde Welt der Quanten unser Alltag wäre? Die Stringtheorie und alle Theorien mit dem Anspruch, eine vereinheitlichende Formel („Weltformel") zu sein, beschäftigen sich genau mit diesen Fragen. In der Stringtheorie geht es grundsätzlich einmal darum, zu erklären, weshalb sich die Quantenphysik und die Relativitätstheorie derart unterscheiden. Und wie es möglich ist, dass wir die Welt aus unserer Alltagserfahrung als konsistent kennen, obwohl die Bausteine derselben Welt alles andere als konsistent sind. Die Kaluza-Klein-Theorie konnte dieses Problem nicht lösen, da sie sich nicht mit den Quantentheorien vereinen liess.

4.2 Die Stringtheorie

In einem der ersten Kapitel dieses Buchs haben wir erfahren, dass Materie aus sehr vielen kleinen Teilchen besteht. Ihr Küchentisch ist nicht nur Platte und Füsse, sondern eine Ansammlung von Milliarden und Milliarden von kleinsten Teilchen. Bereits im alten Griechenland vermutete der Philosoph Demokrit, dass alle Materie aus Atomen besteht – aus kleinsten, unzertrennbaren Elementen. Erst zu Beginn des zwanzigsten Jahrhunderts entdeckte die Physik, dass Atome wiederum aus Elektronen, Protonen und Neutronen bestehen und damit nicht ganz so elementar sind, wie zunächst

angenommen. Hinzu kam die Entdeckung der Teilchen der Höhenstrahlung (Myonen) und des Neutrinos. Somit kannte man fünf
Elementarteilchen. Im Laufe der Jahre entbrannte eine heftige Debatte über die Frage, welche Teilchen denn nun eigentlich als Elementarteilchen zu bezeichnen sind. Denn es wurden immer mehr
Teilchen entdeckt. Daraus erwuchs die Vermutung, dass es noch
kleinere Teilchen geben müsste, die dann wirklich fundamental
wären. Für die Physik war es ein unbefriedigender Zustand, dass
der Baustein der Materie ein stetig wachsender Teilchenzoo sein
sollte. Im Jahr 1964 setzte der Physiker Gell-Mann mit der Vorhersage der Quarks, wiederum noch kleinerer Teilchen, aus denen
beispielsweise Protonen und Neutronen zusammengesetzt sind,
einen oben drauf. Fünf Jahre später erhielt er den Nobelpreis. Heute kennen wir genau drei Familien verschiedener Quarks und eine
Vielzahl verschiedener Elementarteilchen, die daraus bestehen. Es
gibt nämlich neben den Protonen, Neutronen und Elektronen zahlreiche weitere Elementarteilchen, die sich aus unterschiedlichen
Kombinationen der verschiedenen Quarks zusammensetzen. Ihr
Küchentisch besteht aus Atomen, die Atome aus Elementarteilchen, die Elementarteilchen aus Quarks, den kleinsten uns bis dahin bekannten Bausteine der Materie. Quarks existieren allerdings
nicht ausserhalb von Teilchenbindungen, weshalb wir auch Neutronen oder Protonen weiterhin als Elementarteilchen bezeichnen
dürfen. Aus was in aller Welt bestehen aber die Quarks? Und warum gibt es genau drei Quark-Familien, und nicht 4, 5, 6, 7 oder 8?
Und überhaupt: Was sind die wirklichen Bausteine der Materie, also
die allerkleinsten Teilchen, die es überhaupt gibt?

Mitte der Siebzigerjahre war die Quantenmechanik ziemlich gut
ausformuliert und zahlreiche Ergebnisse durch Experimente bestä-

tigt. Da sich die Quantenmechanik der vollständigen Entschlüsselung zu nahen schien, spähten einige Physiker nach neuen Forschungsgebieten. Und sie sollten fündig werden. Nach wie vor ungelöst war nämlich der rätselhafte Konflikt, der sich zwischen der Quantenphysik und der Relativitätstheorie ergab. Beide Theorien waren experimentell zwar sehr gut bestätigt. Sie standen aber im Widerspruch zueinander. Die Raumzeit ist gemäss der Relativitätstheorie flach und ruhig, wenn keine Masse oder Energie anwesend ist. Etwa so, wie ein Blatt Papier, das auf Ihrem Schreibtisch liegt. In der Quantenphysik zeigt sich das genaue Gegenteil. Sobald man ein Gebiet immer weiter vergrössert (das heisst immer kleinere Abstände betrachtet), wird es immer unschärfer und die Quanten bewegen sich immer wilder (fluktuieren). Dieser so genannte Quantenschaum ist es, der die Vereinheitlichung der Allgemeinen Relativitätstheorie und der Quantenphysik[57] bisher verunmöglicht hat.

Jetzt war es an der Zeit, diesen rätselhaften Konflikt anzugehen. Auf der Suche nach kreativen Ansätzen, um dieses Problem zu lösen, gruben einige Physiker die Kaluza-Klein-Theorie wieder aus. Diese war in Vergessenheit geraten, da sie sich nicht mit der boomenden Quantenmechanik vereinen liess. Mittlerweile waren sechzig Jahren vergangen und zwei bis dahin unbekannte Naturkräfte (die starke und schwache Kraft) entdeckt worden. Einige Fachleute vermuteten nun, dass die Kaluza-Klein-Theorie möglicherweise nur zu wenig mutig formuliert worden sei. Damals wusste man nämlich noch nichts von der schwachen und der starken Kraft. Kaluza benutzte eine fünfdimensionale Raumzeit, um die Gravitation mit

---

[57] Die spezielle Relativitätstheorie lässt sich derweilen gut in die Quantenphysik integrieren. Erst bei der Allgemeinen Relativitätstheorie, die die Gravitation enthält, treten die Probleme auf.

dem Elektromagnetismus zu vereinen. Dabei verfolgte er den Ansatz, dass der Elektromagnetismus ebenso durch eine Krümmung einer eigenen Dimension charakterisiert wird wie die Gravitation durch die Krümmung der vierdimensionalen Raumzeit. Die Physiker mutmassten nun, dass er, der die schwache und starke Kraft noch nicht gekannt hat, bei der Dimensionierung zu zurückhaltend vorgegangen sein könnte. Möglicherweise könnte die Vereinigung aller Kräfte aber gelingen, wenn die Theorie um einige Extradimensionen erweitert würde. Ein Grundgedanke der Stringtheorie war geboren. Tatsächlich sollte sich zeigen, dass die Stringtheorie mindestens zehn Dimensionen benötigt, damit sie sinnvolle Ergebnisse liefern kann. Sinnvoll ist ein Ergebnis dann, wenn es einen endlichen Wert liefert. In der Quantenphysik können wir das Verhalten von Teilchen oder das Eintreten eines Ereignisses nur mit einer bestimmten Wahrscheinlichkeit vorhersagen. Damit ein Ergebnis in der Wahrscheinlichkeitsrechnung sinnvoll ist, darf es nur Werte zwischen null und eins respektive zwischen null Prozent (tritt nie ein) und hundert Prozent (tritt sicher ein) annehmen. Bei allen bisherigen Vereinigungsversuchen ergaben sich immer wieder negative oder unendliche Wahrscheinlichkeiten. Diese waren gewichte Hinweise darauf, dass die Theorie unvollständig oder unkorrekt war. Nur wenn man in den Rechnungen von mindestens zehn Dimensionen ausgeht, liefert die Stringtheorie sinnvolle Ergebnisse. Damit die Stringtheorie also sinnvoll ist, muss das Universum wenigstens aus zehn Dimensionen bestehen. Und zwar aus neun Raumdimensionen und einer Zeitdimension. Ohne diese Extradimensionen bringt die Stringtheorie etwa so viel wie ein Auto ohne Lenkrad. Zu Beginn der Siebzigerjahre versuchte man, zur starken Kraft eine Quantentheorie zu finden. Diese Kraft ist eine der vier Grundkräfte. Sie hält, vereinfacht ausgedrückt, den Atomkern (Protonen und

Neutronen) zusammen. Nun versuchte man, die starke Kraft durch eindimensionale Teilchen zu beschreiben, so genannte „Strings". Bis zu diesem Zeitpunkt war man davon ausgegangen, dass die Quanten nulldimensionale Punktteilchen sind und damit beispielsweise Elektronen keine räumliche Ausdehnung haben.

Im Jahr 1974 zeigte sich, dass dieser Ansatz mit eindimensionalen Strings nur in einem 10 oder 26 dimensionalen Universums funktionieren würde. Durch Arbeiten und die Forschung namhafter Wissenschaftler wie Joel Scherk oder später auch Michael Green und John Schwarz zeigte sich, dass dieser „String"-Ansatz nicht nur eine Hypothese zur Formulierung der starken Kraft war, sondern ein Ansatz zur Vereinheitlichung der Quanten- und Relativitätstheorie. Oder anders ausgedrückt: Ein Pfeiler der Weltformel.

Mit der ersten so genannten Superstring-Revolution konnten Michael Green und John Schwarz im Jahr 1984 nachweisen, dass die Stringtheorie zu einer zehndimensionalen Supergravitation führt, in der es nur linksdrehende Neutrinos (Paritätsverletzung) gibt. Ohne näher darauf eingehen zu wollen, bedeutete diese Entdeckung einen starken Schub für die Stringtheorie-Forschung. Ebenso hat die Stringtheorie die „bemerkenswerte Eigenschaft, die Gravitation vorherzusagen", wie Edward Witten einst ausführte.

Obwohl weder Kaluza-Klein noch die Forscher der starken Kraft explizit nach der Weltformel suchten, entdeckten sie zwei der grundlegenden Elemente der daraus erwachsenden Stringtheorie. Einerseits die Hypothese eines zehndimensionalen Universums mit aufgewickelten Extradimensionen. Andererseits die Strings als eindimensionale Grundsteine aller Materie.

Da wir nun wissen, wie die Stringtheorie entstanden ist, wollen wir uns mit der Frage befassen, was die Stringtheorie genau ist.

4.3 Strings – Die kleinsten Bausteine der Materie

In der Stringtheorie sind die kleinsten Bausteine der Materie nicht mehr die Quarks oder Elementarteilchen, sondern eindimensionale Fäden, so genannte Strings. Diese Strings haben eine endliche Länge im Gegensatz zum bisherigen Standardmodell, in dem die Elementarteilchen als nulldimensionale Punkte betrachtet wurden (deren Ausdehnung entsprechend unendlich klein war).

Die Strings kann man sich vorstellen wie die Saiten einer Gitarre. Wenn man die Gitarre spielt und an den Saiten zupft, entstehen verschiedene Töne. Durch die Anregung der Strings beziehungsweise dadurch, dass die Strings schwingen, entstehen die unterschiedlichen Elementarteilchen und Kraftübertragungsteilchen. Je schneller ein String schwingt, desto massereicher ist das Elementarteilchen, das er dadurch erzeugt. Alle Materie und alle Kräfte sind letztlich auf dieses „einfache" Grundelement zurückzuführen, die Strings.

Wie wir bereits im vorherigen Kapitel ausgeführt haben, benötigt die Stringtheorie mindestens zehn Dimensionen (neun Raumdimensionen und eine Zeitdimension). Die vier Dimensionen der Raumzeit sind uns bekannt. Bleiben sechs Dimensionen. Da wir diese Dimensionen bisher nicht gesehen haben und sie unseren Experimenten nicht zugänglich sind, können wir davon ausgehen, dass es sich um aufgewickelte Dimensionen handelt.

Diese sechs Extradimensionen sind nun an jedem Punkt der Raumzeit wie ein Wollknäuel aufgewickelt. Wenn Sie Ihren Kopf drehen, bewegen Sie sich durch Abermillionen dieser sechsdimensionalen Knäuel.

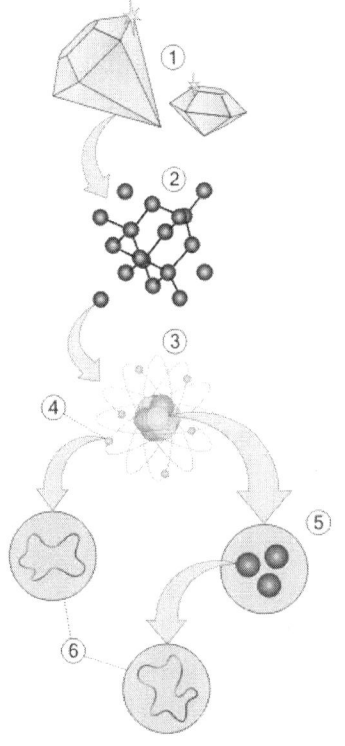

Legende

1. Materie
2. Molekulare Struktur
3. Atome
4. Elektronen
5. Quarks
6. Strings

Abbildung 10   Die fundamentalen Bausteine der Materie

Da diese aber sehr klein und zudem überall im gesamten Raum sind, merken Sie davon nichts. Jede Schwingung eines Strings schwingt aber immer durch alle Extradimensionen. Die Art und Weise, wie diese Dimensionen aufgewickelt und miteinander verflochten sind, bestimmt massgeblich die physikalischen Eigenschaften der Elementarteilchen, die daraus entstehen, wie die Teilchenmasse oder die Teilchenladung. Wenn es der Stringtheorie gelingen würde, die Teilchenmasse oder eine andere fundamentale Eigenschaft eines Elementarteilchens vorherzusagen, wäre dies ein erstes gewichtiges Indiz, dass sie stimmt. Die Frage, warum die Elementarteilchen genau die Masse haben und nicht irgendeine andere, gehört zu den grössten Rätseln der Physik. Das Standardmodell weiss darauf keine Antwort. Es beschreibt zwar die Wechselwirkung der Grundkräfte (ausser der Gravitation) und der Elementarteilchen, bezieht sich dabei aber auf achtzehn Parameter, die durch Experimente ermittelt werden müssen. Aus der Stringtheorie müssten diese Parameter wie auch die Teilchenmassen und zahlreiche weitere physikalische Eigenschaften, die wir bisher als gegeben annehmen (beispielsweise die Lichtgeschwindigkeit, den Wert der Gravitationskonstante oder die Ladung des Elektrons), als logische Folge eines fundamentaleren Prinzips ableitbar sein. Die Vorhersage eines bisher unbekannten Elementarteilchens und dessen Nachweis im Teilchenbeschleuniger wäre ein möglicher experimenteller Beweis der Stringtheorie. Aufgrund mathematischer und physikalischer Unzulänglichkeiten, auf die wir später noch zu sprechen kommen, ist dies bisher nicht möglich.

Es gibt zwei Arten von Strings: Offene und geschlossene Strings. Offene Strings haben einen Anfangs- und Endpunkt, ähnlich einem Stück Faden. Bestimmte Schwingungsmoden können dabei als Photonen oder Gluonen identifiziert werden.

Geschlossene Strings sind ringförmig, das heisst in einem Kreis geschlossen. Eine bestimmte Schwingungsmode kann dabei als das Graviton, das vermutete Übertragungsteilchen der Gravitation, identifiziert werden. Die Schwingungsmode mit der geringsten

Energie wird als Tachyon verstanden, also dem Teilchen, das immer mit Überlichtgeschwindigkeit fliegt und sich somit in die Vergangenheit bewegt.

Im Jahr 1995 setzte sich anlässlich eines Vortrags von Edward Witten an der Universität Kalifornien die Vermutung durch, dass die Stringtheorien in ihrer bisherigen Form nur Annäherung an die eigentliche Weltformel sind. Bis dato hatten sich nämlich fünf zehndimensionale Stringtheorien und eine elfdimensionale Supergravitationstheorie herauskristallisiert. Diese Theorien sollten demnach allesamt nur Annäherung an eine noch höhere Theorie, die M-Theorie sein, etwa so, wie die Newtonformeln eine Annäherung an die Relativitätstheorie waren. Ob die M-Theorie die gesuchte Weltformel ist oder nur eine Annäherung an eine noch höhere Stufe naturwissenschaftlicher Erkenntnis, wird sich aus der intensiven Forschungsarbeit zeigen, die in diesem Gebiet derzeit an Universitäten und Einrichtungen weltweit geleistet wird. Die M-Theorie gilt unter Physikern jedenfalls als derzeit aussichtsreichster Kandidat, um die Quanten- und Relativitätstheorien zu vereinen und damit der Weltformel einen Schritt näher zu rücken.

5 Ausblick ins 3. Jahrtausend

5.1 Das 22. Jahrhundert

Wenn wir einen Rückblick auf die vorangegangenen Kapitel werfen, stellen wir fest, dass wir von Phänomenen erfahren haben, die in unglaublichen Technologien münden könnten. Technologien, die wir bisher ins Reich der Fantasie, der Science-Fiction, verbannt haben. Die Vorstellung, quer durch das Universum zu reisen, andere Zeiten oder Dimensionen zu besuchen, klingt verlockend, beängstigend oder einfach faszinierend. Natürlich sind wir noch weit davon entfernt, diese Technologien wirklich umsetzen zu können. Schliesslich dauerte es auch über 300 Jahre, bis das erste Flugzeug in der Luft war, obwohl die theoretischen beziehungsweise konzeptionellen Grundlagen durchaus bis auf Leonardo da Vinci zurückreichen. Da Vinci war ein genialer Denker, der seiner Zeit weit voraus war. Er erarbeitete Skizzen und Konzepte, die als Vorläufer des Hubschraubers gelten können. Was ihm fehlte, war der Motor und die mechanischen Fertigkeiten, um die komplexe Konstruktion im Endeffekt herstellen zu können. Heute befinden wir uns in einer ähnlichen Situation. Wir verfügen über eine bisher nie da gewesene Fülle theoretischer Konzepte, die uns in völlig neue Sphären befördern könnten. Wir wissen heute, dass Zeitreisen oder „Sprünge" im Raumzeit-Gefüge durchaus machbar sind. Zumindest erlaubt sie die Allgemeine Relativitätstheorie. Ebenso sind wir dabei, in der Quantenphysik ganz neue Ideen und Stossrichtungen zu entdecken. Vielleicht ist diese technologische Entwicklung der Weg ins 3. Jahrtausend, den wir am Begehen sind. Vielleicht führt sie uns auch auf ganz andere Pfade.

Die Forschung erkundet immer tiefer die Strukturen der Natur und gelangt dabei durchaus auch in Bereiche, die eine gewisse Anfälligkeit für den Menschen bedeuten. Wir erinnern uns, dass der Mensch das erste Lebewesen in der uns bekannten Weltgeschichte ist, das sich selber auslöschen könnte. Die nuklearen Raketen, die auf unserem Planeten gelagert werden, reichten aus, um dem Grossteil der Bevölkerung auf einen Schlag die Lebensgrundlage zu entziehen. Forschung und Fortschritt bedeutet insofern auch Verantwortung. Verantwortung, die Folgen der Forschung zu tragen, zu kontrollieren und vor allem zu bedenken. Wir befinden uns jetzt im zweiten Jahrzehnt des 3. Jahrtausends. Wir beginnen langsam, in die Sphären der Möglichkeiten der Relativitätstheorie und Quantentheorien vorzustossen. Das sind Sphären, in denen selbst unsere Erde vergleichsweise klein erscheint. Wir sprechen hier auch von energietechnischen Sphären, zu denen sich eine Atombombenexplosion wie ein Nadelstich verhält. Je weiter wir uns in die Struktur des Universums vorwagen und je elementarere Dinge wir erforschen, desto grösser wird auch das Risiko, das wir damit in Kauf nehmen müssen. Wir erinnern uns, dass bereits die Inbetriebnahme des neuen Teilchenbeschleunigers am CERN in einigen Bereichen der Fachwelt für Furore gesorgt hatte. In Genf hatte man für einige Milliarden Dollar einen Teilchenbeschleuniger gebaut, der Vorgänge ähnlich derer beim Urknall nachstellen sollte. Einige Wissenschaftler befürchteten, dass diese Experimente Schwarze Löcher auf der Erde erzeugen könnten. Schwarze Löcher wiederum sind Phänomene, die wir bis heute nicht verstehen, nicht umfassend erklären können und zu denen wir schon gar keine praktische Erfahrung aufzuweisen haben. Eine gewisse Vorsicht ist sicherlich auch in anderer Hinsicht geboten. Nämlich dann, wenn wir beginnen, Experimente in Energiesphären durchzuführen, die uns in der

283

Theorie bisher verborgen geblieben sind. Was geschieht, wenn wir bei einem Experiment zufälligerweise exotische oder seltsame Materie erzeugen? Oder auch nur eine geringe Menge an Antimaterie? Oder eine Substanz oder Phänomenologie, die uns bisher gänzlich unbekannt ist? Einige Geologen vertreten heute die Ansicht, dass exotische Materie nicht nur in den Formeln der Physiker existiert, sondern für einige bis heute unerklärliche irdische Erdbeben verantwortlich sein könnte. Vorsicht ist daher geboten, weil wir im 3. Jahrtausend das erste Mal in der Lage sein werden, Experimente durchzuführen, deren Ausgang wir nicht vorhersagen können. Experimente in gigantischen Energiesphären, in denen exotische Phänomene plötzlich Wirklichkeit werden.

Mit dem Fortschritt generieren wir nicht nur neue Technologien, sondern auch eine steigende Verantwortung, uns der Verantwortung von Sinn und Nutzen immer wieder von neuem zu stellen. Forschung und Wissenschaft darf ab einem gewissen Grad nicht länger nur als Chance betrachtet werden, sondern auch als Gefahr. Es ist wichtig, sich distanziert und objektiv mit zukünftigen Technologien und Entwicklungen zu beschäftigen. Natürlich sind wir heute wohl noch weit entfernt von Experimenten, die uns an die Grenzen der Allgemeinen Relativitätstheorie oder Quantenphysik befördern. Dennoch ist es Zeit, über Sinn und Unsinn nachzudenken, und nicht blindwütig den Fortschritt zu suchen, nur weil dies in der Vergangenheit der reisende Trieb der Menschheit gewesen ist. Gedanken machen heisst auch, sich einmal kritisch mit dem Nutzen und Sinn der „Millennium"-Projekte auseinanderzusetzen. Ein moderner Teilchenbeschleuniger kostet schnell einige Milliarden Dollar für den Bau, weitere Millionen und Milliarden für die Nutzung und den Unterhalt. Ein Wissenschaftler der NASA bezifferte die Kosten, um einen Antimaterieantrieb zu fertigen, einst auf rund 200 Milliarden Dollar. Die Kosten, um gar noch weitere Sphären zu öffnen und andere Sonnensysteme, Galaxien oder die Weiten des Universums zu besuchen, dürften nochmals um Faktoren höher sein. Bei aller Begeisterung für die Schönheit und Faszination des Universums, der Welt, in der wir leben, sollten wir uns dennoch auch auf die Verhältnismässigkeit besinnen. 200 Milliarden Dollar. Das heisst auch: Sehr viel Geld um sehr viel Elend und Armut aus der Welt zu schaffen. Vielleicht wäre es auch ein sehr lohnender Gedanke, zuerst die Probleme der Welt zu lösen, bevor wir uns auf die wahrscheinlich grösste Entdeckungsreise aller Zeiten begeben. Auf eine Reise, die uns in die unglaublichen, unvorstellbaren, faszinierenden Weiten des Universums, des Raums und der Zeit führt. Wahrscheinlich ist es aber verfrüht, sich über solche Reisen ernsthaft Gedanken zu machen. Die Geschichte hat gezeigt, dass die technologischen Entwicklungen in den wenigsten Fällen vorhersehbar sind. So illustrierten Visionäre kurz vor Ausbruch des Zweiten Weltkriegs, dass im 21. Jahrhundert fliegende Fahrzeuge und Schiffe die Städte bevölkern würden. In den 50er Jahren veröffentlichte die NASA futuristische Konzeptskizzen von Mond- und Weltraumstationen, die schliesslich nie gebaut wurden. Später kam das Terraforming des Mars hinzu, das Umwandeln seiner Atmosphäre in einen lebensfreundlichen Raum. Noch in den 90er Jahren träumten Illustratoren und Autoren von Liften zum Mond oder der bemannten Marslandung. Die wirklich bedeutsamen technologischen Entwicklungen jedoch, die, die den Zeitgeist und die Gesellschaft prägen, konnte niemand vorhersehen. Wer ahnte, dass dereinst Computer und Internet eine derart grosse Wirkung entfalten würden? Selbst Brancheninsider schätzen vor fast einem halben Jahrhundert den weltweiten Bedarf an Computern auf „ungefähr fünf Stück". Niemand ahnte, wie Hyperlinks und Homepages die Welt, ja die ganze Gesellschaft, massgeblich und nachhaltig verändern würden. Die wirklich bedeutsamen Entwicklungen in der Wissenschafts- und Menschheitsgeschichte sind meistens kaum vorhersehbar. So wird wohl auch das 22. Jahrhundert revolutionär sein, aber wohl weder Zeitmaschinen noch interstellare Raumschiffe oder Teleporter hervor bringen. Dafür wohl eine Vielzahl neuer Technologien, von denen noch niemand etwas ahnt. In der Vergangenheit war der Fortschritt im Bereich der Raumfahrt geprägt durch die amerikanische Weltraumagentur NASA und in der ersten Hälfte des Kalten Kriegs durch das sowjetische Pendant. Seit der ersten Mondlandung 1969 ist das Interesse an der Raumfahrt von Staatsseite stetig zurückgegangen mit dem vorläufigen Höhepunkt Mitte 2011, als den Einsparungsmassnahmen der USA die geplante Mondstation oder die bemannte Reise zum Mars zum Opfer gefallen sind. Unter Berücksichtigung der Tatsache, dass die Staatsfinanzen der einst ruhmreichen Weltraumnationen marode sind, ist nicht davon auszugehen, dass in den nächsten Jahren kühne Weltraumabenteuer eine Renaissance feiern werden.

5.2 Was ist, wenn...

... die Relativitäts- und Quantentheorien falsch sind?

Eines Morgens fahren Sie zur Arbeit, als Autoradio, Zeitungen und alle erdenklichen Kommunikationskanäle vollmundig die Niederringung der modernen Physik verkünden:

„Beweis erbracht: Relativitätstheorie und Quantentheorie falsch!"

Zuerst werden Sie wahrscheinlich in der Firmengarage einen freien

Parkplatz suchen, sich über die Praktikantin ärgern, die sich erfrecht, Ihren langjährigen Stammplatz zu verparken, einen anderen Parkplatz suchen, sich über den Kollegen ärgern, der mit seinem Leasing zwei Plätze beansprucht und zu guter Letzt in den Kaugummi treten, den irgendjemand in Ermangelung geistiger Präsenz auf die Treppe gespuckt hat. Dann noch schnell den obligaten Kaffee und einen Keks holen – man gönnt sich ja sonst nichts – um sich schliesslich an den gewohnten Arbeitsplatz zu setzen und der Dinge zu harren, die da kommen mögen.

Aber halt: Da war doch noch etwas. Der Henkerspruch der modernen Physik!

Schnell das Internet geöffnet und die Newsportale rauf und runter gelesen. Und siehe da: Jemand hat tatsächlich einen Beweis gefunden, dass die moderne Physik eine moderne Lüge ist.

Was jetzt?

Nun. Es ist natürlich sehr unwahrscheinlich, dass Sie sich über die hübsche Praktikantin ärgern, die sich Ihres Stammplatzes erdreistet hat. Es ist aber durchaus möglich, um nicht zu sagen wahrscheinlich, dass Sie eine solche Schlagzeile dereinst erleben werden.

Seit fast einem Jahrhundert können wir mit gutem Gewissen sagen, dass unsere moderne Wissenschaft auf der Relativitätstheorie und Quantentheorie basiert. Zwei Theorien, die in zahlreichen Experimenten immer wieder bewiesen und bestätigt worden sind.

Bei allem Eifer, das Universum verstehen und in mathematische Formeln zwängen zu wollen, dürfen wir aber nie vergessen, dass das, was wir über die Beschaffenheit der Natur aussagen, nur Theorien sind. Und diese Theorien haben die bemerkenswerte Eigenschaft, dass sie falsifizierbar sind, andernfalls sind sie nach verbreiteter Auffassung nicht wissenschaftlich. Alleine die Tatsache, dass sich bisher keine Widersprüche zur Relativitätstheorie oder Quantenphysik erhärtet haben, bedeutet nicht, dass es keine Widersprüche gibt. Bei der Newton Mechanik vergingen 300 Jahre, bis man merkte, dass diese Theorie nur sehr beschränkt gültig ist. Es ist allerdings sehr unwahrscheinlich, dass ein solcher Widerspruch plötzlich auftaucht und die moderne Physik auf den Kopf stellt. Es ist eher anzunehmen, dass die beiden Theorien als Grenzfall in einer übergeordneten Theorie aufgehen werden. Bereits heute wissen wir ja, dass die Relativitätstheorie und die Quantenphysik für Extremphänomene wie Schwarze Löcher keine ausreichende Erklärung liefern können. Es ist daher anzunehmen, dass diese Theorien auch nur in einem bestimmten Bereich gültig sind und daher eines Tages „falsifiziert" werden.

Aber keine Angst: Falsifiziert bedeutet in diesem Kontext wohl eher, dass sich die Gültigkeit der beiden Theorien auf einen bestimmten Bereich beschränkt, und nicht, dass die Theorien komplett falsch sind. Falls sich dennoch herausstellen sollte, dass die Relativitäts- und Quantenphysik total falsch sind, müsste man erklären, weshalb die experimentellen Ergebnisse bisher so gut mit den theoretisch erwarteten Ergebnissen übereinstimmen. Falls Sie im Internet auf irgendwelche Wissenschaftler stossen, die behaupten, einen Widerspruch zu den beiden Theorien gefunden zu haben, brauchen Sie sich in aller Regel nicht weiter darüber zu wundern. Im letzten Jahrhundert sind immer wieder scheinbare Widersprüche zur Quantenphysik und der Relativitätstheorie aufgetaucht, die sich bei genauerem Hinsehen geklärt haben.

5.3 Was war vor dem Urknall?

Ich habe mich lange mit der Frage auseinandergesetzt, ob es ange-messen ist, diese Frage in diesem Buch zu erörtern. Ich spreche in diesem Zusammenhang bewusst von erörtern, da es prinzipiell nicht möglich ist, darauf eine nachweisbare Antwort zu geben. Ei-nerseits lässt sich diese Frage wissenschaftlich nicht seriös beant-worten, da unsere Naturgesetze nur im Rahmen der Planck-Konstanten gelten. Eine dieser Konstanten ist die Planck-Zeit, wonach unsere Naturgesetze erst ungefähr $5 * 10^{-44}$ Sekunden nach dem Urknall gültig werden. Bei kleineren Zeitintervallen verlieren unsere Naturgesetze vermutlich ihre Gültigkeit. Es ist daher prinzi-piell unmöglich, den Geburtsmoment unseres Universums mit den uns bekannten Naturgesetzen zu beschreiben. Alle diesbezüglichen Versuche sind daher rein spekulativer Natur. Dadurch erhält eine Stammtisch-Weltanschauung über den Geburtsmoment des Uni-versums prinzipiell denselben Wahrheitsgehalt wie eine so genannt wissenschaftliche Darstellung. Ebenso ist es entsprechend sinnlos, eine objektive Sicht über das Vorher zu postulieren.

Wir können aber einen „Bottom-Up"-Ansatz wählen und die Frage der Entstehung des Universums auf die Beantwortung der Grund-frage zurückführen, ob das Leben auf der Erde zufällig entstanden oder erschaffen worden ist. Damit wären wir bei den zwei meist verbreiteten Theorien über unsere Herkunft und die Herkunft des Lebens im Allgemeinen angelangt - und damit der Grundsatzfrage, ob unsere Welt durch natürliche Zufälle entstanden oder durch ein höheres Wesen geschaffen worden ist.

Die Verfechter der Zufallstheorie schreiben sich gerne eine wissen-schaftliche Sichtweise der Dinge zu. Sie gehen davon aus, dass das

Leben als Folge chemischer Abläufe zufällig und ohne „höhere Macht" entstanden ist. Demgegenüber steht die Schöpfungstheorie, wonach Universum und Leben durch eine höhere Macht geschaffen wurden.

5.4 Alles nur Zufall?

Grundsätzlich müssen wir zuerst definieren, was „wissenschaftlich" überhaupt heisst: Eine Annahme ist wissenschaftlich, wenn man sie beobachten und überprüfen kann. Insbesondere muss die Annahme unabhängig von der das Experiment durchführenden Person existieren. Sensationsberichte aus Russland, wonach mittels Supraleitern die Abschirmung der Gravitation gelungen ist, gelten beispielsweise nicht als wissenschaftlich, wenn sich das Experiment von anderen Wissenschaftlern nicht mit ähnlichem Erfolg wiederholen lässt. Gestützt auf diese Definition der Wissenschaftlichkeit lehnen einige Physiker die Weltformeltheorien (wie beispielsweise die Stringtheorie) kategorisch ab, da ihre Vorhersagen sich zumindest gegenwärtig jeder experimentellen Überprüfung entziehen (und damit nicht falsifizierbar sind). Da die gemachten Annahmen weder beobachtet noch experimentell überprüft werden können, so ihr Argument, seien diese Theorien nicht wissenschaftlich. Dem könnte allerdings entgegen gehalten werden, dass Einsteins Relativitätstheorie zum Zeitpunkt der Veröffentlichung auch nur beschränkt überprüft werden konnte. Erst die Entwicklung von genaueren Messgeräten und zukünftiger Forschungseinrichtungen erlaubt das Nachweisen gewisser Aspekte wie beispielsweise der postulierten Gravitationswellen.

Damit eine Theorie über die Entstehung des Lebens oder über die

Entstehung des Universums – und damit unserer gesamten bekannten Welt – wissenschaftlich ist, müsste sie überprüfbar oder
zumindest nachvollziehbar sein. Es ist klar, dass ein allfälliger Urknall kaum reproduzierbar ist[58], allerdings müsste eine wissenschaftliche Theorie den Entstehungsmoment im Einklang mit den
Naturgesetzen beschreiben. Damit wären wir beim Problem, das
alle Entstehungs- und Evolutionstheorien gemeinsam haben: Die
Erklärung des Nullmoments. So kann zwar auf einen Urknall als
Entstehungsmoment des Universums geschlossen werden, wenn
man die mit Teleskopen beobachtete Ausdehnung des Universums
umkehrt. Der eigentliche Urknall kann aber bisher überhaupt nicht
erklärt werden. Niemand weiss, wie aus dem Nichts ein Weltall mit
Milliarden von Sternen und Planeten entstehen konnte. Niemand
weiss, warum es überhaupt zum Urknall gekommen ist. Die Fort-
setzung der Urknalltheorie, die die Entstehung der Galaxien, Sterne, Planeten und Monde erklärt, ist zwar relativ schlüssig. Der
Theorie fehlt aber der zündende Funke, das Fundament, auf dem
sie beruht: Der Anfang. Bei der Betrachtung verschiedener Theorien wird genau dieser Umstand oft vergessen oder bewusst ver-
drängt. Der Urknalltheorie fehlt eine wissenschaftliche Erklärung
des Geburtsmoments. Sie beschreibt zwar sehr schön die Folgen
und daraus die Entwicklung des Weltalls, aber nicht, wie es dazu
gekommen ist. Das ist, als wenn jemand behauptet, eine schwere
Krankheit wie Krebs zu verstehen, er aber nur die Symptome kennt
und keine Ahnung hat, was die Leiden des Patienten verursacht.

---

[58] In Boulevard-Medien werden Experimente an Teilchenbeschleunigern, wie
beispielsweise dem CERN in Genf, gerne mit der Reproduktion des Urknalls
verglichen. Tatsächlich sind die Energien der Experimente natürlich nicht ansatzweise mit den Energien des Urknalls zu vergleichen. Viel eher wird versucht,
kleinste Teilchen mit vergleichsweise hoher Energie kollidieren zu lassen.

Die Entstehung des Universums dem Zusammenstoss zweier Universen zuzuschreiben ist da ebenso hilfreich wie die Entstehung des Huhns vom Ei abzuleiten. Das Nullmomentproblem wird dabei nur verschoben, aber nicht gelöst.

Dasselbe Problem zeigt sich bei der zweiten wesentlichen Entstehungsfrage, nämlich der Entstehung von Leben. Die Evolutionstheorie zeigt zwar wiederum auf, wie die verschiedenen Lebensformen sich über Jahrtausende und Jahrmillionen entwickelt haben. Auch der Evolutionstheorie fehlt aber eine schlüssige Erklärung, wie das erste Lebewesen entstanden ist. Bequemerweise könnte man dies einfach dem Zufall in die Schuhe schieben. Selbst die zufällige Entstehung eines einzelligen Lebewesens ist aber etwa so wahrscheinlich, wie dass bei der Explosion einer Druckerei ein komplettes Wörterbuch entsteht. Lebewesen wie Dinosaurier oder Menschen sind nochmals wesentlich komplexer. Ein Mensch besteht aus über 100 Billionen Zellen, das sind hunderttausend Milliarden Zellen. Jeder (!) Mensch besteht also aus mehr Zellen, als es Sandkörner auf der Erde oder Sterne im gesamten bekannten Universum gibt. Selbst wenn man dem Zufall einige Milliarden Jahren Zeit gibt, ist die zufällige Entstehung komplexer Lebewesen wie die eines Dinosauriers oder Menschen etwa so wahrscheinlich wie die Entstehung einer funktionierenden Boeing 747, wenn ein Tornado über einen Schrottplatz rast.

Ein weiterer Aspekt, der gegen eine zufällige Entwicklung spricht, ist das zweite Gesetz der Thermodynamik. Dieses besagt, dass die Entropie in einem geschlossenen System nie kleiner werden kann. Das bedeutet: Jeder natürliche Prozess sorgt immer für mehr Unordnung. Die Natur kann ohne äussere Einflüsse durch keinen Prozess die Ordnung in einem geschlossenen System vergrössern.

Das bedeutet wiederum: Wenn wir einen Schrottplatz als geschlossenes System über beliebig lange Zeit betrachten, wird sich aus dem Schrott ohne äussere Einflüsse niemals ein funktionierendes Auto ergeben, sondern der Schrott wird beispielsweise durch chemische Prozesse weiter zerfallen, die Unordnung steigt. Dieses thermodynamische Prinzip wurde bisher in keinem Experiment widerlegt und gilt als ähnlich gesichert wie die Energieerhaltung. Auch unsere Intuition ist von diesem Prinzip geprägt und geleitet: Finden wir bei Ausgrabungen einen versteinerten Topf, schreiben wir diesen dem Wirken einer früheren Zivilisation zu. Alleine durch die Komplexität dieser Form und durch die Ordnung und Komplexität, die die Tonerde zu einem Topf formt, ist uns intuitiv bewusst, dass dieser Topf von Menschenhand erschaffen worden und nicht zufällig entstanden ist. Gleiches gilt etwa für die Pyramiden in Ägypten oder die Steinkreise in Stonehenge. Ein Lebewesen wie der Mensch ist, da stimmen Sie mir sicherlich zu, wesentlich komplexer als ein Topf aus Ton. Ein Lebewesen wie der Mensch ist eine komplexe Anordnung von Billionen Molekülen. Wenn wir davon ausgehen, dass der Topf nicht zufällig entstanden ist, wie können wir davon ausgehen, dass der Mensch ein Zufallsprodukt ist? Und falls der Mensch ein Zufallsprodukt ist, woher wollen wir wissen, dass unsere Ausgrabungen – Töpfe, Versteinerungen, Dinosaurierskelette oder sogar die Pyramiden – nicht rein zufällig entstanden sind (und deshalb nicht von vergangenen Zivilisationen und Lebewesen zeugen)?

Die bestechende Ironie an der Urknall- und Evolutionstheorie ist, dass beide Theorien den Anspruch erheben, die Entstehung des Universums und des Lebens in ein wissenschaftliches Licht zu rücken, aber erfordern, dass mindestens die Gesetze der Thermodynamik, die wissenschaftlicher Natur sind, ihrer Gültigkeit beraubt werden. Ganz abgesehen von den Wahrscheinlichkeitsrechnungen, die diesen Theorien ziemlich die Hosen ausziehen. Diese Gesetze bilden die Grundlage unseres Naturverständnisses und unserer Forschung überhaupt. Man könnte sogar sagen, dass diese Gesetze die Kontinuität unseres Seins sicherstellen. Falls die Natur nicht dem zweiten Gesetz der Thermodynamik folgen würde, bräuchten wir nur lange genug zu warten, und Errungenschaften wie eine Boeing 747 oder die Pyramiden in Ägypten würden rein zufällig entstehen. Falls komplexe Lebewesen wie Tiere oder Menschen zufällig entstanden sind, ist es ziemlich wahrscheinlich, dass irgendwo im Universum auch wesentlich weniger komplizierte Dinge wie Flugzeuge oder Atomkraftwerke zufällig entstanden sind. Oder die Zeugnisse vergangener Zivilisationen, die Archäologen ausgraben. Die Urknall- und Evolutionstheorie funktionieren grundsätzlich nur, wenn ein Grossteil der anerkannten Wissenschaft – die wissenschaftlich ist, da reproduzierbar und experimentell bestätigt – ignoriert wird. Daraus bleibt uns nur die Schlussfolgerung, dass die Urknall- und Evolutionstheorie zumindest in der gegenwärtigen Form nicht wissenschaftlich sein können – und damit wiederum keinen wesentlich höheren Stellenwert geniessen als jede andere plausible Vermutung oder Behauptung, wie es zur Entstehung unseres Universums oder dem Leben auf der Erde gekommen ist. Die Urknall- und Evolutionstheorie sind also prinzipiell nicht wissenschaftlicher als beispielsweise der Glaube an die Erschaffung von Welt und Leben durch eine höhere Macht.

5.5 Die Jahrhundert-Rätsel der Physik

Unser Wissen über die Beschaffenheit der Natur hat sich in den letzten Jahrzehnten rasant vergrössert. Die Entwicklung der modernen Telekommunikations- und Informatikwelt hat zur Beschleunigung von Forschung und Fortschritt ebenso beigetragen wie die gesteigerte internationale Zusammenarbeit, um so bedeutsame Probleme wie die Weltformel mit vereinten Kräften anzugehen. Dennoch stehen wir vor einem riesigen Scherbenhaufen, wenn wir die offenen Fragen betrachten, die es alleine im Standardmodell der Physik noch zu schliessen gibt. Unsere Theorien sind zwar gute Modelle, um viele Prozesse und Vorgänge in der Praxis erklären und berechnen zu können. Wirklich verstanden haben wir aber weder die Quantenmechanik noch die Relativitätstheorie. Wir wissen zwar zu einem guten Stück, wie sie funktionieren, aber nicht warum. Wir haben im Standardmodell derzeit noch achtzehn Parameter, die wir durch Experimente festgelegt haben, die wir aber weder erklären noch herleiten können.

Im Folgenden sollen einige der wahrscheinlich bedeutsamsten Fragen des Standardmodells und der Physik aufgeworfen werden. Fragen, die in diesem Buch ausführlich besprochen und erläutert werden. Falls es ihnen gelingt, eine abschliessende Antwort auf eine dieser Fragen zu finden, werden Sie wahrscheinlich in die Annalen der Physik eingehen und in einem Satz mit Einstein, Planck & Co. genannt werden.

5.5.1 Die 18 Unbekannten

Wir wissen, dass die Lichtgeschwindigkeit im Vakuum ungefähr

295

300'000 Kilometer pro Sekunde beträgt. Warum nimmt sie gerade diesen Wert an? Besteht zwischen der drei und unseren drei räumlichen Dimensionen ein Zusammenhang? Warum hat ein Elektron eine rund 2000-fach kleinere Masse als ein Proton, wobei beide über die gleich starke elektrische Ladung verfügen?

Eine wesentliche Grundsatzdebatte führt uns zur Frage, weshalb die fundamentalen Naturkonstanten gerade die Werte annehmen, die wir in Experimenten bestimmt haben. Wären einige der achtzehn Parameter auch nur geringfügig anders konfiguriert, hätten sich womöglich keine Planeten und Sterne bilden können. Das Universum wäre ein ganz anderes, als wir es heute wahrnehmen. Gibt es eine übergeordnete Erklärung, aus der sich die Werte der achtzehn Parameter gezwungenermassen ergeben? Etwa so, wie sich aus zwei plus zwei aufgrund fundamentaler mathematischer Prinzipien gezwungenermassen vier ergibt?

5.5.2 Das Mysterium der Gravitation

Die Gravitation unterscheidet sich grundlegend von den drei anderen Grundkräften der Natur. Sie ist wesentlich schwächer, kann nicht abgeschirmt werden, besitzt eine unendliche Reichweite und sämtliche Versuche, die Gravitation zu quantisieren, sind fehlgeschlagen. Zudem verlangsamen Gravitationsfelder die Zeit. Einige Forscher erklären die rätselhafte Schwäche der Gravitation mit zusätzlichen Dimensionen, die die Gravitation als einzige Naturkraft durchdringen kann.

Weshalb aber unterscheidet sich die Gravitation dermassen von den anderen drei Naturkräften? Welche Geheimnisse verbergen sich hinter der Krümmung von Raum und Zeit? Gibt es Antigravitation und wenn ja, wie werden Zeitparadoxa bei Reisen in die Vergangenheit vermieden? Wie wird Gravitation überhaupt von der geometrischen Struktur der Raumzeit auf Massen und Energien übertragen? Existiert das Graviton, das vorhergesagte, aber bisher nicht nachgewiesene Trägerteilchen der Schwerkraft?

5.5.3 Warum ein Materie-Universum?

Seit den 1930er Jahren wissen wir, dass die Antimaterie das Gegenstück zur Materie ist. In verschiedenen Experimenten haben Forscher herausgefunden, dass die Natur Materie gegenüber Antimaterie zu bevorzugen scheint. Dennoch erklärt diese so genannte CP-Verletzung nicht, weshalb unser Universum nur aus Materie besteht. Auch wenn wir in die Tiefen des Weltalls spähen, konnten wir bisher keine Indizien für die Existenz von Antimaterie in der freien Natur finden. Tatsächlich konnte Antimaterie bisher nur im Teilchenbeschleuniger erzeugt werden. Warum aber besteht unser Universum aus Materie und nicht aus Antimaterie? Und wie ist der Vorzug der Natur für die Materie zu erklären?

5.5.4 Woher kommt die Masse?

Im vergangenen Jahrhundert sind der Forschung epochale Fortschritte gelungen, die uns vermehrt mit fundamentalen Fragen konfrontieren. Was ist Masse? Was ist Energie? Woher hat Materie ihre Masse? Obwohl wir in der Wissenschaft eifrig mit diesen Begriffen hantieren, haben wir bis heute nicht verstanden, woher Elementarteilchen ihre Masse haben oder wie es sein kann, dass lichtschnelle Teilchen über keine Ruhemasse verfügen. Ebenso ungeklärt ist die Frage, warum die Elementarteilchen genau ihre Masse haben. Möglicherweise lassen sich die Massen auf die Wechselwirkung mit dem so genannten „Higgs"-Teilchen zurückführen. In Teilchenbeschleuniger-Experimenten wird derzeit überprüft, ob dieses „Higgs"-Teilchen tatsächlich existiert und damit eine bedeutende Lücke im Standardmodell der Physik geschlossen werden kann. Wenn der Nachweis gelingt, würde das bedeuten, dass Masse keine grundlegende Eigenschaft der Elementarteilchen ist, sondern durch die Higgs-Wechselwirkung übertragen wird. Das wiederum beantwortet aber nicht die Frage, weshalb gewisse Teilchen mit dem Higgs-Feld wechselwirken (beispielsweise Elektronen und Protonen) und andere nicht (beispielsweise Gravitonen, Photonen). Oder anders gefragt: Weshalb gibt es masselose und massebehaftete Teilchen? Und was ist ein masseloses Teilchen überhaupt?

5.5.5 Wie viele Dimensionen gibt es?

Die Relativitätstheorie beschreibt unser Universum als vierdimensionale Raumzeit mit drei Raumdimensionen und der vierten Dimension, der Zeit. Nach gegenwärtigem Stand der Forschung deutet vieles darauf hin, dass unser Universum tatsächlich aus zehn, elf oder sechsundzwanzig Dimensionen besteht. Es ist denkbar, dass sich jede Naturkraft in Form einer eigenen Dimension ausdrückt, ähnlich wie die Gravitation eine Krümmung der Raumzeit darstellt. Die zusätzlichen Raumdimensionen sind aufgewickelt und daher für uns nicht sichtbar. Die Weltformel scheint jedenfalls ohne zusätzliche Extradimensionen nicht formuliert werden zu können. Mit denkbar weitreichenden Folgen für unser Weltbild und die Zukunft der Physik.

5.5.6 Gibt es andere Universen?

Wir verstehen noch nicht einmal unsere Erde, aber fragen uns, ob es andere Universen gibt. Diese Frage ist wissenschaftlich betrachtet durchaus berechtigt und tatsächlich wurden an verschiedenen Universitäten bereits Experimente durchgeführt, um beispielsweise Spiegeluniversen nachzuweisen. Ebenso existieren ernst zu nehmende Theorien, wonach die Gravitation in unserer Raumzeit wesentlich schwächer als alle anderen Naturkräfte in Erscheinung tritt, weil sie durch zusätzliche Raumdimensionen abgeschwächt wird. Aus ähnlichen Kanonen schiessen verschiedene Theorien, die sich mit dem Innenleben der garstigen Schwarzen Löcher beschäftigen und die verschlungene Materie in ein anderes Universum verschwinden sehen. Heute wissen wir, dass unser Universum aus mindestens vier Dimensionen und möglicherweise aus mehreren zusätzlichen, unsichtbaren Extradimensionen besteht. Angesichts dieser atemberaubenden Erkenntnisse lässt sich auch die Existenz anderer Universen nicht kategorisch ausschliessen.

5.5.7 Gibt es dunkle Energie?

Die Wissenschaft vermutet, dass eine unsichtbare Form von Energie und Masse das Universum zu grossen Teilen ausfüllt. Dadurch soll die beobachtete beschleunigte Expansion des Universums sowie die verlangsamte Rotation in äusseren Regionen von Galaxien erklärt werden. Doch woraus diese dunkle Energie oder dunkle Masse besteht, ist ungewiss. Handelt es sich dabei um Neutrinos, die Wirkung von Vakuumfluktuationen oder Gravitationskräfte aus anderen Dimensionen oder Universen? Gibt es gar eine bisher unentdeckte fünfte Grundkraft der Natur oder einen Fehler im Formalismus der Relativitätstheorie, auf den die Differenzen aus Experiment und Theorie zurückzuführen sind?

5.5.8 Was passiert im Schwarzen Loch?

Ein Schwarzes Loch ist ein kosmisches Extremphänomen, das durch seine unglaubliche Schwerkraft die Raumzeit zerreisst und alle Materie in seiner Reichweite hinter seinem Ereignishorizont verschwinden lässt. Am Ereignishorizont ist die Gravitation derart stark, dass nicht einmal mehr das Licht den Fängen der Anziehungskraft entfliehen kann. Aus dem Formalismus der allgemeinen Relativitätstheorie wissen wir zudem, dass die Zeit am Ereignishorizont still steht. Was aber geschieht hinter dem Ereignishorizont oder innerhalb des Schwarzen Lochs? Fliesst die Zeit rückwärts und führt die verschlungene Materie damit in die Vergangenheit? Wird die Masse in ein neues Universum übertragen oder in einen unsere vierdimensionale Raumzeit umgebenden Hyperraum?

5.5.9 Woher kommt das Leben?

Diese Frage ist so grundlegend und fundamental wie die Frage nach der Entstehung des Universums. Wenn wir Tiere, Pflanzen, Menschen – Lebewesen – betrachten, betrachten wir eine Anordnung kleinster Elemente – Zellen – in einer extremen Komplexität. Kein technisches Gerät, das wir bauen können, ist auch nur annähernd so komplex beschaffen wie der menschliche Körper oder das Gehirn. Kann ein so komplexes Wesen wie das Leben zufällig aus einfachen Kohlenstoffverbindungen entstehen? Oder verbirgt sich hinter dem Leben ein tieferer Grund oder ein höheres Prinzip? Könnte der Grund vielleicht darin bestehen, dass wir die Erde bevölkern und uns mit solchen philosophisch naturwissenschaftlichen Fragen befassen sollen? Dass wir uns der Komplexität und der Schönheit erfreuen, mit der das Leben verbunden ist?

Diese Frage ist so grundlegend, dass sie wohl weit über die Errungenschaften der Physik hinausgeht und auch nicht abschliessend beantwortet werden kann, selbst wenn wir eines fernen Tages den Formalismus der Weltformel entschlüsselt haben sollten.

5.5.10 Mysterien der Quantenphysik

In der Quantenphysik regieren Wahrscheinlichkeitswellen, spukhafte Fernwirkungen, seltsame Zustandsüberlagerungen und Quantensprünge. Wir verfügen zwar über gute Formalismen, um diese verblüffenden Phänomene mathematisch zu erfassen und zu beschreiben. Wir können aber bis heute nicht erklären, weshalb der Ausgang eines Experiments davon abhängt, ob wir das Experiment beobachten oder nicht, oder wie die spukhafte Fernwirkung scheinbar die Lichtgeschwindigkeit überwinden kann. Ebenso wenig verfügen wir über eine schlüssige Interpretation des Quantenspuks, die uns erklärt, auf welchem fundamentalen Prinzip dieses mikrokosmische Chaos beruht oder wie sich Quantenphysik und allgemeine Relativitätstheorie zusammenführen lassen, um das Universum einheitlich und widerspruchsfrei zu erklären.

5.5.11 Wird Mathematik entdeckt oder erfunden?

Vielleicht ist Ihnen beim Lesen der Kapitel zur Weltformel aufgefallen, dass sich die dortigen Forschungen ausgesprochen stark auf mathematische Methoden stützen. Da die Forschungsbereiche der

Stringtheorie experimentell zumindest mit den gegenwärtigen Möglichkeiten nicht zugänglich sind, ist die Mathematik vorläufig das einzige Werkzeug, um die Natur tiefgreifender zu entschlüsseln und zu verstehen. Wenn wir die Physik und ihre Gesetze betrachten, stellen wir schnell fest, dass es sich allesamt um mathematische Formalismen handelt, die die Realität sehr präzise und umfassend beschreiben. Obwohl wir es uns natürlich seit der frühen Schulzeit gewohnt sind, dass Naturgesetze in mathematischen Gleichungen ausgedrückt werden, so ist genau dieser Umstand doch sehr erstaunlich und bringt mich zur Leitfrage, ob die Mathematik ein universelles Gut ist, das nur auf seine Entdeckung wartet, oder ob Mathematik eine Erfindung des Menschen ist, die sich zufälligerweise ausgesprochen gut eignet, um die Naturgesetze zu beschreiben? Die Allgemeine Relativitätstheorie – eine physikalische Theorie, geschrieben in der Sprache der Mathematik – wurde von Albert Einstein entdeckt. Wäre Einstein nicht gewesen, hätte sie auch ein anderer, ähnlich begabter Physiker früher oder später entdecken können. Die Relativitätstheorie beschreibt ein Verhalten der Natur, das da ist, ob wir es begreifen, erklären oder gar mathematisch beschreiben können oder nicht. Wie sieht es aber mit Mathematik aus? Ist diese Wissenschaft eine nützliche Erfindung, ein Werkzeug, um naturwissenschaftliche Zusammenhänge auszudrücken, das ständig weiterentwickelt und verbessert wird? Oder ist die Mathematik gewissermassen die natürliche Sprache, in der die Naturgesetze verfasst sind und die daher durch den Menschen nicht erfunden, sondern nur entdeckt werden kann? Ist vielleicht die Mathematik das eigentliche Naturgesetz und die Physik nur eine Interpretation davon?

Ebenso grundsätzlich wie die Frage, woher Elementarteilchen ihre

Massen haben, ist die Frage, ob die Mathematik als uruniverselles Gesetz auf ihre Entdeckung wartet, oder als Erfindung des Menschen weitererfunden werden muss.

5.5.12 Was kommt als nächstes?

In der Wissenschaft wird die Güte eines Wissenschaftlers oftmals an der Menge an Zitaten gemessen, die ihm durch andere Forscher zu Teil werden. Gegenwärtig ist Edward Witten einer der meist zitierten Wissenschaftler der Welt. Witten beschäftigt sich mit der Vereinigung der Quantenphysik und der Relativitätstheorie, also dem Entdecken einer Weltformel, der so genannten Stringtheorie. Angesichts der Ressourcen und Kapazitäten, die weltweit in diesen Bereich der Forschung investiert werden, ist ein Durchbruch in den nächsten Jahren und Jahrzehnten denkbar. Ein Durchbruch würde insbesondere bedeuten, eine Vorhersage zu machen, die durch Experimente überprüft werden kann. Denn gegenwärtig sind die Weltformeltheorien derart fundamental, dass sie sich durch Experimente nicht falsifizieren lassen. Aus einer Weltformeltheorie könnten wir möglicherweise auch weitere Schlüsse gewinnen, wie wir uns Quanten- und Relativitätseffekte in technologischen Entwicklungen nutzen könnten. Bahnbrechende Fortschritte sind aber auch in anderen Bereichen der Physik denkbar. So wäre die Entdeckung eines Hochtemperatur-Supraleiters, der auch bei Zimmertemperatur Supraleitereigenschaften zeigt, eine Sensation und würde unsere Technologie und Gesellschaft nachhaltig verändern. Denn dadurch wäre es erstmals möglich, Strom effektiv und verlustfrei zu speichern und zu übertragen. Die moderne Physik ist ein Meer voller spannender Entdeckungen, die es zu finden und zu verstehen gilt.

Anhang A: Abbildungsverzeichnis